JN314376

大学生のための
量子力学演習

Problems and Solutions in
Quantum Mechanics for
College Students

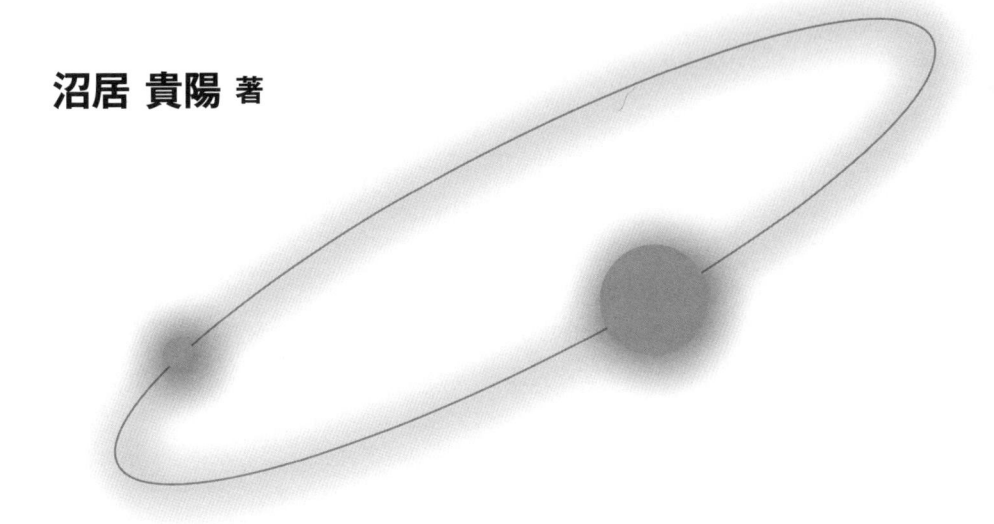

沼居 貴陽 著

共立出版

まえがき

　本書は，大学で初めて量子力学を学ぶ学生さんのための自習用演習書です．レベルとしては，高校で物理をひととおり学んだうえで大学で扱う基本的な数学を理解している学部2年生以上を想定しています．大学の講義に出席してノートをとっているだけでは，受動的な学習になりがちです．講義を聞いてわかったつもりになっても，いざ自分で取り組もうとすると，難しいことも多いでしょう．本書は，読者自身が自発的に問題に取り組み，能動的な学習をする手助けになることを目指し，教科書を補完する学習書として企画されました．量子力学の教科書としては，たとえば拙著『大学生のためのエッセンス　量子力学』（共立出版）を手に取ってみるのもよいでしょう．

　本書の特徴は，計算過程をできるだけ省略せずに詳しく示したことです．また，量子力学との対比を考慮して，古典論や前期量子論の限界についても言及しています．さらに，入門書とはいえ，相対論的量子力学や電磁場の量子化にまで踏み込んでいます．

　さて，量子力学では，存在確率は波動関数によって表され，物理量は演算子に置き換えられます．特に，物理量が演算子に置き換えられることによって，イメージがつかみづらくなったり，計算に困難を感じる学生さんが多いように思われます．演算子を用いた計算では，交換法則が成り立つとは限りません．演算子の順番を変えるときには，高校時代に学んだ部分積分を用いると便利なことが多いようです．また，特殊関数の存在に驚く学生さんもいると思いますが，多項式というキーワードに着目すれば，かなり簡単化されます．一見複雑に見えても，分けていけば，一つ一つは案外簡単であることに気づくでしょう．どんどん計算を積み重ねていくうちに，量子力学の面白さを感じてもらえたら

と願っています．

　本書では，物理量に対応する演算子に対して，記号の上にチルダ (tilde) ˜ をつけ，演算子であることを強調しています．文献によっては，演算子であることを強調するために，記号の上にハット (hat) ˆ をつけています．しかし，本書では，単位ベクトル $\hat{x}, \hat{y}, \hat{z}$ との混同を避けるために，チルダ ˜ を用いることにしました．

　各章の冒頭には，復習を兼ねて，基礎事項を簡潔にまとめてあります．基礎事項を眺めながら，教科書における論理展開を思い浮かべると，問題を解くためのよいウォーミングアップになるでしょう．各問題文のあとには，考えるきっかけとなるように，ヒントを設けました．本書によって量子力学を学ぶ場合，まずヒントをもとに徹底的に考えて，自分なりの答案をつくりましょう．それから，自分の答案と解答を比較し，答案と解答との違いを意識すると，学習効果が高まると思います．

　読者の中には，公式に当てはめれば答が出ると思っている人もいるかもしれません．しかし，大学では，本質が何であるかということに主眼をおき，どのような法則によって現象が説明できるのかということを意識してほしいものです．本書が，少しでも量子力学を理解する手助けになれば幸いです．

　単位系としては，国際単位系 (Le Système international d'unités) を用いています．物理量の単位は SI 単位によって表され，$\boldsymbol{E}$–$\boldsymbol{B}$ 対応による表記が用いられています．

　最後になりますが，これまで筆者が研究と教育に従事してくることができたのは，学生時代からご指導いただいている東京大学名誉教授（元慶應義塾大学教授）霜田光一先生，慶應義塾大学名誉教授 上原喜代治先生，元慶應義塾大学教授 藤岡知夫先生，慶應義塾大学教授 小原實先生のおかげです．この場をお借りして，改めて感謝いたします．そして，本書を出版する機会をいただいた共立出版株式会社の寿日出男さん，野口訓子さんはじめ編集部の方々にお礼を申し上げます．

2013 年 9 月

沼 居 貴 陽

目　　次

第1章　前期量子論　　　1
　1.1　前期量子論　2
　1.2　光量子　2
　1.3　ボーア・モデル　4
　1.4　ド・ブロイ波　5
　　　問題と解答　6

第2章　量子力学の考え方　　　35
　2.1　波動関数　36
　2.2　演算子　37
　2.3　期待値　38
　2.4　ハイゼンベルクの不確定性原理　39
　　　問題と解答　40

第3章　シュレーディンガー方程式　　　57
　3.1　ハミルトニアン　58
　3.2　シュレーディンガー方程式　59
　3.3　定常状態　61
　　　問題と解答　62

第4章　箱型ポテンシャル　　　77
　4.1　無限大ポテンシャル　78

4.2　有限大ポテンシャル　78
　4.3　周期的ポテンシャル　79
　　　問題と解答　82

第5章　調和振動子　107
　5.1　1次元調和振動子に対するハミルトニアン　108
　5.2　消滅演算子と生成演算子　109
　5.3　エルミート多項式　110
　　　問題と解答　112

第6章　球対称ポテンシャル　125
　6.1　極座標　126
　6.2　角運動量と球面調和関数　126
　6.3　水素原子　128
　　　問題と解答　130

第7章　スピン　145
　7.1　相対論的量子力学　146
　7.2　スピン　148
　7.3　スピン–軌道相互作用　148
　7.4　磁気モーメント　149
　　　問題と解答　150

第8章　確率の流れ　175
　8.1　確率密度　176
　8.2　無限幅の有限大ポテンシャル　176
　8.3　有限幅の有限大ポテンシャル　178
　　　問題と解答　180

第9章　時間を含まない摂動法　　197

- 9.1　基礎方程式　198
- 9.2　縮退がない場合　198
- 9.3　縮退がある場合　200
- 9.4　ほとんど自由な電子モデル　200
  - 問題と解答　202

第10章　時間を含む摂動法　　217

- 10.1　基礎方程式　218
- 10.2　遷移確率　218
- 10.3　半古典論　219
  - 問題と解答　222

参考文献　235
索　引　241

本書で用いられる主な物理定数

名称	記号	値
真空中の光速	c	$2.99792458 \times 10^8 \text{ m s}^{-1}$
真空中の電子の質量	m_0	$9.109 \times 10^{-31} \text{ kg}$
真空の透磁率	μ_0	$4\pi/10^7 \text{ H m}^{-1} = 1.25664 \times 10^{-6} \text{ H m}^{-1}$
真空の誘電率	ε_0	$10^7/4\pi c^2 = 8.854 \times 10^{-12} \text{ F m}^{-1}$
電気素量	e	$1.602 \times 10^{-19} \text{ C}$
プランク定数	h	$6.626 \times 10^{-34} \text{ J s}$
ディラック定数	$\hbar$	$h/2\pi = 1.05457 \times 10^{-34} \text{ J s}$
ボルツマン定数	k_B	$1.381 \times 10^{-23} \text{ J K}^{-1}$
ボーア磁子	μ_B	$e\hbar/2m_0 = 9.2740 \times 10^{-24} \text{ A m}^2$
ボーア半径	a_0	$\varepsilon_0 h^2/\pi m_0 e^2 = 5.29177 \times 10^{-11} \text{ m}$
リュードベリ定数	R_∞	$m_0 e^4/8\varepsilon_0^2 c h^3 = 1.09737 \times 10^7 \text{ m}^{-1}$

物理量と単位（国際単位系，E–B 対応）

物理量	物理量の記号	単位	単位の読み方
時間	t	s	
質量	m	kg	キログラム
位置（距離）	$\boldsymbol{r}$	m	メートル
速度	$\boldsymbol{v} = \mathrm{d}\boldsymbol{r}/\mathrm{d}t$	$\mathrm{m\,s^{-1}}$	
加速度	$\boldsymbol{a} = \mathrm{d}\boldsymbol{v}/\mathrm{d}t$	$\mathrm{m\,s^{-2}}$	
運動量	$\boldsymbol{p}$	$\mathrm{kg\,m\,s^{-1}}$	
角運動量	$\boldsymbol{l} = \boldsymbol{r} \times \boldsymbol{p}$	$\mathrm{kg\,m^2\,s^{-1}}$	
力	$\boldsymbol{F}$	$\mathrm{N} = \mathrm{kg\,m\,s^{-2}}$	ニュートン
エネルギー	E, U	$\mathrm{J} = \mathrm{N\,m}$	ジュール
パワー	W	$\mathrm{W} = \mathrm{J\,s^{-1}}$	ワット
電荷	q	C	クーロン
電界	$\boldsymbol{E}$	$\mathrm{V\,m^{-1}} = \mathrm{N\,C^{-1}}$	
電流	I	$\mathrm{A} = \mathrm{C\,s^{-1}}$	アンペア
電流密度	$\boldsymbol{i}$	$\mathrm{A\,m^{-2}}$	
磁界	H	$\mathrm{A\,m^{-1}}$	
磁束密度	$\boldsymbol{B}$	$\mathrm{T} = \mathrm{Wb\,m^{-2}}$	テスラ
電気双極子モーメント	$\boldsymbol{p}$	$\mathrm{C\,m}$	
磁気双極子モーメント	$\boldsymbol{m}$	$\mathrm{A\,m^2}$	
スカラーポテンシャル	ϕ	V	ボルト
ベクトルポテンシャル	$\boldsymbol{A}$	$\mathrm{T\,m} = \mathrm{Wb\,m^{-1}}$	

ギリシャ文字のアルファベット

小文字, 大文字	英語表記	日本語表記
α, A	alpha	アルファ
β, B	beta	ベータ
γ, Γ	gamma	ガンマ
δ, Δ	delta	デルタ
ϵ, E	epsilon	イプシロン
ζ, Z	zeta	ゼータ
η, H	eta	イータ
θ, Θ	theta	シータ
ι, I	iota	イオタ
κ, K	kappa	カッパ
λ, Λ	lambda	ラムダ
μ, M	mu	ミュー
ν, N	nu	ニュー
ξ, Ξ	xi	クシー
o, O	omicron	オミクロン
π, Π	pi	パイ
ρ, P	rho	ロー
σ, Σ	sigma	シグマ
τ, T	tau	タウ
υ, Υ	upsilon	ウプシロン
ϕ, Φ	phi	ファイ
χ, X	chi	カイ
ψ, Ψ	psi	プサイ
ω, Ω	omega	オメガ

第1章

前期量子論

1.1 前期量子論
1.2 光量子
1.3 ボーア・モデル
1.4 ド・ブロイ波

問題 1.1 電磁波のエネルギー
問題 1.2 エネルギー要素
問題 1.3 プランクの放射法則
問題 1.4 円運動している電荷のエネルギー消失
問題 1.5 ボーア・モデル：水素原子のスペクトル
問題 1.6 ボーア・モデル：ヘリウム原子のイオン化エネルギー
問題 1.7 ボーア・モデル：水素分子のかい離エネルギー
問題 1.8 特殊相対性理論
問題 1.9 コンプトン効果
問題 1.10 ド・ブロイ波長

1.1 前期量子論

原子や分子あるいはそれ以下のサイズの微視的（ミクロ）な物体特有の現象が 19 世紀末から 20 世紀初頭にかけて発見された．しかし，これらの現象は，古典論では説明することができなかった．1900 年にドイツの理論物理学者プランク (M. Planck, 1858–1947) が量子仮説を発表して以来，量子力学 (quantum mechanics) が誕生するまでの過渡期の量子論を前期量子論 (old quantum theory) あるいは古典量子論 (classical quantum theory) という．前期量子論では，量子や物質波の概念が提案された．そして，量子の運動エネルギー，運動量，物質波の周波数，波長を仮定することによって実験結果を説明することができた．

本章では，前期量子論の代表的な例として，黒体放射，ボーア・モデル，コンプトン効果を取り上げる．また，古典論や前期量子論における問題点についても検討する．

1.2 光量子

熱せられた物体は，その温度に応じた色（波長）の光を出す．プランクは，周波数 ν をもつ光は，定数を h としてエネルギー $h\nu$ をもつエネルギー要素（英語：energy element; 独語：Energieelement）の集まりであるという量子仮説を 1900 年に発表した．プランクが導入した定数 h は，作用量子 (quantum of action) あるいはプランク定数 (Planck's constant) とよばれている．

さて，光を完全に吸収し，しかもいったん吸収した光をすべて放出するような物体を黒体 (blackbody) という．放射を通さない壁で囲まれた空洞 (cavity) の中で，溶融した鉄から光が放出され，この光と空洞の壁が熱平衡状態にあると仮定する．また，溶融した鉄から放出された光を観測するための窓が空洞の壁に開いているが，窓の大きさは十分小さく，窓の存在によって，空洞内の光は影響を受けないとする．このような光の放射は，黒体からの放射とみなされ，黒体放射 (blackbody radiation) あるいは空洞放射 (cavity radiation) とよばれている．

量子仮説によれば，周波数 ν（角周波数 ω）をもつ光のエネルギー E_n は，次式によって与えられる．

$$E_n = nh\nu = n\hbar\omega \tag{1.1}$$

ここで，n はエネルギー要素の個数であって 0 以上の整数，$\hbar = h/2\pi = 1.05457 \times 10^{-34}$ J s はディラック定数 (Dirac's constant) である．

　真空中に置かれた金属に光を照射すると，金属の表面から電子 (electron) が飛び出す．この現象は，光電効果 (photoelectric effect) とよばれ，光電効果を説明するために，ドイツ出身の理論物理学者アインシュタイン (A. Einstein, 1879–1955) は，次のように考えた．光はエネルギー量子（英語：energy quantum; 独語：Energiequant）をもち，エネルギー量子が金属表面に侵入すると，エネルギー量子のエネルギーが電子の運動エネルギーに変換され，電子が金属表面から飛び出す．アインシュタインは，このエネルギー量子を光量子（英語：light quantum; 独語：Lichtquant）と名づけた．なお，エネルギー要素あるいは光量子は，現在では光子 (photon) とよばれている．

　米国の物理学者コンプトン (A. H. Compton, 1892–1962) は，物質によって散乱された X 線の一部に，物質に入射した X 線よりも波長の長い X 線が混ざっていることを 1923 年に発見した．この現象は，コンプトン効果 (Compton effect) またはコンプトン散乱 (Compton scattering) とよばれている．コンプトンは，波長 $\lambda = c/\nu$（c は真空中の光速）をもつ電磁波は，運動エネルギー $h\nu$，運動量の大きさ $h\nu/c$ をもつ X 線量子 (X-ray quantum) としてふるまうと仮定することで，この実験結果を説明することに成功した．

　図 1.1 に，物質中の電子，入射 X 線，散乱された X 線を示す．入射 X 線の周波数を ν_i とし，入射 X 線が，エネルギー $h\nu_\mathrm{i}$，運動量の大きさ $h\nu_\mathrm{i}/c$ をもつ X 線量子の集まりであると考える．また，散乱された X 線の周波数を ν_s とし，散乱された X 線が，エネルギー $h\nu_\mathrm{s}$，運動量の大きさ $h\nu_\mathrm{s}/c$ をもつ X 線量子の集まりであると考える．X 線が入射する前に電子は静止しており，X 線入射後に電子は運動を始めると仮定する．そして，X 線入射後の電子の運動エネルギーを E，運動量の大きさを p とする．また，散乱された X 線の進行方向および X 線入射後の電子の移動方向と，入射 X 線の進行方向の間の角度をそれぞれ θ, ϕ とする．ただし，$0 < \theta < \pi/2$, $0 < \phi < \pi/2$ である．

エネルギー：スカラー
運動量：ベクトル（成分に分けて考える）

入射 X 線
エネルギー $h\nu_i$
運動量の大きさ $h\nu_i/c$

散乱された X 線
エネルギー $h\nu_s$
運動量の大きさ $h\nu_s/c$

X 線照射前の電子

X 線照射後の電子
エネルギー E
運動量の大きさ p

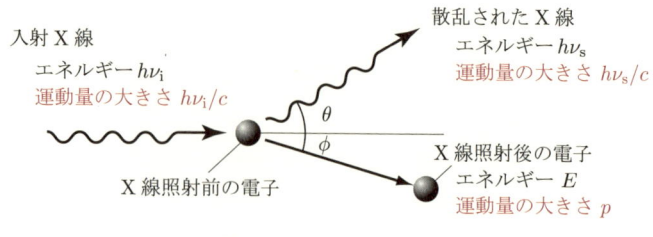

図 1.1　コンプトン効果

1.3　ボーア・モデル

　水素ガスを封入した放電管内で放電を起こすと，水素原子からの発光が観測される．そして，この発光スペクトルは，とびとびの周波数 ν をもつ線スペクトルとなっている．水素原子として，図 1.2 のように電子が原子核（陽子 1 個）の周りで円運動しているモデルを考えてみよう．電磁気学によると，電子は連続スペクトルをもつ光を放射しながら静止にいたるという結論が導かれる．これでは，水素原子の発光スペクトルの実験結果と合わないだけでなく，水素原子そのものが，安定な状態を保つことを説明できない．そこで，デンマークの理論物理学者ボーア (N. Bohr, 1885–1962) は，水素原子の発光スペクトルを説明することを目的として，次のようなボーア・モデル (Bohr model) を 1913 年に発表した．

1. エネルギーの放射は，電磁気学の法則にしたがわない
2. 異なる定常状態の間を移るときだけ，エネルギーが放射される
3. 定常状態では，力学にしたがう
4. エネルギーの放射は均一であり，放出されるエネルギーは $h\nu$ である
5. 電子が円運動している場合，電子の角運動量は $h/2\pi$ の正の整数倍となる

　ボーアの立てた仮説は，量子条件 (quantum condition) とよばれている．ボーア・モデルによると，電子の角運動量 $\bm{r} \times \bm{p}$ の大きさ $|\bm{r} \times \bm{p}|$ は，次のように

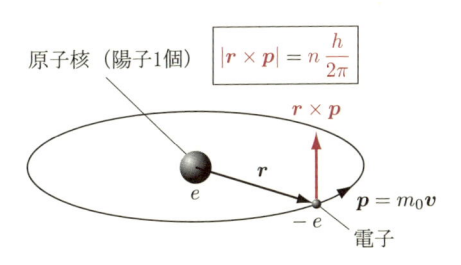

図 1.2 ボーア・モデル

表される.

$$|\boldsymbol{r} \times \boldsymbol{p}| = n\frac{h}{2\pi} \quad (n = 1, 2, 3, \cdots) \tag{1.2}$$

ここで，$\boldsymbol{r}$ は原子核（陽子1個）から電子に引いたベクトル，$\boldsymbol{p}$ は電子の運動量，n は正の整数である．電子の質量を m_0，速度を $\boldsymbol{v}$ とすると，電子の運動量は $\boldsymbol{p} = m_0\boldsymbol{v}$ である．定常状態において，図1.2のように，水素原子内で電子が原子核（陽子1個）を中心として円運動している場合，$\boldsymbol{r} \perp \boldsymbol{p}$ である．そこで，$r = |\boldsymbol{r}|$, $v = |\boldsymbol{v}|$ とおくと，式 (1.2) は次のようになる.

$$rm_0 v = n\frac{h}{2\pi} \tag{1.3}$$

なお，図1.2において，e は陽子の電荷，$-e$ は電子の電荷であって，e は**電気素量** (elementary electric charge) とよばれている．

1.4 ド・ブロイ波

結晶に電子線を照射すると，結晶から散乱された電子線は干渉縞を作る．つまり，電子線は波としての性質を示す．フランスの理論物理学者ド・ブロイ (L. de Broglie, 1892–1987) は，運動エネルギー E，運動量の大きさ p をもつ物質が，次のような周波数 ν と波長 λ をもつ波としての性質を示すと考えた．

$$\nu = \frac{E}{h} = \frac{cp}{h}, \ \lambda = \frac{h}{p} = \frac{hc}{E} \tag{1.4}$$

このように粒子の運動にともなう波を**ド・ブロイ波** (de Broglie wave) あるいは**物質波** (material wave) という．

問題 1.1　電磁波のエネルギー

電磁気学によれば，電磁波のエネルギー密度は，振幅の2乗に比例し，電磁波の周波数 ν（角周波数 ω）に依存しない．このことを真空中を伝搬する平面電磁波を例にとって示せ．

✲✲✲ ヒント

- エネルギーの流れを考える．

解　答

ある一つの領域を流れる電流密度 i は，次のように書くことができる．

$$i = \sigma(E_0 + E) \tag{1.5}$$

ただし，σ は電気伝導率，E_0 は起電力に対応する電界，E は E_0 以外の電界である．起電力から供給されるパワー W は，次のように表される．

$$W = \iiint E_0 \cdot i \, dV = \iiint \frac{i^2}{\sigma} dV - \iiint E \cdot i \, dV \tag{1.6}$$

ここで，式 (1.5) を用いた．マクスウェル方程式から，電束密度 D，時間 t，磁界 H を用いて，電流密度 i を次のように書くこともできる．

$$i = -\frac{\partial D}{\partial t} + \operatorname{rot} H \tag{1.7}$$

式 (1.7) を式 (1.6) の右辺第 2 項に代入すると，次のようになる．

$$\begin{aligned}
W &= \iiint \frac{i^2}{\sigma} dV + \iiint E \cdot \frac{\partial D}{\partial t} dV - \iiint E \cdot \operatorname{rot} H \, dV \\
&= \iiint \frac{i^2}{\sigma} dV + \iiint E \cdot \frac{\partial D}{\partial t} dV - \iiint H \cdot \operatorname{rot} E \, dV \\
&\quad + \iiint \operatorname{div}(E \times H) \, dV
\end{aligned} \tag{1.8}$$

ただし，次のベクトル解析の性質を用いた．

$$E \cdot \operatorname{rot} H = H \cdot \operatorname{rot} E - \operatorname{div}(E \times H) \tag{1.9}$$

また，マクスウェル方程式から，rot $\boldsymbol{E}$ は次のように表される．

$$\text{rot}\, \boldsymbol{E} = -\frac{\partial \boldsymbol{B}}{\partial t} \tag{1.10}$$

ここで，$\boldsymbol{B}$ は磁束密度である．式 (1.10) を式 (1.8) の右辺第 3 項に代入し，さらに右辺第 4 項に対してガウスの定理を用いると，次式が得られる．

$$W = \iiint \frac{\boldsymbol{i}^2}{\sigma}\, dV + \iiint \boldsymbol{E}\cdot\frac{\partial \boldsymbol{D}}{\partial t}\, dV + \iiint \boldsymbol{H}\cdot\frac{\partial \boldsymbol{B}}{\partial t}\, dV \\ + \iint (\boldsymbol{E}\times\boldsymbol{H})\cdot\boldsymbol{n}\, dS \tag{1.11}$$

ただし，$\boldsymbol{n}$ は領域の表面における単位法線ベクトル，dS は微小表面積である．式 (1.11) の右辺において，第 1 項はジュール損失，第 2 項は単位時間あたりの電気エネルギーの変化，第 3 項は単位時間あたりの磁気エネルギーの変化，第 4 項は着目している領域の表面から放射される電磁波のパワーである．

次に，真空中を z 軸の正の方向に進行する平面電磁波の電界 $\boldsymbol{E}$ と磁界 $\boldsymbol{H}$ を $\boldsymbol{E}=(E_x,0,0)$，$\boldsymbol{H}=(0,H_y,0)$ とおき，E_x と H_y を次のように仮定する．

$$E_x = E_0\cos(\omega t - kz),\quad H_y = H_0\cos(\omega t - kz) \tag{1.12}$$

式 (1.12) を式 (1.7)，(1.10) に代入し，真空中なので $\boldsymbol{i}=0$ とおくと，

$$kH_0 = \varepsilon_0 \omega E_0,\quad kE_0 = \mu_0 \omega H_0 \tag{1.13}$$

となる．式 (1.13) と $k=\omega/c$（c は真空中の光速）から，次式が得られる．

$$E_0 H_0 = \varepsilon_0 E_0^2 c = \mu_0 H_0^2 c = \frac{1}{2}\left(\varepsilon_0 E_0^2 + \mu_0 H_0^2\right)c \tag{1.14}$$

さて，ポインティング・ベクトルの大きさ $|\boldsymbol{S}|$ は，次のようになる．

$$|\boldsymbol{S}| = |\boldsymbol{E}\times\boldsymbol{H}| = \frac{1}{2}\left(\varepsilon_0 E_0^2 + \mu_0 H_0^2\right)c\cos^2(\omega t - kz) \tag{1.15}$$

ここで，式 (1.14) を用いた．式 (1.15) の面積分が，領域の表面から放射される電磁波のパワーだから，$\left(\varepsilon_0 E_0^2 + \mu_0 H_0^2\right)/2$ が電磁波のエネルギー密度であることがわかる．したがって，電磁波のエネルギー密度は電界と磁界の振幅の 2 乗に比例し，電磁波の周波数 ν（角周波数 ω）には依存しない．

問題 1.2 エネルギー要素

量子仮説にもとづいて，**黒体放射**におけるエネルギー要素の個数 n の平均値 $\langle n \rangle$ を求めよ．

✳✳✳ ヒント

- 周波数 ν（角周波数 ω）をもつ電磁波は，エネルギー $h\nu = \hbar\omega$ をもつエネルギー要素の集合として表される．
- エネルギー要素は，ボルツマン分布にしたがっていると仮定する．

解　答

エネルギー要素がボルツマン分布 (Boltzmann distribution) にしたがって分布していると仮定すると，光がエネルギー E_n をもつ確率は，次式によって与えられる．

$$P(E_n) = \frac{\exp(-E_n/k_\mathrm{B}T)}{\sum_n \exp(-E_n/k_\mathrm{B}T)} \tag{1.16}$$

ここで，k_B はボルツマン定数 (Boltzmann constant)，T は絶対温度である．

式 (1.1)，(1.16) から，エネルギー要素の個数 n の平均値 $\langle n \rangle$ は，次のように表される．

$$\langle n \rangle = \sum_n n P(E_n) = \frac{\sum_n n \exp(-n\hbar\omega/k_\mathrm{B}T)}{\sum_n \exp(-n\hbar\omega/k_\mathrm{B}T)} \tag{1.17}$$

ここで，次のようにおく．

$$\frac{\hbar\omega}{k_\mathrm{B}T} = x \tag{1.18}$$

式 (1.18) を用いると，式 (1.17) の分母，分子は，それぞれ次のように簡単化される．

$$(\text{分母}) = \sum_n \exp(-nx) = \frac{1}{1 - \exp(-x)} \tag{1.19}$$

$$(\text{分子}) = \sum_n n \exp(-nx) = \sum_n -\frac{d}{dx} \exp(-nx)$$

$$= -\frac{d}{dx} \sum_n \exp(-nx) = \frac{\exp(-x)}{[1 - \exp(-x)]^2} \tag{1.20}$$

式 (1.19), (1.20) から，エネルギー要素の個数 n の平均値 $\langle n \rangle$ は，次のようになる．

$$\langle n \rangle = \frac{\exp(-x)}{1 - \exp(-x)} = \frac{1}{\exp(x) - 1} = \frac{1}{\exp(\hbar\omega/k_B T) - 1} \tag{1.21}$$

エネルギー要素の個数 n の平均値 $\langle n \rangle$ は，**プランク分布関数** (Planck distribution function) とよばれ，$\langle n \rangle$ を $\hbar\omega/k_B T$ の関数として示すと，図 1.3 のようになる．

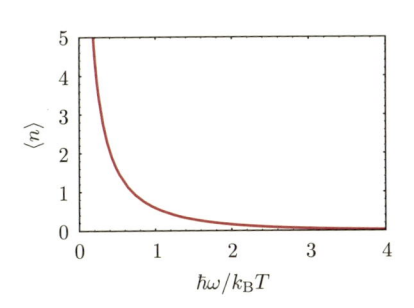

図 1.3 プランク分布関数

問題 1.3　プランクの放射法則

黒体放射において，単位体積あたりの光のスペクトル密度 u は，プランクの放射法則 (Planck's law of radiation) とよばれている次式によって与えられる．

$$u = \frac{\hbar}{\pi^2 c^3} \frac{\omega^3}{\exp(\hbar\omega/k_\mathrm{B}T) - 1} \tag{1.22}$$

さて，$\hbar\omega/k_\mathrm{B}T \gg 1$ という条件のもとでは，スペクトル密度 u は，次式のウィーンの放射法則 (Wien's law of radiation) とよく一致する．

$$u = \frac{\hbar}{\pi^2 c^3} \omega^3 \exp\left(-\frac{\hbar\omega}{k_\mathrm{B}T}\right) \tag{1.23}$$

一方，$\hbar\omega/k_\mathrm{B}T \ll 1$ という条件のもとでは，スペクトル密度 u は，次式のレイリー–ジーンズの放射法則 (Rayleigh–Jeans' law of radiation) とよく一致する．

$$u = \frac{k_\mathrm{B}T}{\pi^2 c^3} \omega^2 \tag{1.24}$$

プランクの放射法則をウィーンの放射法則，レイリー–ジーンズの放射法則それぞれと比較せよ．

✳✳✳ ヒント

- 周波数 ν（角周波数 ω）の値に応じて，漸近値を計算する．
- マクローリン展開を用い，十分小さい値を無視する．

解　答

まず，$\hbar\omega/k_\mathrm{B}T \gg 1$ を満たすとき，式 (1.22) の分母は，次のようになる．

$$\exp\left(\frac{\hbar\omega}{k_\mathrm{B}T}\right) - 1 \simeq \exp\left(\frac{\hbar\omega}{k_\mathrm{B}T}\right) \gg 1 \tag{1.25}$$

式 (1.25) を式 (1.22) の分母に代入すると，次式のようにウィーンの放射法則と一致する．

$$u \simeq \frac{\hbar}{\pi^2 c^3} \frac{\omega^3}{\exp(\hbar\omega/k_\mathrm{B}T)} = \frac{\hbar}{\pi^2 c^3} \omega^3 \exp\left(-\frac{\hbar\omega}{k_\mathrm{B}T}\right) \tag{1.26}$$

次に，$\hbar\omega/k_\mathrm{B}T \ll 1$ を満たすとき，$\hbar\omega/k_\mathrm{B}T$ について式 (1.22) の分母をマクローリン展開すると，次のようになる．

$$\exp\left(\frac{\hbar\omega}{k_\mathrm{B}T}\right) - 1 \simeq 1 + \frac{\hbar\omega}{k_\mathrm{B}T} - 1 = \frac{\hbar\omega}{k_\mathrm{B}T} \tag{1.27}$$

式 (1.27) を式 (1.22) の分母に代入すると，次式のように，レイリー–ジーンズの放射法則と一致する．

$$u \simeq \frac{\hbar}{\pi^2 c^3} \frac{\omega^3}{\hbar\omega/k_\mathrm{B}T} = \frac{k_\mathrm{B}T}{\pi^2 c^3} \omega^2 \tag{1.28}$$

単位体積あたりの光のスペクトル密度 u を $\hbar\omega/k_\mathrm{B}T$ の関数として示すと，図 1.4 のようになる．ここで，実線，一点鎖線，破線は，それぞれプランクの放射法則，ウィーンの放射法則，レイリー–ジーンズの放射法則を表す．なお，縦軸には u を無次元化した $u \times \pi^2 \hbar^2 c^3 / (k_\mathrm{B}T)^3$ を示している．

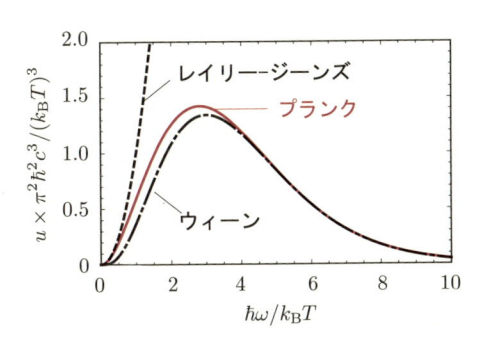

図 1.4　放射法則の比較

問題 1.4　円運動している電荷のエネルギー消失

電磁気学によれば，正電荷の周囲を円運動している負電荷は，電磁波を放出しながらエネルギーを失い，円運動における円軌道の半径が時間とともに小さくなる．このことを水素原子を例にとって示せ．

✽✽✽ ヒント

- スカラーポテンシャル ϕ とベクトルポテンシャル $\boldsymbol{A}$ を用いる．
- 情報が伝わる時間を考慮する．

解答

水素原子において，原子核（陽子1個）を中心として，電子が速度 $\boldsymbol{v}$ で円運動していると仮定する．ある点 R において，電子によって生じるスカラーポテンシャル ϕ とベクトルポテンシャル $\boldsymbol{A}$ を考える．時刻 t' において，電子が点 P に存在し，点 P を始点として点 R を終点とするベクトルを $\boldsymbol{r}'$ とする．電子によって，点 R にスカラーポテンシャル ϕ とベクトルポテンシャル $\boldsymbol{A}$ が生じるまでには，時間がかかる．時刻 t' において点 P に存在していた電子によって，点 R にスカラーポテンシャル ϕ とベクトルポテンシャル $\boldsymbol{A}$ が生じた時刻を $t > t'$ とすると，情報が伝わる時間 Δt は，次のようになる．

$$\Delta t = t - t' = \frac{r'}{c} \tag{1.29}$$

ここで，$r' = |\boldsymbol{r}'|$ であり，c は真空中の光速である．

時刻 t において，電子が点 Q に存在するとし，点 Q を始点として点 R を終点とするベクトルを $\boldsymbol{r}$ とすると，$\boldsymbol{r}, \boldsymbol{r}', \boldsymbol{v}$ の関係は，図 1.5 のようになる．次に，$r = |\boldsymbol{r}|$, $v = |\boldsymbol{v}|$ とすると，△PQR の各辺の長さ $\overline{\mathrm{PQ}}, \overline{\mathrm{QR}}, \overline{\mathrm{RP}}$ は，それぞれ次のように表される．

$$\overline{\mathrm{PQ}} = v\,\Delta t, \ \overline{\mathrm{QR}} = r, \ \overline{\mathrm{RP}} = r' \tag{1.30}$$

ここで，$\angle \mathrm{PQR} = \theta_0$ とおき，△PQR に第2余弦定理を適用すると，次式が得られる．

```
                 電子 −e
                  時刻 t  Q
        ──                    ──
        PQ = v Δt        QR = |r| = r
                    θ₀        r
                 v
         P                              R
         電子 −e        r′
         時刻 t′        ──
                        RP = |r′| = r′
```

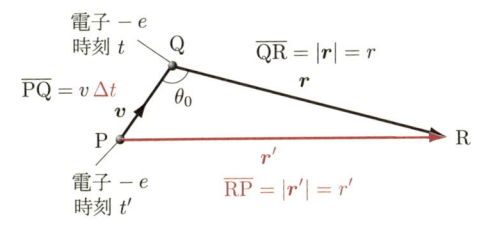

図 1.5 r, r', v の関係

$$r'^2 = r^2 + (v\Delta t)^2 - 2rv\Delta t \cos\theta_0$$
$$= r^2 + (v\Delta t)^2 + 2\boldsymbol{r}\cdot\boldsymbol{v}\,\Delta t \tag{1.31}$$

ここで, $\boldsymbol{r}\cdot\boldsymbol{v} = rv\cos(\pi-\theta_0) = -rv\cos\theta_0$ を用いた.

式 (1.29) を式 (1.31) に代入すると，次のようになる．

$$r'^2 = r^2 + \left(\frac{vr'}{c}\right)^2 + \frac{2\boldsymbol{r}\cdot\boldsymbol{v}}{c}r' \tag{1.32}$$

式 (1.32) は $r'(>0)$ についての 2 次方程式であり，電子の速さ v が真空中の光速 c に比べて十分遅い ($v \ll c$) 場合，次の結果が得られる．

$$\frac{r}{r'} \simeq \frac{1}{1+\dfrac{\boldsymbol{v}}{c}\cdot\dfrac{\boldsymbol{r}}{r}} \simeq 1 - \frac{\boldsymbol{v}}{c}\cdot\frac{\boldsymbol{r}}{r} \tag{1.33}$$

式 (1.33) にしたがって積分空間が変化するから，時刻 t' において点 P に存在していた電子によって，時刻 t において点 R に生じたスカラーポテンシャル ϕ とベクトルポテンシャル $\boldsymbol{A}$ は，それぞれ次のように表される．

$$\phi = \frac{-e}{4\pi\varepsilon_0}\cdot\frac{1}{r-\boldsymbol{r}\cdot\boldsymbol{v}/c} \tag{1.34}$$

$$\boldsymbol{A} = \frac{-\mu_0 e\boldsymbol{v}}{4\pi}\cdot\frac{1}{r-\boldsymbol{r}\cdot\boldsymbol{v}/c} \tag{1.35}$$

ここで, e は電気素量，ε_0 は真空の誘電率，μ_0 は真空の透磁率である．

式 (1.34)，(1.35) から，時刻 t' において点 P に存在していた電子によって，時刻 t において点 R に生じた電界 $\boldsymbol{E}$ は，次のように表される．

$$\boldsymbol{E} = -\mathrm{grad}\,\phi - \frac{\partial \boldsymbol{A}}{\partial t}$$

$$= \frac{-e}{4\pi\varepsilon_0(r - \boldsymbol{r}\cdot\boldsymbol{v}/c)^3}\left(1 - \frac{v^2}{c^2}\right)\left(\boldsymbol{r} - \frac{r}{c}\boldsymbol{v}\right)$$

$$+ \frac{-e}{4\pi\varepsilon_0 c^2(r - \boldsymbol{r}\cdot\boldsymbol{v}/c)^3}\,\boldsymbol{r}\times\left[\left(\boldsymbol{r} - \frac{r}{c}\boldsymbol{v}\right)\times\frac{\mathrm{d}\boldsymbol{v}}{\mathrm{d}t'}\right] \quad (1.36)$$

式 (1.36) の右辺において，第 1 項は $1/r^2$ に比例するクーロン電界，第 2 項は $1/r$ に比例する放射電界を表す．

また，式 (1.35) から，時刻 t における電子によって点 R に生じた磁束密度 $\boldsymbol{B}$ は，次のように表される．

$$\boldsymbol{B} = \mathrm{rot}\,\boldsymbol{A}$$

$$= \frac{-e}{4\pi\varepsilon_0 c^2(r - \boldsymbol{r}\cdot\boldsymbol{v}/c)^3}\left(1 - \frac{v^2}{c^2}\right)\boldsymbol{v}\times\boldsymbol{r}$$

$$+ \frac{-e}{4\pi\varepsilon_0 c^3(r - \boldsymbol{r}\cdot\boldsymbol{v}/c)^3}\,\frac{\boldsymbol{r}}{r}\times\left\{\boldsymbol{r}\times\left[\left(\boldsymbol{r} - \frac{r}{c}\boldsymbol{v}\right)\times\frac{\mathrm{d}\boldsymbol{v}}{\mathrm{d}t'}\right]\right\} \quad (1.37)$$

水素原子の原子核（陽子 1 個）が xyz-座標系の原点に存在し，電子が xy-面上において原子核（陽子 1 個）を中心にして円運動し，その円軌道の半径を a とする．角速度の大きさを ω とすると，電子の位置を $(\hat{\boldsymbol{x}} + \mathrm{i}\hat{\boldsymbol{y}})a\exp(-\mathrm{i}\omega t')$ と表すことができる．ここで，$\hat{\boldsymbol{x}}, \hat{\boldsymbol{y}}$ は，それぞれ x 軸，y 軸方向の単位ベクトル（長さ 1 のベクトル）であり，$\mathrm{i} = \sqrt{-1}$ は虚数単位である．

電子の速さ $v = a\omega$ が真空中の光速 c に比べて十分遅い ($v \ll c$) 場合，式 (1.36), (1.37) から，水素原子の電子によって点 R に生じた電界 $\boldsymbol{E}$ と磁界 $\boldsymbol{H}$ は，それぞれ次のようになる．

$$\boldsymbol{E} = \frac{ea\omega^2}{4\pi\varepsilon_0 c^2 r}\exp[-\mathrm{i}(\omega t - kr)]\frac{\boldsymbol{r}}{r}\times\left[\frac{\boldsymbol{r}}{r}\times(\hat{\boldsymbol{x}} + \mathrm{i}\hat{\boldsymbol{y}})\right] \quad (1.38)$$

$$\boldsymbol{H} = \frac{\boldsymbol{B}}{\mu_0} = \frac{1}{\mu_0 c}\left(\frac{\boldsymbol{r}}{r}\times\boldsymbol{E}\right) \quad (1.39)$$

ただし，$k = \omega/c$ であり，$r \gg a$ とした．式 (1.38), (1.39) から，点 R に生じた電界 $\boldsymbol{E}$ と磁界 $\boldsymbol{H}$ は，2 個の電気双極子 $ea\hat{\boldsymbol{x}}, ea\hat{\boldsymbol{y}}$ の運動によって放射された電界，磁界をそれぞれ合成したものであると考えられる．

水素原子の電子から放射されるパワー W は，次のように書くことができる．

$$W = \iint (\boldsymbol{E} \times \boldsymbol{H}) \cdot \boldsymbol{n} \, \mathrm{d}S = \iint |\boldsymbol{E} \times \boldsymbol{H}| r^2 \, \mathrm{d}\Omega \tag{1.40}$$

ここで，水素原子の電子を内部に含み，表面に点 R が存在する領域を考え，この領域の表面における単位法線ベクトルを $\boldsymbol{n}$ とした．また，$\mathrm{d}S$ はこの領域の微小表面積，Ω は立体角である．

原点と点 R を結ぶ線分と z 軸とのなす角を θ とすると，点 R において水素原子の電子から放射される単位立体角あたりのパワー $\mathrm{d}W/\mathrm{d}\Omega$ は，次のように表される．

$$\frac{\mathrm{d}W}{\mathrm{d}\Omega} = \frac{e^2 a^2 \omega^4}{32\pi^2 \varepsilon_0 c^3} \left(1 + \cos^2\theta\right) \tag{1.41}$$

式 (1.41) を全立体角にわたって積分すると，水素原子の電子から放射されるパワー W は，次のように求められる．

$$W = \frac{e^2 a^2 \omega^4}{6\pi \varepsilon_0 c^3} \tag{1.42}$$

電子の静止質量を m_0 とすると，電子の速さ v が真空中の光速 c に比べて十分遅い $(v \ll c)$ 場合，電子の運動エネルギー T は，次のようになる．

$$T = \frac{1}{2} m_0 a^2 \omega^2 \tag{1.43}$$

水素原子の電子から放射されるパワー W によって，電子の運動エネルギー T は時間とともに減少し，その割合は次のように表される．

$$\frac{\mathrm{d}T}{\mathrm{d}t} = -W \tag{1.44}$$

式 (1.42)–(1.44) から，円運動における円軌道の半径 a が小さくなるレートは，次のように求められる．

$$\frac{\mathrm{d}a}{\mathrm{d}t} = -\frac{e^2 \omega^2}{6\pi \varepsilon_0 c^3 m_0} a \tag{1.45}$$

問題 1.5 ボーア・モデル：水素原子のスペクトル
ボーア・モデルを用いて，水素原子から放出される光の周波数を求めよ．

✱✱✱ ヒ ン ト
- 電子に働く力を考える．
- 量子条件を適用する．

解　答
図 1.2 のように，電子が原子核（陽子 1 個）を中心として円運動している場合，電子から観測すると，電子には次のような**遠心力** (centrifugal force) F_c が働く．

$$F_c = \frac{m_0 v^2}{r} \tag{1.46}$$

電子と原子核（陽子 1 個）の間には，次のような大きさをもつ**クーロン力** (Coulomb force) F も働く．

$$F = \frac{e^2}{4\pi\varepsilon_0 r^2} \tag{1.47}$$

ここで，e は電気素量，ε_0 は真空の誘電率，r は電子と原子核（陽子 1 個）の間の距離である．

定常状態では，遠心力 F_c（斥力）とクーロン力 F（引力）がつりあっているので，次の関係が成り立つ．

$$\frac{m_0 v^2}{r} = \frac{e^2}{4\pi\varepsilon_0 r^2} \tag{1.48}$$

したがって，電子の速さ v は，次のように表される．

$$v = \sqrt{\frac{e^2}{4\pi\varepsilon_0 m_0 r}} \tag{1.49}$$

式 (1.3), (1.49) から，定常状態では，電子の円運動における円軌道の半径 r は，次のように求められる．

$$r = \frac{\varepsilon_0 h^2}{\pi m_0 e^2} n^2 = a_0 n^2 \tag{1.50}$$

ここで導入した a_0 はボーア半径 (Bohr radius) とよばれており，その値は次のようになる．

$$a_0 = \frac{\varepsilon_0 h^2}{\pi m_0 e^2} = 5.29177 \times 10^{-11}\,\text{m} \tag{1.51}$$

原子核（陽子1個）を中心として円運動している電子の運動エネルギーは $m_0 v^2/2$，ポテンシャルエネルギーは $-e^2/4\pi\varepsilon_0 r$ である．したがって，原子核（陽子1個）を中心として円運動している電子の全エネルギー E_n は，式 (1.49)，(1.50) から，次のように求められる．

$$\begin{aligned} E_n &= \frac{1}{2}m_0 v^2 - \frac{e^2}{4\pi\varepsilon_0 r} \\ &= -\frac{e^2}{8\pi\varepsilon_0 r} \\ &= -\frac{m_0 e^4}{8\,\varepsilon_0^2 h^2} \cdot \frac{1}{n^2} \\ &= -\frac{e^2}{8\pi\varepsilon_0 a_0} \cdot \frac{1}{n^2} \end{aligned} \tag{1.52}$$

二つの定常状態に対するエネルギーをそれぞれ E_m，E_n とすると，水素原子から放出される光の周波数 ν は，次式で与えられる．

$$\begin{aligned} \nu &= \frac{E_m - E_n}{h} \\ &= -\frac{m_0 e^4}{8\,\varepsilon_0^2 h^3}\left(\frac{1}{m^2} - \frac{1}{n^2}\right) \\ &= -c\,\frac{m_0 e^4}{8\,\varepsilon_0^2 c h^3}\left(\frac{1}{m^2} - \frac{1}{n^2}\right) \\ &= -c\,R_\infty \left(\frac{1}{m^2} - \frac{1}{n^2}\right) \end{aligned} \tag{1.53}$$

ただし，$E_m > E_n$ すなわち $m > n$ とした．式 (1.53) において，c は真空中の光速である．また，R_∞ はリュードベリ定数 (Rydberg constant) とよばれており，その値は次のようになる．

$$R_\infty = \frac{m_0 e^4}{8\,\varepsilon_0^2 c h^3} = 1.09737 \times 10^7\,\text{m}^{-1} \tag{1.54}$$

問題1.6 ボーア・モデル：ヘリウム原子のイオン化エネルギー

ボーア・モデルを用いてヘリウム原子 He のイオン化エネルギーを計算し，実験値 24.587 eV と比較せよ．

ヘリウム原子 He は，パラ，オルソという2系列のスペクトル系列をもっている．そして，1価のヘリウムイオン He^+ の基底状態のエネルギーからパラ系列の基底状態のエネルギーを引いたものをヘリウム原子 He のイオン化エネルギーとする．

なお，ボーアは，パラ系列の基底状態のエネルギーを求める際に，ヘリウム原子 He のもつ2個の電子が同一軌道上を円運動し，2個の電子間の距離が円軌道の直径であると仮定した．

✳✳✳ ヒント

- ヘリウム原子 He については，2個の電子の運動エネルギー，電子–原子核（陽子2個）間のクーロンポテンシャル，電子–電子間のクーロンポテンシャルを考える．
- 1価のヘリウムイオン He^+ については，1個の電子の運動エネルギー，電子–原子核（陽子2個）間のクーロンポテンシャルを考える．

解答

まず，ヘリウム原子 He の基底状態のエネルギー E_0 を求める．図1.6のように，2個の電子が原子核（陽子2個）を中心として円運動している場合，1個の電子に働く遠心力とクーロン力のつりあいは，次のように表される．

$$\frac{m_0 v_0^2}{r_0} - \frac{1}{4\pi\varepsilon_0} \cdot \frac{2e^2}{r_0^2} + \frac{1}{4\pi\varepsilon_0} \cdot \frac{e^2}{(2r_0)^2} = 0 \quad (1.55)$$

ここで，m_0 は電子の静止質量，$v_0 = |\boldsymbol{v}_0|$ は電子の速さ，$r_0 = |\boldsymbol{r}_0|$ は円運動における円軌道の半径，ε_0 は真空の誘電率，e は電気素量である．式 (1.55) の左辺において，第1項は遠心力（斥力），第2項は電子–原子核（陽子2個）間のクーロン引力，第3項は電子–電子間のクーロン斥力である．

式 (1.3) において $r = r_0$，$v = v_0$ とすると，次式が成り立つ．

原子核（陽子2個） $|r_0 \times p_0| = n\dfrac{h}{2\pi}$

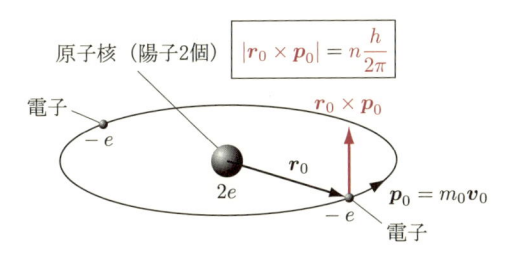

図 1.6　ヘリウム原子 He

$$r_0 m_0 v_0 = n\frac{h}{2\pi} \tag{1.56}$$

式 (1.55) と式 (1.56) を連立させて解くと，次の結果が得られる．

$$v_0 = \frac{7}{8}\frac{e^2}{\varepsilon_0 h}\cdot\frac{1}{n} \tag{1.57}$$

$$r_0 = \frac{4}{7}\frac{\varepsilon_0 h^2}{\pi m_0 e^2}n^2 = \frac{4}{7}a_0 n^2 \tag{1.58}$$

ここで，a_0 は式 (1.51) のボーア半径である．

原子核（陽子 2 個）を中心として円運動している 2 個の電子の運動エネルギー T は，式 (1.57) を用いると，次のように表される．

$$\begin{aligned}T &= 2\cdot\frac{1}{2}m_0 v_0{}^2 \\ &= 2\left(\frac{7}{4}\right)^2\frac{m_0 e^4}{8\varepsilon_0{}^2 h^2}\cdot\frac{1}{n^2} = 2\left(\frac{7}{4}\right)^2\frac{e^2}{8\pi\varepsilon_0 a_0}\cdot\frac{1}{n^2}\end{aligned} \tag{1.59}$$

ポテンシャルエネルギー U は，式 (1.58) を用いると，次のように表される．

$$\begin{aligned}U &= \frac{1}{4\pi\varepsilon_0}\cdot\frac{e^2}{2r_0} - 2\cdot\frac{1}{4\pi\varepsilon_0}\cdot\frac{2e^2}{r_0} = -\frac{7}{4\pi\varepsilon_0}\cdot\frac{e^2}{2r_0} \\ &= -4\left(\frac{7}{4}\right)^2\frac{m_0 e^4}{8\varepsilon_0{}^2 h^2}\cdot\frac{1}{n^2} = -4\left(\frac{7}{4}\right)^2\frac{e^2}{8\pi\varepsilon_0 a_0}\cdot\frac{1}{n^2}\end{aligned} \tag{1.60}$$

したがって，2 個の電子の全エネルギー E は，式 (1.59), (1.60) から，次のようになる．

$$E = T + U$$
$$= -2\left(\frac{7}{4}\right)^2 \frac{m_0 e^4}{8\varepsilon_0^2 h^2} \cdot \frac{1}{n^2} = -2\left(\frac{7}{4}\right)^2 \frac{e^2}{8\pi\varepsilon_0 a_0} \cdot \frac{1}{n^2} \quad (1.61)$$

ヘリウム原子の基底状態のエネルギー E_0 は，式 (1.61) において $n=1$ として，次のように求められる．

$$E_0 = -2\left(\frac{7}{4}\right)^2 \frac{m_0 e^4}{8\varepsilon_0^2 h^2} = -2\left(\frac{7}{4}\right)^2 \frac{e^2}{8\pi\varepsilon_0 a_0} \quad (1.62)$$

次に，1価のヘリウムイオン He$^+$ の基底状態のエネルギー E_0^+ を求める．図 1.7 のように，1 個の電子が原子核（陽子 2 個）を中心として円運動している場合，電子に働く遠心力（斥力）とクーロン力（引力）のつりあいは，次のように表される．

$$\frac{m_0 v^2}{r} = \frac{1}{4\pi\varepsilon_0} \cdot \frac{2e^2}{r^2} \quad (1.63)$$

ここで，$r = |\boldsymbol{r}|$ は 1 価のヘリウムイオンの基底状態での円運動における円軌道の半径である．

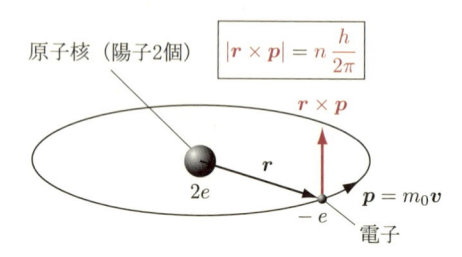

図 1.7 1価のヘリウムイオン He$^+$

式 (1.63) と式 (1.3) を連立させて解くと，次の結果が得られる．

$$v = \frac{e^2}{\varepsilon_0 h} \cdot \frac{1}{n} \quad (1.64)$$

$$r = \frac{1}{2} \frac{\varepsilon_0 h^2}{\pi m_0 e^2} n^2 = \frac{1}{2} a_0 n^2 \quad (1.65)$$

原子核（陽子 2 個）を中心として円運動している 1 個の電子の運動エネルギー T^+ は，次のように表される．

$$\begin{aligned}T^+ &= \frac{1}{2}m_0 v^2 \\ &= 4 \cdot \frac{m_0 e^4}{8\,\varepsilon_0{}^2 h^2} \cdot \frac{1}{n^2} = 4 \cdot \frac{e^2}{8\pi\varepsilon_0 a_0} \cdot \frac{1}{n^2}\end{aligned} \quad (1.66)$$

ここで，式 (1.64) を用いた．

また，ポテンシャルエネルギー U^+ は，次のように表される．

$$\begin{aligned}U^+ &= -\frac{1}{4\pi\varepsilon_0} \cdot \frac{2e^2}{r} \\ &= -8 \cdot \frac{m_0 e^4}{8\,\varepsilon_0{}^2 h^2} \cdot \frac{1}{n^2} = -8 \cdot \frac{e^2}{8\pi\varepsilon_0 a_0} \cdot \frac{1}{n^2}\end{aligned} \quad (1.67)$$

したがって，1 価のヘリウムイオンにおける電子の全エネルギー E^+ は，式 (1.66), (1.67) から，次のようになる．

$$\begin{aligned}E^+ &= T^+ + U^+ \\ &= -4 \cdot \frac{m_0 e^4}{8\,\varepsilon_0{}^2 h^2} \cdot \frac{1}{n^2} = -4 \cdot \frac{e^2}{8\pi\varepsilon_0 a_0} \cdot \frac{1}{n^2}\end{aligned} \quad (1.68)$$

1 価のヘリウムイオンの基底状態のエネルギー E_0^+ は，式 (1.68) において $n = 1$ として，次のように求められる．

$$E_0^+ = -4 \cdot \frac{m_0 e^4}{8\,\varepsilon_0{}^2 h^2} = -4 \cdot \frac{e^2}{8\pi\varepsilon_0 a_0} \quad (1.69)$$

式 (1.62), 式 (1.69) から，イオン化エネルギー E_i は次のように求められる．

$$\begin{aligned}E_\mathrm{i} = E_0^+ - E_0 &= \left[-4 + 2\left(\frac{7}{4}\right)^2\right] \frac{m_0 e^4}{8\,\varepsilon_0{}^2 h^2} \\ &= \left[-4 + 2\left(\frac{7}{4}\right)^2\right] \frac{e^2}{8\pi\varepsilon_0 a_0} = 28.912\,\mathrm{eV}\end{aligned} \quad (1.70)$$

この計算値は，実験値 $24.587\,\mathrm{eV}$ よりも $4.325\,\mathrm{eV}$ 大きく，実験値と一致しているとは言えない．

問題 1.7　ボーア・モデル：水素分子のかい離エネルギー

ボーア・モデルを用いて水素分子 H_2 のかい離エネルギーを計算し，実験値 $4.74\,\mathrm{eV}$ と比較せよ．

ここで，水素分子 H_2 のかい離エネルギーとは，基底状態にある 2 個の独立した水素原子 H の全エネルギーから基底状態にある水素分子 H_2 のエネルギーを引いたものとする．

なお，ボーアは，水素分子 H_2 のモデルとして，次のような仮定を用いた．水素分子 H_2 のもつ 2 個の原子核を結ぶ線分の中点を通り，この線分に垂直な平面上において，水素分子 H_2 のもつ 2 個の電子が同一軌道上を円運動する．そして，この円軌道の直径は，2 個の電子間の距離に等しい．

✦✦✦ ヒント

- 水素分子 H_2 については，2 個の電子の運動エネルギー，電子–原子核間のクーロンポテンシャル，電子–電子間のクーロンポテンシャル，原子核–原子核間のクーロンポテンシャルを考える．
- 2 個の独立した水素原子 H の全エネルギーは，1 個の水素原子 H のエネルギーの 2 倍である．

解　答

まず，水素分子 H_2 の基底状態のエネルギー E_{m0} を求める．図 1.8 のように，2 個の電子が原点を中心として xy-面内で円運動し，その円軌道の半径を $a\,(>0)$ とする．そして，2 個の原子核は z 軸上に存在し，それぞれの原子核（陽子 1 個）の位置を $(0,0,b), (0,0,-b)$ とする．ただし，$b>0$ である．

2 個の陽子が静止しているとすると，1 個の陽子に働く力の z 成分についてのつりあいは，次のように表される．

$$\frac{1}{4\pi\varepsilon_0}\cdot\frac{e^2}{(2b)^2} - 2\cdot\frac{1}{4\pi\varepsilon_0}\cdot\frac{e^2}{a^2+b^2}\cdot\frac{b}{\sqrt{a^2+b^2}} = 0 \tag{1.71}$$

ここで，ε_0 は真空の誘電率，e は電気素量である．式 (1.71) の左辺において，第 1 項は陽子–陽子間のクーロン斥力，第 2 項は電子–陽子間のクーロン引力で

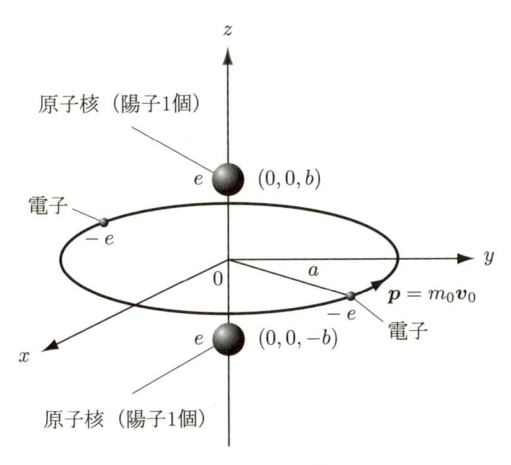

図 1.8 水素分子 H_2

ある．式 (1.71) から，次の結果が得られる．

$$b = \frac{a}{\sqrt{3}} \tag{1.72}$$

1個の電子に働く遠心力とクーロン力のつりあいは，次のように表される．

$$\frac{m_0 v_0^2}{a} - 2 \cdot \frac{1}{4\pi\varepsilon_0} \cdot \frac{e^2}{a^2 + b^2} \cdot \frac{a}{\sqrt{a^2 + b^2}} + \frac{1}{4\pi\varepsilon_0} \cdot \frac{e^2}{(2a)^2} = 0 \tag{1.73}$$

ただし，m_0 は電子の静止質量，$v_0 = |\boldsymbol{v_0}|$ は電子の速さである．式 (1.73) の左辺において，第1項は遠心力（斥力），第2項は電子–陽子間のクーロン引力，第3項は電子–電子間のクーロン斥力である．

式 (1.3) において $r = a$, $v = v_0$ とすると，次式が成り立つ．

$$am_0 v_0 = n\frac{h}{2\pi} \tag{1.74}$$

式 (1.72)–(1.74) を連立させて解くと，次の結果が得られる．

$$v_0 = \frac{3\sqrt{3} - 1}{8} \frac{e^2}{\varepsilon_0 h} \cdot \frac{1}{n} \tag{1.75}$$

$$a = \frac{4}{3\sqrt{3} - 1} \frac{\varepsilon_0 h^2}{\pi m_0 e^2} n^2 = \frac{4}{3\sqrt{3} - 1} a_0 n^2 \tag{1.76}$$

ここで，a_0 は式 (1.51) のボーア半径である．

原点を中心として円運動している 2 個の電子の全運動エネルギー T は，次のように表される．

$$T = 2 \cdot \frac{1}{2} m_0 v_0^2$$
$$= \frac{(3\sqrt{3}-1)^2}{8} \cdot \frac{m_0 e^4}{8\varepsilon_0^2 h^2} \cdot \frac{1}{n^2} = \frac{(3\sqrt{3}-1)^2}{8} \cdot \frac{e^2}{8\pi\varepsilon_0 a_0} \cdot \frac{1}{n^2} \quad (1.77)$$

ここで，式 (1.75) を用いた．

また，ポテンシャルエネルギー U は，次のように表される．

$$U = \frac{1}{4\pi\varepsilon_0} \cdot \frac{e^2}{2b} + \frac{1}{4\pi\varepsilon_0} \cdot \frac{e^2}{2a} - 4 \cdot \frac{1}{4\pi\varepsilon_0} \cdot \frac{e^2}{\sqrt{a^2+b^2}}$$
$$= -2 \cdot \frac{(3\sqrt{3}-1)^2}{8} \cdot \frac{m_0 e^4}{8\varepsilon_0^2 h^2} \cdot \frac{1}{n^2} = -2 \cdot \frac{(3\sqrt{3}-1)^2}{8} \cdot \frac{e^2}{8\pi\varepsilon_0 a_0} \cdot \frac{1}{n^2} \quad (1.78)$$

ここで，式 (1.76) を用いた．

したがって，2 個の電子の全エネルギー E は，式 (1.77)，(1.78) から，次のようになる．

$$E = T + U$$
$$= -\frac{(3\sqrt{3}-1)^2}{8} \cdot \frac{m_0 e^4}{8\varepsilon_0^2 h^2} \cdot \frac{1}{n^2} = -\frac{(3\sqrt{3}-1)^2}{8} \cdot \frac{e^2}{8\pi\varepsilon_0 a_0} \cdot \frac{1}{n^2} \quad (1.79)$$

水素分子の基底状態のエネルギー E_{m0} は，式 (1.79) において $n=1$ として，次のように求められる．

$$E_{m0} = -\frac{(3\sqrt{3}-1)^2}{8} \cdot \frac{m_0 e^4}{8\varepsilon_0^2 h^2} = -\frac{(3\sqrt{3}-1)^2}{8} \cdot \frac{e^2}{8\pi\varepsilon_0 a_0} \quad (1.80)$$

図 1.9 にかい離後の水素分子 H_2 を示す．これは，2 個の独立な水素原子 H に相当する．水素分子 H_2 のかい離エネルギー E_d は，2 個の独立な水素原子の基底状態の全エネルギーから水素分子の基底状態のエネルギー E_{m0} を引いたものである．水素原子 1 個の基底状態のエネルギーは，式 (1.52) において $n=1$ とした E_1 である．したがって，水素分子 H_2 のかい離エネルギー E_d は，次のように求められる．

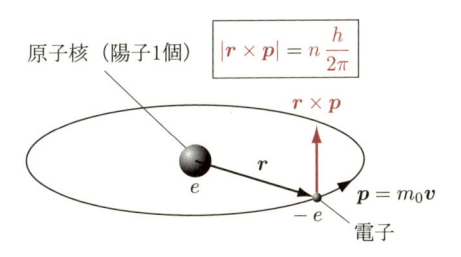

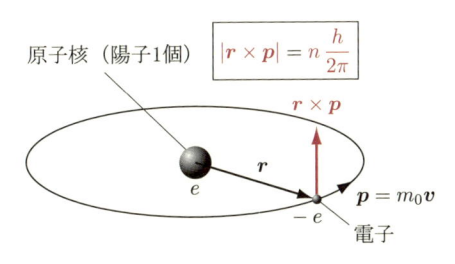

[図: 原子核（陽子1個）と電子、$|\bm{r}\times\bm{p}|=n\dfrac{h}{2\pi}$、$\bm{p}=m_0\bm{v}$]

[図: 原子核（陽子1個）と電子、$|\bm{r}\times\bm{p}|=n\dfrac{h}{2\pi}$、$\bm{p}=m_0\bm{v}$]

図 1.9 かい離後の水素分子 H_2：2 個の独立な水素原子 H

$$\begin{aligned}
E_\mathrm{d} &= 2E_1 - E_\mathrm{m0} \\
&= \left[-2 + \frac{(3\sqrt{3}-1)^2}{8}\right] \frac{m_0 e^4}{8\varepsilon_0{}^2 h^2} \\
&= \left[-2 + \frac{(3\sqrt{3}-1)^2}{8}\right] \frac{e^2}{8\pi\varepsilon_0 a_0} \\
&= 2.73\,\mathrm{eV}
\end{aligned} \tag{1.81}$$

この計算値は，実験値 $4.74\,\mathrm{eV}$ よりも $2.01\,\mathrm{eV}$ 小さく，実験値と一致しているとは言えない．

問題 1.8　特殊相対性理論

ローレンツ変換によって世界間隔 (interval) が不変であることを示せ．次に，特殊相対性理論における電子の運動量 p と運動エネルギー E を求めよ．また，電子の速さを v，真空中の光速を c とするとき，$v \ll c$ の場合の電子の運動量 p と運動エネルギー E を計算せよ．

✱✱✱ ヒント

- 解析力学におけるラグランジアン，作用積分，ハミルトニアンを用いる．
- 必要に応じてマクローリン展開を用い，十分小さい値を無視する．

解答

真空中におかれた二つの慣性基準系（観測者が固定されている系）S 系と S' 系を考える．空間座標がデカルト座標であるとし，ある事象 (event) を S 系と S' 系で観測したとする．まず，S 系における時間と空間座標を

$$x^0 = ct, \ x^{1,2,3} = x, \ y, \ z \tag{1.82}$$

と表す．また，S' 系における時間と空間座標を

$$x'^0 = ct', \ x'^{1,2,3} = x', \ y', \ z' \tag{1.83}$$

と表す．そして，次のような二つの事象が起きたとする．

第 1 の事象：　S 系において，空間座標 (x_1, y_1, z_1) の点から時刻 t_1 に光速 c で信号を出すこと．

第 2 の事象：　S 系において，空間座標 (x_2, y_2, z_2) の点で時刻 t_2 に第 1 の事象で出された信号を受けること．

このとき，次式によって世界間隔 s_{12} を定義する．

$$s_{12} = \sqrt{c^2(t_2 - t_1)^2 - (x_2 - x_1)^2 - (y_2 - y_1)^2 - (z_2 - z_1)^2} \tag{1.84}$$

これら二つの事象が無限に接近しているならば，二つの事象の世界間隔 ds は，

次のようになる．

$$ds^2 = c^2 dt^2 - dx^2 - dy^2 - dz^2$$
$$= (dx^0)^2 - (dx^1)^2 - (dx^2)^2 - (dx^3)^2 \tag{1.85}$$

相対性原理を満たすためには，時間と空間をあわせた 4 次元座標系の変換に対して，世界間隔が一定に保たれる必要がある．

さて，S' 系が S 系に対して速さ v で x 軸の正の方向に移動しているとき，ローレンツ変換 (Lorentz transformation) は，次のように表される．

$$ct = \frac{ct' + \frac{v}{c}x'}{\sqrt{1-\frac{v^2}{c^2}}},\ x = \frac{x' + \frac{v}{c}ct'}{\sqrt{1-\frac{v^2}{c^2}}},\ y = y',\ z = z' \tag{1.86}$$

これから，ローレンツ変換によって，世界間隔 ds が一定に保たれることを確かめる．式 (1.86) から，次式が得られる．

$$c\,dt = \frac{c\,dt' + \frac{v}{c}dx'}{\sqrt{1-\frac{v^2}{c^2}}},\ dx = \frac{dx' + \frac{v}{c}c\,dt'}{\sqrt{1-\frac{v^2}{c^2}}},\ dy = dy',\ dz = dz' \tag{1.87}$$

したがって，S 系における世界間隔 ds は，次のようになる．

$$ds^2 = c^2 dt^2 - dx^2 - dy^2 - dz^2$$
$$= c^2 dt'^2 - dx'^2 - dy'^2 - dz'^2$$
$$= ds'^2 \tag{1.88}$$

式 (1.88) から，S 系における世界間隔 ds と S' 系における世界間隔 ds' が等しい，すなわち，ローレンツ変換により，世界間隔が一定に保たれていることがわかる．

次に，最小作用の原理 (principle of least action) を用いて，電子の運動を考える．ここで，作用積分 (action integral) S を次式で定義する．

$$S = \int_{t_1}^{t_2} L(\boldsymbol{q}, \dot{\boldsymbol{q}}, t)\,dt \tag{1.89}$$

ただし，$L(\boldsymbol{q}, \dot{\boldsymbol{q}}, t)$ は与えられた系のラグランジアン (Lagrangian) である．そして，$\boldsymbol{q} = (q_1, q_2, \cdots, q_n)$ は一般化座標 (generalized coordinates)，$\dot{\boldsymbol{q}} \equiv \mathrm{d}\boldsymbol{q}/\mathrm{d}t$ は一般化された速度である．

最小作用の原理によると，作用積分 S が可能な最小値をとるように，系は運動する．したがって，作用積分 S は，世界間隔 $\mathrm{d}s$ を用いて，

$$S = -\int_a^b \alpha \, \mathrm{d}s \tag{1.90}$$

と表すこともできる．ここで $\alpha (> 0)$ は係数である．いま，電子に固定された時計を考えると，この時計は電子と一緒に動いているから，

$$\mathrm{d}x' = \mathrm{d}y' = \mathrm{d}z' = 0 \tag{1.91}$$

となる．したがって，電子の速さを v とすると，

$$\mathrm{d}s = c \, \mathrm{d}t' = c\sqrt{1 - \frac{v^2}{c^2}} \, \mathrm{d}t \tag{1.92}$$

となる．ただし，次のようにおいた．

$$\mathrm{d}t' = {t_2}' - {t_1}', \; \mathrm{d}t = t_2 - t_1 \tag{1.93}$$

式 (1.90) に式 (1.92) を代入すると，次のようになる．

$$S = -\int_{t_1}^{t_2} \alpha c \sqrt{1 - \frac{v^2}{c^2}} \, \mathrm{d}t \tag{1.94}$$

ここで，$s = a$ に対して $t = t_1$，$s = b$ に対して $t = t_2$ とした．式 (1.89) と式 (1.94) を比較すると，ラグランジアン $L(\boldsymbol{q}, \dot{\boldsymbol{q}}, t)$ は，次のように表される．

$$L(\boldsymbol{q}, \dot{\boldsymbol{q}}, t) = -\alpha c \sqrt{1 - \frac{v^2}{c^2}} \tag{1.95}$$

電子の速さ v に対して $v \ll c$ のとき，$\sqrt{1 - v^2/c^2}$ を v についてマクローリン展開すると，次のようになる．

$$\sqrt{1 - \frac{v^2}{c^2}} \simeq 1 - \frac{1}{2}\frac{v^2}{c^2} \tag{1.96}$$

式 (1.95) に式 (1.96) を代入すると，次式が得られる．

$$L(q,\dot{q},t) \simeq -\alpha c + \frac{1}{2}\cdot\frac{\alpha}{c}v^2 \tag{1.97}$$

非相対論における $L(q,\dot{q},t) = m_0 v^2/2$ と比較すると，$\alpha = m_0 c$ となる．ただし，m_0 は電子の静止質量である．この α を式 (1.95) に代入すると，ラグランジアン $L(q,\dot{q},t)$ は，次のようになる．

$$L(q,\dot{q},t) = -m_0 c^2\sqrt{1-\frac{v^2}{c^2}} = -m_0 c^2\sqrt{1-\frac{\boldsymbol{v}^2}{c^2}} \tag{1.98}$$

ここで，$\boldsymbol{v}$ は電子の速度であり，$|\boldsymbol{v}|=v$ である．

運動量 $\boldsymbol{p}$ は，式 (1.98) のラグランジアン $L(q,\dot{q},t)$ を用いて，次のように表される．

$$\boldsymbol{p} = \frac{\partial L(q,\dot{q},t)}{\partial \dot{\boldsymbol{q}}} = \frac{\partial L(q,\dot{q},t)}{\partial \boldsymbol{v}} = \frac{m_0\boldsymbol{v}}{\sqrt{1-v^2/c^2}} \tag{1.99}$$

ハミルトニアン (Hamiltonian) H は，式 (1.98) のラグランジアン $L(q,\dot{q},t)$ を用いて，次式によって与えられる．

$$H = \boldsymbol{p}\cdot\dot{\boldsymbol{q}} - L(q,\dot{q},t) = \boldsymbol{p}\cdot\boldsymbol{v} - L(q,\dot{q},t) = \frac{m_0 c^2}{\sqrt{1-v^2/c^2}} \tag{1.100}$$

電子の速さ v に対して $v \ll c$ のとき，式 (1.96) を式 (1.99)，(1.100) に代入すると，次の結果が得られる．

$$\boldsymbol{p} = m_0\boldsymbol{v}\left(1+\frac{1}{2}\frac{v^2}{c^2}\right) \simeq m_0\boldsymbol{v} \tag{1.101}$$

$$H \simeq m_0 c^2 + \frac{1}{2}m_0 v^2 \tag{1.102}$$

ここで，$m_0 c^2$ は静止質量エネルギー (rest mass energy) である．

運動エネルギー E は，式 (1.102) のハミルトニアン H から $m_0 c^2$ を引いて，次のように表される．

$$E = H - m_0 c^2 \simeq \frac{1}{2}m_0 v^2 \tag{1.103}$$

問題 1.9 コンプトン効果

コンプトン効果における，入射 X 線の周波数 ν_i と散乱された X 線の周波数 ν_s の関係を求めよ．

✳✳✳ ヒ ン ト

- X 線量子について，仮定した運動量とエネルギーを用いる．
- エネルギー保存則と運動量保存則を用いる．

解　答

図 1.1 において，エネルギー保存則から，次式が成り立つ．

$$h\nu_\mathrm{i} = h\nu_\mathrm{s} + E \tag{1.104}$$

図 1.1 において，運動量保存則を二つの直交成分に分けて示すと，次のようになる．

$$\frac{h\nu_\mathrm{i}}{c} = \frac{h\nu_\mathrm{s}}{c}\cos\theta + p\cos\phi \tag{1.105}$$

$$0 = \frac{h\nu_\mathrm{s}}{c}\sin\theta - p\sin\phi \tag{1.106}$$

問題 1.8 で導出したように，相対性理論によると，X 線入射後の電子の運動エネルギー E と運動量 $\boldsymbol{p}$ の大きさ p は，それぞれ次式によって与えられる．

$$E = \frac{m_0 c^2}{\sqrt{1 - v^2/c^2}} - m_0 c^2 \tag{1.107}$$

$$p = \frac{m_0 v}{\sqrt{1 - v^2/c^2}} \tag{1.108}$$

ここで，m_0 は電子の静止質量，c は真空中の光速，v は X 線入射後の電子の速さである．

式 (1.108) の両辺を 2 乗して，電子の速さ v を運動量の大きさ p によって表すと，次のようになる．

$$\frac{v^2}{c^2} = \frac{p^2}{m_0{}^2 c^2 + p^2} \tag{1.109}$$

式 (1.109) から，次の関係が得られる．

$$1 - \frac{v^2}{c^2} = \frac{m_0{}^2 c^2}{m_0{}^2 c^2 + p^2} \tag{1.110}$$

式 (1.110) を式 (1.107) に代入して整理すると，次のようになる．

$$E + m_0 c^2 = \sqrt{m_0{}^2 c^4 + c^2 p^2} \tag{1.111}$$

式 (1.111) の両辺を 2 乗して整理すると，次の結果が得られる．

$$c^2 p^2 = E^2 + 2 m_0 c^2 E \tag{1.112}$$

さて，式 (1.105)，(1.106) の両辺に c をかけてから移項し，次のように変形する．

$$cp \cos \phi = h\nu_{\rm i} - h\nu_{\rm s} \cos \theta \tag{1.113}$$

$$cp \sin \phi = h\nu_{\rm s} \sin \theta \tag{1.114}$$

式 (1.113)，(1.114) の両辺をそれぞれ 2 乗して加えると，ϕ が消去され，次のようになる．

$$\begin{aligned} c^2 p^2 &= (h\nu_{\rm i})^2 - 2h^2 \nu_{\rm i} \nu_{\rm s} \cos \theta + (h\nu_{\rm s})^2 \\ &= (h\nu_{\rm i} - h\nu_{\rm s})^2 + 2h^2 \nu_{\rm i} \nu_{\rm s} (1 - \cos \theta) \\ &= E^2 + 2h^2 \nu_{\rm i} \nu_{\rm s} (1 - \cos \theta) \end{aligned} \tag{1.115}$$

ここで，式 (1.104) から $h\nu_{\rm i} - h\nu_{\rm s} = E$ であることを用いた．

式 (1.112)，(1.115) を比較し，式 (1.104) を用いると，次の関係が成り立つ．

$$m_0 c^2 (h\nu_{\rm i} - h\nu_{\rm s}) = h^2 \nu_{\rm i} \nu_{\rm s} (1 - \cos \theta) \tag{1.116}$$

式 (1.116) の両辺を $m_0 c^2 h^2 \nu_{\rm i} \nu_{\rm s}$ で割ってから移項すると，次式が導かれる．

$$\frac{1}{h\nu_{\rm s}} = \frac{1}{h\nu_{\rm i}} + \frac{1 - \cos \theta}{m_0 c^2} = \frac{1}{h\nu_{\rm i}} + \frac{2\sin^2(\theta/2)}{m_0 c^2} \tag{1.117}$$

問題 1.10　ド・ブロイ波長

次の場合のド・ブロイ波長を計算せよ．
(a) 速さ $v = 10^3 \, \mathrm{m\,s^{-1}}$ で運動している電子
(b) 速さ $v = 2 \times 10^7 \, \mathrm{m\,s^{-1}}$ で運動している電子

✳✳✳ ヒント

- 電子の速さ v に応じて，非相対論と特殊相対性理論のどちらを用いるか判断する．
- 非相対論における運動量は，特殊相対性理論における運動量をマクローリン展開し，微小項を無視して求める．

解　答

(a) 電子の速さ v と真空中の光速 c に対して $v \ll c$ が成り立っているから，式 (1.99) をマクローリン展開して v/c の 2 次以上の微小項を無視すると，電子の運動量の大きさ p は，次のようになる．

$$p = m_0 v \left[1 - \left(\frac{v}{c}\right)^2\right]^{-1/2} \simeq m_0 v \tag{1.118}$$

ここで，m_0 は電子の静止質量である．したがって，ド・ブロイ波の波長すなわちド・ブロイ波長は，次のように求められる．

$$\lambda = \frac{h}{p} = \frac{h}{m_0 v} = \frac{6.626 \times 10^{-34} \, \mathrm{J\,s}}{9.109 \times 10^{-31} \, \mathrm{kg} \cdot 10^3 \, \mathrm{m\,s^{-1}}}$$
$$= 7.274 \times 10^{-7} \, \mathrm{m} \tag{1.119}$$

(b) 問題 1.10(a) と同様に $v \ll c$ とみなして非相対論を用いると，次のようになる．

$$\lambda = \frac{h}{p} = \frac{h}{m_0 v} = \frac{6.626 \times 10^{-34} \, \mathrm{J\,s}}{9.109 \times 10^{-31} \, \mathrm{kg} \cdot 2 \times 10^7 \, \mathrm{m\,s^{-1}}}$$
$$= 3.637 \times 10^{-11} \, \mathrm{m} \tag{1.120}$$

一方，運動量として特殊相対性理論による式 (1.99) を用いると，電子の運動量の大きさ p は，次のように表される．

$$p = m_0 v \left[1 - \left(\frac{v}{c}\right)^2\right]^{-1/2} \tag{1.121}$$

したがって，特殊相対性理論によるド・ブロイ波長は，次のように求められる．

$$\begin{aligned}
\lambda &= \frac{h}{p} \\
&= \frac{h}{m_0 v}\left[1 - \left(\frac{v}{c}\right)^2\right]^{1/2} \\
&= \frac{6.626 \times 10^{-34}\,\mathrm{J\,s}}{9.109 \times 10^{-31}\,\mathrm{kg} \cdot 2 \times 10^7\,\mathrm{m\,s^{-1}}} \times \left[1 - \left(\frac{2 \times 10^7\,\mathrm{m\,s^{-1}}}{2.998 \times 10^8\,\mathrm{m\,s^{-1}}}\right)\right]^{1/2} \\
&= 3.629 \times 10^{-11}\,\mathrm{m}
\end{aligned} \tag{1.122}$$

特殊相対性理論による計算値を基準にすると，式 (1.120), (1.122) から，非相対論による計算値は，特殊相対性理論による計算値よりも 0.22% 大きい．このことから，$v = 2 \times 10^7\,\mathrm{m\,s^{-1}}$ は $v \ll c$ とみなしても十分良い近似になりうるといえる．

Point

光子（電磁波の周波数 $\nu = \omega/2\pi$）

- エネルギー $E = h\nu = \hbar\omega$
- 運動量の大きさ $p = h\nu/c = \hbar\omega/c$

ド・ブロイ波（運動エネルギー E，運動量の大きさ p）

- 周波数 $\nu = E/h = cp/h$
- 波長 $\lambda = hc/E = h/p$

第2章

量子力学の考え方

2.1 波動関数
2.2 演算子
2.3 期待値
2.4 ハイゼンベルクの不確定性原理

問題 2.1 規格化：三角関数
問題 2.2 規格化：指数関数
問題 2.3 交換関係
問題 2.4 期待値
問題 2.5 期待値とエルミート演算子
問題 2.6 波束と不確定性
問題 2.7 標準偏差：期待値からのずれの2乗平均平方根
問題 2.8 位置の不確定性
問題 2.9 運動量の不確定性
問題 2.10 ハイゼンベルクの不確定性原理

2.1 波動関数

量子力学では,粒子の状態は,波動関数 (wave function) によって与えられる.また,波動関数 ψ が示す状態を量子状態 (quantum state) ともいう.1電子系の状態を軌道 (orbital) ということも多い.

波動関数は実在の波ではなく,測定をおこなったときに粒子が見出される確率に関係する波である.このような波は,位相波とよばれている.

体積 V の空間と体積 $V+\mathrm{d}V$ の空間を考える.この二つの空間の間,つまり微小体積 $\mathrm{d}V$ の空間において粒子が見出される確率は,波動関数 ψ を用いて,次のように表される.

$$\frac{\psi^*\psi\,\mathrm{d}V}{\int_0^\infty \psi^*\psi\,\mathrm{d}V} = \frac{|\psi|^2\,\mathrm{d}V}{\int_0^\infty |\psi|^2\,\mathrm{d}V} \tag{2.1}$$

ここで,ψ^* は ψ の複素共役 (complex conjugate) である.

測定時に粒子が見出される確率は,粒子の空間的な存在確率と言い換えることができる.この物理的意味が明確になるように,波動関数 ψ に対して,次のようにして,係数を決定すると便利である.

$$\int_0^\infty \psi^*\psi\,\mathrm{d}V = \int_0^\infty |\psi|^2\,\mathrm{d}V = 1 \tag{2.2}$$

式 (2.2) のような係数の決定方法は,規格化 (normalization) とよばれる.式 (2.2) の右辺を 1 にした理由は,粒子が空間に存在するとき,全空間について測定すれば必ず粒子が見出される,つまり全空間において粒子が見出される確率が 1 だからである.このことは,全空間にわたって粒子の空間的な存在確率を積分すれば 1 になるということである.

いったん波動関数を規格化すれば,式 (2.1) の分母が 1 となるので,微小体積 $\mathrm{d}V$ の中に粒子が存在する確率は,次のように簡略化される.

$$\psi^*\psi\,\mathrm{d}V = |\psi|^2\,\mathrm{d}V \tag{2.3}$$

ただし,すべての波動関数が規格化できるわけではない.関数形によっては,規格化できない波動関数も存在することに注意しておこう.

2.2 演算子

量子力学では，物理量は演算子 (operator) によって表される．そして，演算子を波動関数 ψ の左側に置き，演算子がそのすぐ右側の波動関数 ψ に作用すると約束する．たとえば，三つの演算子 $\tilde{A}, \tilde{B}, \tilde{C}$ が波動関数 ψ に対して作用するとき，次式が成り立つ．

$$\tilde{A}\tilde{B}\tilde{C}\psi = \tilde{A}\tilde{B}(\tilde{C}\psi) = \tilde{A}[\tilde{B}(\tilde{C}\psi)] \tag{2.4}$$

式 (2.4) は，波動関数 ψ の左隣の演算子 $\tilde{C}$ がまず波動関数 ψ に作用して $\tilde{C}\psi$ が得られることを示している．次に演算子 $\tilde{B}$ が $(\tilde{C}\psi)$ に作用して，$\tilde{B}(\tilde{C}\psi)$ が得られ，最後に演算子 $\tilde{A}$ が $\tilde{B}(\tilde{C}\psi)$ に作用する．

さて，位置演算子 (position operator) $\tilde{r}$ は，位置ベクトル r によって表される．位置演算子 $\tilde{r}$ が波動関数 ψ に対して作用する $\tilde{r}\psi$ は，位置ベクトル r を波動関数 ψ にかけることを意味している．

運動量演算子 (momentum operator) $\tilde{p}$ は，次のように定義されている．

$$\tilde{p} \equiv -i\hbar\nabla \tag{2.5}$$

ここで，$i = \sqrt{-1}$ は虚数単位，$\hbar = h/2\pi$ はディラック定数，h はプランク定数である．また，∇ はナブラ (nabla) 演算子であり，xyz-座標系では，次のように表される．

$$\nabla = \frac{\partial}{\partial x}\hat{x} + \frac{\partial}{\partial y}\hat{y} + \frac{\partial}{\partial z}\hat{z} \tag{2.6}$$

ただし，$\hat{x}, \hat{y}, \hat{z}$ は，それぞれ x, y, z 軸方向の単位ベクトルである．

角運動量演算子 (angular momentum operator) $\tilde{l}$ は，位置演算子 $\tilde{r}$ と式 (2.5) の運動量演算子 $\tilde{p}$ との外積として，次のように定義されている．

$$\begin{aligned}\tilde{l} &\equiv \tilde{r} \times \tilde{p} = r \times (-i\hbar\nabla) \\ &= -i\hbar\hat{x}\left(y\frac{\partial}{\partial z} - z\frac{\partial}{\partial y}\right) - i\hbar\hat{y}\left(z\frac{\partial}{\partial x} - x\frac{\partial}{\partial z}\right) - i\hbar\hat{z}\left(x\frac{\partial}{\partial y} - y\frac{\partial}{\partial x}\right)\end{aligned} \tag{2.7}$$

エネルギー演算子 (energy operator) $\tilde{E}$ は，次のように定義されている．

$$\tilde{E} \equiv i\hbar\frac{\partial}{\partial t} \tag{2.8}$$

2.3 期待値

物理量 $\boldsymbol{\alpha}$ に対する演算子を $\tilde{\boldsymbol{\alpha}}$, 波動関数を ψ とすると, 物理量 $\boldsymbol{\alpha}$ の期待値 (expectation value) $\langle\boldsymbol{\alpha}\rangle$ は, 次式によって定義される.

$$\langle\boldsymbol{\alpha}\rangle \equiv \frac{\int_0^\infty \psi^* \tilde{\boldsymbol{\alpha}} \psi \, \mathrm{d}V}{\int_0^\infty \psi^* \psi \, \mathrm{d}V} \tag{2.9}$$

ここで, ψ^* は ψ の複素共役である. また, xyz-座標系では, 微小体積は $\mathrm{d}V = \mathrm{d}x\,\mathrm{d}y\,\mathrm{d}z$ である.

波動関数 ψ が規格化されている場合, 物理量 $\boldsymbol{\alpha}$ の期待値 $\langle\boldsymbol{\alpha}\rangle$ は, 次式で与えられる.

$$\langle\boldsymbol{\alpha}\rangle = \int_0^\infty \psi^* \tilde{\boldsymbol{\alpha}} \psi \, \mathrm{d}V \tag{2.10}$$

量子力学では, 波動関数 ψ に演算子 $\tilde{\boldsymbol{\alpha}}$ を作用させることが演算の基本である. 式 (2.10) は, 波動関数 ψ に演算子 $\tilde{\boldsymbol{\alpha}}$ を作用させた $\tilde{\boldsymbol{\alpha}}\psi$ と, 波動関数 ψ の複素共役 ψ^* との積を全空間にわたって積分したものである. また, 式 (2.10) は, 波動関数 ψ と $\tilde{\boldsymbol{\alpha}}\psi$ の内積であると解釈することもできる. なお, 内積を計算するときには, 波動関数 ψ の複素共役 ψ^* を用いることに留意しておこう.

英国の理論物理学者ディラック (P. A. M. Dirac, 1902–1984) は, 波動関数をヒルベルト空間におけるベクトル成分と考え, 次のような表現を導入した.

$$\langle\boldsymbol{\alpha}\rangle \equiv \int_0^\infty \psi^* \tilde{\boldsymbol{\alpha}} \psi \, \mathrm{d}V \equiv \langle\psi|\tilde{\boldsymbol{\alpha}}|\psi\rangle \tag{2.11}$$

ここで, $\langle\psi|$ はブラベクトル (bra vector), $|\psi\rangle$ はケットベクトル (ket vector) である. 式 (2.11) は, ケットベクトル $|\psi\rangle$ に対して演算子 $\tilde{\boldsymbol{\alpha}}$ を作用させて作ったベクトル $\tilde{\boldsymbol{\alpha}}|\psi\rangle$ と, ブラベクトル $\langle\psi|$ との内積 (inner product) を示している.

さて, 観測可能な物理量は, すべて実数である. したがって, 観測可能な物理量 $\boldsymbol{\alpha}$ に対する期待値 $\langle\boldsymbol{\alpha}\rangle$ は, すべて実数である. この条件を満たすためには, 物理量 $\boldsymbol{\alpha}$ に対する演算子 $\tilde{\boldsymbol{\alpha}}$ はエルミート演算子 (Hermitian operator) でなければならない. このことは, 問題 2.5 で確かめることにしよう.

シュレーディンガー方程式に着目すると，エネルギー固有値 E は観測可能な物理量なので，実数である．一方，波動関数 ψ は，直接観測される物理量ではないので，実数である必要はなく，複素数であってもよい．ただし，$\psi^*\psi = |\psi|^2$ は，存在確率に比例するので，実数でなければならない．

2.4　ハイゼンベルクの不確定性原理

ミクロなサイズの世界の現象では，粒子の位置 r を正確に決定しようとすれば，運動量 p は，波のように広がり，ある値のまわりに分布する．逆に，粒子の運動量 p を正確に決定しようとすれば，位置 r は，波のように広がり，ある値のまわりに分布する．このように，粒子の位置 r と運動量 p は同時に正確に確定することができず，不確定性をもつという原理が，ハイゼンベルクの不確定性原理 (Heisenberg's uncertainty principle) である．また，時間 t とエネルギー E の間にも，ハイゼンベルクの不確定性原理が成り立つ．

位置 r の不確定さを Δr，運動量 p の不確定さを Δp とすると，ハイゼンベルクの不確定性原理は，次のように表される．

$$\Delta r \cdot \Delta p \geq \frac{\hbar}{2} \tag{2.12}$$

ここで，$\hbar = h/2\pi$ はディラック定数，h はプランク定数である．

同じようにして，時間 t の不確定さを Δt，エネルギーの不確定さを ΔE とすると，ハイゼンベルクの不確定性原理は，次のように表される．

$$\Delta t\, \Delta E \geq \frac{\hbar}{2} \tag{2.13}$$

問題 2.7 と問題 2.10 では，不確定さとして標準偏差 (standard deviation) すなわち期待値からのずれの 2 乗平均平方根 (root mean square) を用いた場合について考えてみよう．

問題 2.1　規格化：三角関数

次の各場合について，規格化によって振幅 ψ_0 を求めよ．ただし，振幅 ψ_0 は実数とする．

(a) 長さ a の線分に粒子が閉じ込められており，$0 < x < a$ のみに粒子が存在する．このとき，粒子の波動関数 ψ は，整数 n_x を用いて，$\psi = \psi_0 \sin(n_x \pi x/a)$ と表すことができる．

(b) 各辺の長さ a, b の長方形に粒子が閉じ込められており，$0 < x < a$, $0 < y < b$ を満たす領域のみに粒子が存在する．このとき，粒子の波動関数 ψ は，整数 n_x, n_y を用いて，$\psi = \psi_0 \sin(n_x \pi x/a) \sin(n_y \pi y/b)$ と表すことができる．

(c) 各辺の長さ a, b, c の直方体に粒子が閉じ込められており，$0 < x < a$, $0 < y < b$, $0 < z < c$ を満たす領域のみに粒子が存在する．このとき，粒子の波動関数 ψ は，整数 n_x, n_y, n_z を用いて，$\psi = \psi_0 \sin(n_x \pi x/a) \sin(n_y \pi y/b) \sin(n_z \pi z/c)$ と表すことができる．

❋❋❋ ヒント

- 空間の次元に応じて，全空間にわたって $\psi^* \psi$ を積分する．

解　答

(a) 粒子が $0 < x < a$ の領域に閉じ込められており，その他の領域では粒子が存在しない ($x \leq 0$ および $a \leq x$ では $\psi = 0$) から，規格化条件は，次式で与えられる．ただし，波動関数 ψ が x のみの関数だから，$\mathrm{d}V$ の代りに $\mathrm{d}x$ とした．

$$\int_{-\infty}^{\infty} \psi^* \psi \, \mathrm{d}x = \int_{-\infty}^{0} 0 \, \mathrm{d}x + \int_{0}^{a} \psi_0{}^2 \sin^2\left(\frac{n_x \pi x}{a}\right) \mathrm{d}x + \int_{a}^{\infty} 0 \, \mathrm{d}x$$
$$= \int_{0}^{a} \psi_0{}^2 \sin^2\left(\frac{n_x \pi x}{a}\right) \mathrm{d}x = \frac{\psi_0{}^2 a}{2} = 1 \quad (2.14)$$

式 (2.14) から，振幅 ψ_0 は次のようになる．

$$\psi_0 = \pm\sqrt{\frac{2}{a}} \tag{2.15}$$

(b) 粒子が $0<x<a$, $0<y<b$ の領域に閉じ込められているから，規格化条件は，次式で与えられる．ただし，波動関数 ψ が x, y のみの関数だから，dV の代りに $dx\,dy$ とした．

$$\begin{aligned}
\int_{-\infty}^{\infty} dx \int_{-\infty}^{\infty} dy\, \psi^*\psi &= \int_0^a dx \int_0^b dy\, \psi^*\psi \\
&= \psi_0{}^2 \int_0^a \sin^2\left(\frac{n_x\pi x}{a}\right) dx \int_0^b \sin^2\left(\frac{n_y\pi y}{b}\right) dy \\
&= \frac{\psi_0{}^2 ab}{4} = 1
\end{aligned} \tag{2.16}$$

式 (2.16) から，振幅 ψ_0 は次のようになる．

$$\psi_0 = \pm\sqrt{\frac{4}{ab}} = \pm\frac{2}{\sqrt{ab}} \tag{2.17}$$

(c) 粒子が $0<x<a$, $0<y<b$, $0<z<c$ の領域に閉じ込められているから，規格化条件は，次式で与えられる．ただし，$dV = dx\,dy\,dz$ である．

$$\begin{aligned}
&\int_{-\infty}^{\infty} dx \int_{-\infty}^{\infty} dy \int_{-\infty}^{\infty} dz\, \psi^*\psi \\
&= \int_0^a dx \int_0^b dy \int_0^c dz\, \psi^*\psi \\
&= \psi_0{}^2 \int_0^a \sin^2\left(\frac{n_x\pi x}{a}\right) dx \int_0^b \sin^2\left(\frac{n_y\pi y}{b}\right) dy \int_0^c \sin^2\left(\frac{n_z\pi z}{c}\right) dz \\
&= \frac{\psi_0{}^2 abc}{8} = 1
\end{aligned} \tag{2.18}$$

式 (2.18) から，振幅 ψ_0 は次のようになる．

$$\psi_0 = \pm\sqrt{\frac{8}{abc}} = \pm\frac{2\sqrt{2}}{\sqrt{abc}} \tag{2.19}$$

問題 2.2　規格化：指数関数

粒子が直線内を自由に運動する場合を考える．このとき，粒子の波動関数 ψ は，振幅 ψ_0，波数 k，位置 x，角周波数 ω，時間 t を用いて，$\psi = \psi_0 \exp[\mathrm{i}(kx - \omega t)]$ と表すことができる．ここで，$\mathrm{i} = \sqrt{-1}$ は虚数単位であり，振幅 ψ_0 は実数である．この波動関数の規格化について検討せよ．

✳✳✳ ヒント

- n 次元の空間に対しては，変数は n 個となる．
- 全空間にわたって $\psi^*\psi$ を積分する．

解　答

直線は 1 次元の空間だから，変数は 1 個である．ここでは，波動関数 ψ が変数 x のみの関数だから，$\mathrm{d}V$ の代りに $\mathrm{d}x$ とすると，規格化条件は次式で与えられる．

$$\begin{aligned}
\int_{-\infty}^{\infty} \psi^*\psi \, \mathrm{d}x &= \int_{-\infty}^{\infty} \psi_0^* \exp[-\mathrm{i}(kx-\omega t)]\psi_0 \exp[\mathrm{i}(kx-\omega t)] \, \mathrm{d}x \\
&= \int_{-\infty}^{\infty} \psi_0^{\,2} \exp[-\mathrm{i}(kx-\omega t) + \mathrm{i}(kx-\omega t)] \, \mathrm{d}x \\
&= \int_{-\infty}^{\infty} \psi_0^{\,2} \, \mathrm{d}x \\
&= \left[\psi_0^{\,2} x\right]_{-\infty}^{\infty} \\
&= \infty
\end{aligned} \tag{2.20}$$

ここで，ψ_0 が実数であることから，$\psi_0^* = \psi_0$ を用いた．

式 (2.20) から，直線内を自由に運動する粒子の波動関数 ψ は規格化できないといえる．このような場合は，期待値は式 (2.9) を用いて計算すればよい．

問題 2.3　交換関係

演算子 $x\tilde{p}_x - \tilde{p}_x x$ を計算せよ.

✳✳✳ ヒント

- 演算子を波動関数 ψ に作用させる.
- 波動関数に近い演算子から順番に演算子の右側の波動関数に作用させる.
- 交換法則が成り立つ場合と成り立たない場合を区別する.

解　答

式 (2.5) から $\tilde{p}_x = -\mathrm{i}\hbar \partial/\partial x$ である. したがって, $\tilde{p}_x\psi$ は次のようになる.

$$\tilde{p}_x \psi = -\mathrm{i}\hbar \frac{\partial \psi}{\partial x} \tag{2.21}$$

式 (2.21) から, $x\tilde{p}_x\psi$ は次のように表される.

$$x\tilde{p}_x\psi = x\left(\tilde{p}_x\psi\right) = x\left(-\mathrm{i}\hbar \frac{\partial \psi}{\partial x}\right) = -\mathrm{i}\hbar x \frac{\partial \psi}{\partial x} \tag{2.22}$$

ここで, x と $-\mathrm{i}\hbar$ の間の演算が掛け算であることから, 交換法則を用いて, x と $-\mathrm{i}\hbar$ の順番を入れ替えた.

一方, $\tilde{p}_x x \psi$ は $\tilde{p}_x = -\mathrm{i}\hbar \partial/\partial x$ を $x\psi$ に作用させるから, 次のようになる.

$$\tilde{p}_x x\psi = \tilde{p}_x(x\psi) = -\mathrm{i}\hbar \frac{\partial(x\psi)}{\partial x} = -\mathrm{i}\hbar x \frac{\partial \psi}{\partial x} - \mathrm{i}\hbar \psi \tag{2.23}$$

したがって, 式 (2.22) から式 (2.23) を引くと, 次の結果が得られる.

$$x\tilde{p}_x\psi - \tilde{p}_x x\psi = (x\tilde{p}_x - \tilde{p}_x x)\psi = \mathrm{i}\hbar\psi \tag{2.24}$$

式 (2.24) から演算子だけを抽出すると, 次のように表される.

$$x\tilde{p}_x - \tilde{p}_x x = \mathrm{i}\hbar \tag{2.25}$$

式 (2.25) の関係を交換関係 (commutation relation) という.

問題 2.4　期待値

波動関数 $\psi = \psi_0 \sin(kx)$ に対して，次の問いに答えよ．ただし，振幅 ψ_0 と波数 $k = \pi/L$ は実数の定数である．また，この波動関数は $0 \leq x \leq L$ のみに存在すると仮定する．

(a) p_x の期待値 $\langle p_x \rangle$ を計算せよ．
(b) $p_x{}^2$ の期待値 $\langle p_x{}^2 \rangle$ を計算せよ．
(c) $(p_x - \hbar k)^2$ の期待値 $\langle (p_x - \hbar k)^2 \rangle$ を計算せよ．

✳✳✳ ヒント

- 式 (2.5) と式 (2.9) を用いる．

解　答

波動関数 ψ が x のみの関数だから，$\mathrm{d}V$ の代わりに $\mathrm{d}x$ とする．

(a) 式 (2.5) から $\tilde{p}_x = -\mathrm{i}\hbar\partial/\partial x$ である．これを式 (2.9) に代入すると，運動量の x 成分 p_x の期待値 $\langle p_x \rangle$ は，次のように求められる．

$$
\begin{aligned}
\langle p_x \rangle &= \frac{\displaystyle\int_0^L \psi^* \tilde{p}_x \psi \, \mathrm{d}x}{\displaystyle\int_0^L \psi^* \psi \, \mathrm{d}x} \\
&= \frac{\displaystyle\int_0^L \psi^* \left(-\mathrm{i}\hbar \frac{\partial \psi}{\partial x}\right) \mathrm{d}x}{\dfrac{\psi_0{}^2 L}{2}} \\
&= \frac{2}{L} \int_0^L -\mathrm{i}\hbar k \sin(kx) \cos(kx) \, \mathrm{d}x \\
&= 0
\end{aligned}
\tag{2.26}
$$

(b) 式 (2.5), (2.9) から, 期待値 $\langle p_x{}^2 \rangle$ は, 次のように求められる.

$$
\begin{aligned}
\langle p_x{}^2 \rangle &= \frac{\displaystyle\int_0^L \psi^* \tilde{p}_x^2 \psi \, \mathrm{d}x}{\displaystyle\int_0^L \psi^* \psi \, \mathrm{d}x} \\
&= \frac{2}{\psi_0{}^2 L} \int_0^L \psi^* \left(-\mathrm{i}\hbar \frac{\partial}{\partial x} \right) \left(-\mathrm{i}\hbar \frac{\partial \psi}{\partial x} \right) \mathrm{d}x \\
&= \frac{2}{\psi_0{}^2 L} \int_0^L \psi^* \left(-\hbar^2 \frac{\partial^2 \psi}{\partial x^2} \right) \mathrm{d}x \\
&= \frac{2}{\psi_0{}^2 L} \int_0^L \psi_0 \sin(kx) \left[\hbar^2 k^2 \psi_0 \sin(kx) \right] \mathrm{d}x \\
&= \frac{2}{\psi_0{}^2 L} \frac{\psi_0{}^2 L}{2} \hbar^2 k^2 \\
&= \hbar^2 k^2
\end{aligned}
\tag{2.27}
$$

(c) 式 (2.5), (2.9) から, 期待値 $\langle (p_x - \hbar k)^2 \rangle$ は, 次のように求められる.

$$
\begin{aligned}
\langle (p_x - \hbar k)^2 \rangle &= \frac{\displaystyle\int_0^L \psi^* (\tilde{p}_x - \hbar k)^2 \psi \, \mathrm{d}x}{\displaystyle\int_0^L \psi^* \psi \, \mathrm{d}x} \\
&= \frac{2}{\psi_0{}^2 L} \int_0^L \psi^* (\tilde{p}_x - \hbar k)(\tilde{p}_x - \hbar k) \psi \, \mathrm{d}x \\
&= \frac{2}{\psi_0{}^2 L} \int_0^L \psi^* \left(-\mathrm{i}\hbar \frac{\partial}{\partial x} - \hbar k \right) \left(-\mathrm{i}\hbar \frac{\partial \psi}{\partial x} - \hbar k \psi \right) \mathrm{d}x \\
&= \frac{2}{\psi_0{}^2 L} \int_0^L \psi^* \left(-\mathrm{i}\hbar \frac{\partial}{\partial x} - \hbar k \right) \\
&\quad \times \left[-\mathrm{i}\hbar k \psi_0 \cos(kx) - \hbar k \psi_0 \sin(kx) \right] \mathrm{d}x \\
&= \frac{4\hbar^2 k^2}{L} \int_0^L \left[\sin^2(kx) + \mathrm{i} \sin(kx) \cos(kx) \right] \mathrm{d}x \\
&= 2\hbar^2 k^2
\end{aligned}
\tag{2.28}
$$

問題 2.5 期待値とエルミート演算子

演算子 $\tilde{A}$, 波動関数 φ, ψ に対して次式が成り立つとき, 演算子 $\tilde{A}$ をエルミート演算子という.

$$\int \varphi^* \tilde{A} \psi \, dV = \int (\tilde{A}\varphi)^* \psi \, dV \tag{2.29}$$

演算子 $\tilde{A}$ に対する期待値 $\langle A \rangle$ が実数となるためには, 演算子 $\tilde{A}$ がエルミート演算子でなければならないことを示せ.

✲✲✲ ヒント

- 期待値の複素共役と元の期待値とを比較する.
- 積については交換法則が成り立つ.

解 答

演算子 $\tilde{A}$ に対する期待値 $\langle A \rangle$ は, 波動関数 ψ を用いて, 次のように表される. ただし, 波動関数 ψ は規格化されているとした.

$$\langle A \rangle = \int \psi^* \tilde{A} \psi \, dV \tag{2.30}$$

式 (2.30) の複素共役をとると, 次のようになる.

$$\begin{aligned}
\langle A \rangle^* &= \int [\psi^* \tilde{A} \psi]^* \, dV \\
&= \int \psi \tilde{A}^* \psi^* \, dV \\
&= \int \psi (\tilde{A}^* \psi^*) \, dV \\
&= \int \psi (\tilde{A}\psi)^* \, dV \\
&= \int (\tilde{A}\psi)^* \psi \, dV
\end{aligned} \tag{2.31}$$

式 (2.31) の下から 2 行目において $\psi(\tilde{A}\psi)^*$ が ψ と $(\tilde{A}\psi)^*$ の積であることに着目し, 最終行では交換法則を用いて ψ と $(\tilde{A}\psi)^*$ の順番を入れ替えた.

さて，演算子 $\tilde{A}$ に対する期待値 $\langle A \rangle$ が実数であるためには，$\langle A \rangle$ の複素共役 $\langle A \rangle^*$ と $\langle A \rangle$ が等しくなければならない．したがって，式 (2.30)，(2.31) から，次の関係が成り立つ．

$$\int \psi^* \tilde{A} \psi \, dV = \int (\tilde{A}\psi)^* \psi \, dV \tag{2.32}$$

また，式 (2.29) において $\varphi = \psi$ とおくと，次のようになる．

$$\int \psi^* \tilde{A} \psi \, dV = \int (\tilde{A}\psi)^* \psi \, dV \tag{2.33}$$

式 (2.33) は式 (2.32) とまったく同じである．このことから，式 (2.32) は，期待値が実数となる演算子 $\tilde{A}$ がエルミート演算子であることを示している．

この問題で明らかになったように，ある演算子に対する期待値が実数となるためには，その演算子はエルミート演算子でなければならない．観測可能な物理量は実数だから，量子力学において観測可能な物理量に対応する演算子は，エルミート演算子である．

---- 復　習 ----

量子力学における演算子

- 位置 $\tilde{r} = r$
- 運動量 $\tilde{p} = -i\hbar \nabla$
- 角運動量 $\tilde{l} = r \times (-i\hbar \nabla)$ （外積）
- エネルギー $\tilde{E} = i\hbar \partial/\partial t$

問題 2.6　波束と不確定性

空間の一部に局在している波は**波束** (wave packet) とよばれる．次のような関数 $f(x)$ で表される**波束**に対して，不確定性について議論せよ．

$$f(x) = f_0 \exp(\mathrm{i}\, k_0 x) \exp\left(-\frac{x^2}{2\delta^2}\right) \qquad (2.34)$$

ここで，$\mathrm{i} = \sqrt{-1}$ は虚数単位である．また，$f_0, k_0, \delta\,(>0)$ は定数とする．

✳✳✳ ヒント

- **フーリエ変換**を用いる．

解　答

関数 $f(x)$ は，$x = 0$ の近傍の領域のみにおいて $f(x) \gg 0$ となる．**波束**が存在する位置 x を測定するとき，$|f(x)| \geq f_0 \exp(-1/2)$ となったときに粒子の位置が測定できたとすると，式 (2.34) から位置 x の測定値に $\pm\delta$ 程度の不確定性が存在する．位置の不確かさを $\Delta x\,(>0)$ とすると，$\Delta x > \delta$ であると考えられる．

さて，関数 $f(x)$ の**フーリエ変換** $F(k)$ は，式 (2.34) から次のように求められる．

$$\begin{aligned}
F(k) &= \frac{1}{\sqrt{2\pi}} \int_{-\infty}^{\infty} f(x) \exp(-\mathrm{i}\, kx)\, \mathrm{d}x \\
&= \delta f_0 \exp\left[-\frac{\delta^2}{2}(k - k_0)^2\right] \qquad (2.35)
\end{aligned}$$

ただし，波数を k とした．

式 (2.35) から，$F(k)$ は $k = k_0$ を中心とするガウス型関数であることがわかる．$|F(k)| \geq \delta f_0 \exp(-1/2)$ となったときに粒子の波数が測定できたとすると，波数 $k - k_0$ の測定値に $\pm 1/\delta$ 程度の不確定性が存在する．波数の不確かさを $\Delta k\,(>0)$ とすると，$\Delta k > 1/\delta$ であると考えられる．

したがって，次の関係が得られる．

$$\Delta x \, \Delta k > 1 \tag{2.36}$$

ここで，粒子の運動量の大きさの不確定さを $\Delta p = \hbar \Delta k$ とすると，式 (2.36) から，

$$\Delta x \, \Delta p = \Delta x \, \hbar \Delta k > \hbar > \frac{\hbar}{2} \tag{2.37}$$

となって，ハイゼンベルクの不確定性原理が得られる．つまり，粒子を見出す位置 x に不確定さ Δx が存在すると，粒子の運動量の大きさ p にも不確定さ Δp が現れ，式 (2.37) のような関係が得られる．

復　習

体積 $V \sim V + dV$ の間に粒子が存在する確率

- 波動関数を規格化していない場合

$$\frac{\psi^* \psi \, dV}{\displaystyle\int_0^\infty \psi^* \psi \, dV} = \frac{|\psi|^2 \, dV}{\displaystyle\int_0^\infty |\psi|^2 \, dV}$$

- 波動関数を規格化した場合

$$\psi^* \psi \, dV = |\psi|^2 \, dV$$

観測可能な物理量 α に対する期待値 $\langle \alpha \rangle$：実数

- 波動関数を規格化していない場合

$$\langle \boldsymbol{\alpha} \rangle \equiv \frac{\displaystyle\int_0^\infty \psi^* \tilde{\boldsymbol{\alpha}} \psi \, dV}{\displaystyle\int_0^\infty \psi^* \psi \, dV}$$

- 波動関数を規格化した場合

$$\langle \boldsymbol{\alpha} \rangle \equiv \int_0^\infty \psi^* \tilde{\boldsymbol{\alpha}} \psi \, dV = \langle \psi | \tilde{\boldsymbol{\alpha}} | \psi \rangle$$

問題 2.7　標準偏差：期待値からのずれの 2 乗平均平方根

位置 x の期待値を $\langle x \rangle$，運動量の x 成分 p_x の期待値を $\langle p_x \rangle$ とすると，位置 x の期待値からのずれの 2 乗平均平方根 Δx と，運動量の x 成分 p_x の期待値からのずれの 2 乗平均平方根 Δp_x は，それぞれ次のように表される．

$$\Delta x = \sqrt{\langle (x - \langle x \rangle)^2 \rangle} \tag{2.38}$$

$$\Delta p_x = \sqrt{\langle (p_x - \langle p_x \rangle)^2 \rangle} \tag{2.39}$$

このとき，$(\Delta x)^2$ と $(\Delta p_x)^2$ を求めよ．

✷✷✷ ヒント

- 期待値 $\langle x \rangle$，$\langle p_x \rangle$ は定数である．

解　答

式 (2.38)，(2.39) の両辺をそれぞれ 2 乗すると，次のようになる．

$$\begin{aligned}
(\Delta x)^2 &= \langle (x - \langle x \rangle)^2 \rangle \\
&= \langle x^2 - 2x\langle x \rangle + \langle x \rangle^2 \rangle \\
&= \langle x^2 \rangle - 2\langle x \rangle \langle x \rangle + \langle x \rangle^2 \\
&= \langle x^2 \rangle - \langle x \rangle^2 \tag{2.40} \\
(\Delta p_x)^2 &= \langle (p_x - \langle p_x \rangle)^2 \rangle \\
&= \langle p_x{}^2 - 2p_x\langle p_x \rangle + \langle p_x \rangle^2 \rangle \\
&= \langle p_x{}^2 \rangle - 2\langle p_x \rangle \langle p_x \rangle + \langle p_x \rangle^2 \\
&= \langle p_x{}^2 \rangle - \langle p_x \rangle^2 \tag{2.41}
\end{aligned}$$

ここで，次の関係を用いた．

$$\langle \langle x \rangle \rangle = \langle x \rangle, \quad \langle \langle p_x \rangle \rangle = \langle p_x \rangle \tag{2.42}$$

問題 2.8 位置の不確定性

次のような演算子 $\tilde{\alpha}$ を導入する.

$$\tilde{\alpha} = x - \langle x \rangle \tag{2.43}$$

このとき,$(\Delta x)^2$ を $\tilde{\alpha}$ と規格化した波動関数 ψ を用いて表せ.

❋❋❋ ヒント

- $\tilde{\alpha} = x - \langle x \rangle$ は実数である.

解　答

式 (2.43) から,$(\Delta x)^2$ は次のように表される.

$$\begin{aligned}
(\Delta x)^2 &= \int_{-\infty}^{\infty} \psi^* \tilde{\alpha}^2 \psi \, dx \\
&= \int_{-\infty}^{\infty} \psi^* \tilde{\alpha} \tilde{\alpha} \psi \, dx \\
&= \int_{-\infty}^{\infty} \psi^* \tilde{\alpha} \left(\tilde{\alpha} \psi \right) dx \\
&= \int_{-\infty}^{\infty} \tilde{\alpha} \psi^* \left(\tilde{\alpha} \psi \right) dx
\end{aligned} \tag{2.44}$$

式 (2.44) の 3 行目から 4 行目にかけては,$\psi^* \tilde{\alpha}$ が ψ^* と $\tilde{\alpha}$ の積であることに着目し,交換法則を用いて ψ^* と $\tilde{\alpha}$ の順番を入れ替え,$\tilde{\alpha} \psi^*$ とした.

次に,$\tilde{\alpha}$ が実数であることから,$\tilde{\alpha} = \tilde{\alpha}^*$ を用いると,式 (2.44) は次のように表される.

$$\begin{aligned}
(\Delta x)^2 &= \int_{-\infty}^{\infty} \tilde{\alpha}^* \psi^* \left(\tilde{\alpha} \psi \right) dx \\
&= \int_{-\infty}^{\infty} \left(\tilde{\alpha} \psi \right)^* \left(\tilde{\alpha} \psi \right) dx \\
&= \int_{-\infty}^{\infty} |\tilde{\alpha} \psi|^2 \, dx
\end{aligned} \tag{2.45}$$

問題 2.9　運動量の不確定性

次のような演算子 $\tilde{\beta}$ を導入する.

$$\tilde{\beta} = \tilde{p}_x - \langle p_x \rangle \tag{2.46}$$

このとき, $(\Delta p_x)^2$ を $\tilde{\beta}$ と規格化した波動関数 ψ を用いて表せ.

❋❋❋ ヒント

- 下記の部分積分を用いる.

$$\int f \frac{\partial g}{\partial x}\,\mathrm{d}x = fg - \int \frac{\partial f}{\partial x} g\,\mathrm{d}x$$

解　答

式 (2.5), (2.46) から, 演算子 $\tilde{\beta}$ は次のようになる.

$$\tilde{\beta} = \tilde{p}_x - \langle p_x \rangle = -\mathrm{i}\hbar \frac{\partial}{\partial x} - \langle p_x \rangle \tag{2.47}$$

したがって, $(\Delta p_x)^2$ は次のように表される.

$$
\begin{aligned}
(\Delta p_x)^2 &= \int_{-\infty}^{\infty} \psi^* \tilde{\beta}^2 \psi \,\mathrm{d}x \\
&= \int_{-\infty}^{\infty} \psi^* \tilde{\beta}\tilde{\beta} \psi \,\mathrm{d}x \\
&= \int_{-\infty}^{\infty} \psi^* \tilde{\beta}(\tilde{\beta}\psi) \,\mathrm{d}x \\
&= \int_{-\infty}^{\infty} \psi^* \left(\tilde{p}_x - \langle p_x \rangle\right)(\tilde{\beta}\psi) \,\mathrm{d}x \\
&= \int_{-\infty}^{\infty} \psi^* \left(-\mathrm{i}\hbar \frac{\partial}{\partial x} - \langle p_x \rangle\right)(\tilde{\beta}\psi) \,\mathrm{d}x \\
&= -\int_{-\infty}^{\infty} \psi^* \mathrm{i}\hbar \frac{\partial}{\partial x}(\tilde{\beta}\psi) \,\mathrm{d}x - \int_{-\infty}^{\infty} \psi^* \langle p_x \rangle (\tilde{\beta}\psi) \,\mathrm{d}x \\
&= \int_{-\infty}^{\infty} -\mathrm{i}\hbar\,\psi^* \frac{\partial}{\partial x}(\tilde{\beta}\psi) \,\mathrm{d}x - \int_{-\infty}^{\infty} \langle p_x \rangle \psi^* (\tilde{\beta}\psi) \,\mathrm{d}x
\end{aligned}
\tag{2.48}
$$

式 (2.48) の最終行の第 1 項に部分積分を適用すると，次のようになる．

$$
\int_{-\infty}^{\infty} -i\hbar \psi^* \frac{\partial}{\partial x}(\tilde{\beta}\psi)\,\mathrm{d}x
$$
$$
= \left[-i\hbar \psi^*(\tilde{\beta}\psi)\right]_{-\infty}^{\infty} + \int_{-\infty}^{\infty} i\hbar \left(\frac{\partial}{\partial x}\psi^*\right)(\tilde{\beta}\psi)\,\mathrm{d}x
$$
$$
= \int_{-\infty}^{\infty} i\hbar \left(\frac{\partial}{\partial x}\psi^*\right)(\tilde{\beta}\psi)\,\mathrm{d}x \tag{2.49}
$$

ここで，$x \to \pm\infty$ において $\psi, \psi^* \to 0, \partial\psi/\partial x \to 0$ を用いた．

式 (2.48) の最終行の第 1 項に式 (2.49) の最終行を代入すると，次のようになる．

$$
(\Delta p_x)^2 = \int_{-\infty}^{\infty} i\hbar \left(\frac{\partial}{\partial x}\psi^*\right)(\tilde{\beta}\psi)\,\mathrm{d}x - \int_{-\infty}^{\infty} \langle p_x\rangle \psi^*(\tilde{\beta}\psi)\,\mathrm{d}x
$$
$$
= \int_{-\infty}^{\infty} \left(i\hbar \frac{\partial}{\partial x}\psi^* - \langle p_x\rangle \psi^*\right)(\tilde{\beta}\psi)\,\mathrm{d}x
$$
$$
= \int_{-\infty}^{\infty} \left[\left(i\hbar \frac{\partial}{\partial x} - \langle p_x\rangle\right)\psi^*\right](\tilde{\beta}\psi)\,\mathrm{d}x
$$
$$
= \int_{-\infty}^{\infty} (\tilde{\beta}^*\psi^*)(\tilde{\beta}\psi)\,\mathrm{d}x = \int_{-\infty}^{\infty} (\tilde{\beta}\psi)^*(\tilde{\beta}\psi)\,\mathrm{d}x
$$
$$
= \int_{-\infty}^{\infty} |\tilde{\beta}\psi|^2 \,\mathrm{d}x \tag{2.50}
$$

ただし，次の関係を用いた．

$$
\tilde{\beta}^* = \tilde{p}_x^* - \langle p_x\rangle^* = i\hbar \frac{\partial}{\partial x} - \langle p_x\rangle \tag{2.51}
$$

ここで，$\langle p_x\rangle$ が実数だから，$\langle p_x\rangle^* = \langle p_x\rangle$ であることに注意しておこう．

問題 2.10 ハイゼンベルクの不確定性原理
式 (2.13) のハイゼンベルクの不確定性原理を導け.

✳✳✳ ヒント
- 時間 t, エネルギー E それぞれに対して, 標準偏差すなわち期待値からのずれの 2 乗平均平方根を求める.

解　答
時間 t の期待値を $\langle t \rangle$, エネルギー E の期待値を $\langle E \rangle$ とすると, 時間 t の期待値からのずれの 2 乗平均平方根 Δt と, エネルギー E の期待値からのずれの 2 乗平均平方根 ΔE は, それぞれ次のように表される.

$$\Delta t = \sqrt{\langle (t - \langle t \rangle)^2 \rangle} \tag{2.52}$$

$$\Delta E = \sqrt{\langle (E - \langle E \rangle)^2 \rangle} \tag{2.53}$$

式 (2.52), (2.53) の両辺をそれぞれ 2 乗すると, 次のようになる.

$$(\Delta t)^2 = \langle (t - \langle t \rangle)^2 \rangle = \langle t^2 \rangle - \langle t \rangle^2 \tag{2.54}$$

$$(\Delta E)^2 = \langle (E - \langle E \rangle)^2 \rangle = \langle E^2 \rangle - \langle E \rangle^2 \tag{2.55}$$

ここで, 計算を簡単にするために, 次のような演算子 $\tilde{\alpha}$, $\tilde{\beta}$ を導入する.

$$\tilde{\alpha} = t - \langle t \rangle \tag{2.56}$$

$$\tilde{\beta} = \tilde{E} - \langle E \rangle \tag{2.57}$$

規格化した波動関数を ψ とし, 式 (2.56), (2.57) を用いると, 式 (2.54), (2.55) は, 次のように表される.

$$(\Delta t)^2 = \int_{-\infty}^{\infty} \psi^* \tilde{\alpha}^2 \psi \, dt = \int_{-\infty}^{\infty} |\tilde{\alpha}\psi|^2 \, dt \tag{2.58}$$

$$(\Delta E)^2 = \int_{-\infty}^{\infty} \psi^* \tilde{\beta}^2 \psi \, dt = \int_{-\infty}^{\infty} |\tilde{\beta}\psi|^2 \, dt \tag{2.59}$$

ここで，次のシュヴァルツの不等式 (Schwarz's inequality)

$$\int_{-\infty}^{\infty} |f|^2 \, dt \int_{-\infty}^{\infty} |g|^2 \, dt \geq \left| \int_{-\infty}^{\infty} f^* g \, dt \right|^2 \tag{2.60}$$

が成り立つことに注意すると，式 (2.58)，(2.59) から，次の関係が成り立つ．

$$(\Delta t)^2 (\Delta E)^2 \geq \left| \int_{-\infty}^{\infty} (\tilde{\alpha}\psi)^* \tilde{\beta}\psi \, dt \right|^2 = \left| \int_{-\infty}^{\infty} \psi^* (\tilde{\alpha}\tilde{\beta}) \psi \, dt \right|^2 \tag{2.61}$$

式 (2.61) の右辺は，次のように書き換えることができる．

$$\left| \int_{-\infty}^{\infty} \psi^* (\tilde{\alpha}\tilde{\beta}) \psi \, dt \right|^2 = \left| \int_{-\infty}^{\infty} \psi^* \left[\frac{1}{2}(\tilde{\alpha}\tilde{\beta} - \tilde{\beta}\tilde{\alpha}) + \frac{1}{2}(\tilde{\alpha}\tilde{\beta} + \tilde{\beta}\tilde{\alpha}) \right] \psi \, dt \right|^2$$

$$= \frac{1}{4} \left| \int_{-\infty}^{\infty} \psi^* (\tilde{\alpha}\tilde{\beta} - \tilde{\beta}\tilde{\alpha}) \psi \, dt \right|^2$$

$$+ \frac{1}{4} \left| \int_{-\infty}^{\infty} \psi^* (\tilde{\alpha}\tilde{\beta} + \tilde{\beta}\tilde{\alpha}) \psi \, dt \right|^2 \tag{2.62}$$

さて，式 (2.56)，(2.57) から，次の関係が得られる．

$$(\tilde{\alpha}\tilde{\beta} - \tilde{\beta}\tilde{\alpha})\psi = \tilde{\alpha}\tilde{\beta}\psi - \tilde{\beta}\tilde{\alpha}\psi = -i\hbar\psi \tag{2.63}$$

ここで，式 (2.8) から $\tilde{E} = i\hbar \partial/\partial t$ であることを用い，次のような計算をおこなった．

$$\tilde{\alpha}\tilde{\beta}\psi = (t - \langle t \rangle)(\tilde{E} - \langle E \rangle)\psi = (t - \langle t \rangle) \left(i\hbar \frac{\partial}{\partial t}\psi - \langle E \rangle \psi \right)$$

$$= i\hbar t \frac{\partial}{\partial t}\psi - i\hbar \langle t \rangle \frac{\partial}{\partial t}\psi - t\langle E \rangle \psi + \langle t \rangle \langle E \rangle \psi \tag{2.64}$$

$$\tilde{\beta}\tilde{\alpha}\psi = (\tilde{E} - \langle E \rangle)(t - \langle t \rangle)\psi = \left(i\hbar \frac{\partial}{\partial t} - \langle E \rangle \right)(t\psi - \langle t \rangle \psi)$$

$$= i\hbar \psi + i\hbar t \frac{\partial}{\partial t}\psi - i\hbar \langle t \rangle \frac{\partial}{\partial t}\psi - t\langle E \rangle \psi + \langle t \rangle \langle E \rangle \psi \tag{2.65}$$

式 (2.61)–(2.63) から，ハイゼンベルクの不確定性原理が，次のように導かれる．

$$\Delta t \, \Delta E \geq \sqrt{\frac{\hbar^2}{4}} = \frac{\hbar}{2} \tag{2.66}$$

第3章

シュレーディンガー方程式

3.1 ハミルトニアン
3.2 シュレーディンガー方程式
3.3 定常状態

問題 3.1　ラグランジュの運動方程式
問題 3.2　ハミルトニアン
問題 3.3　エーレンフェストの定理：速度
問題 3.4　エーレンフェストの定理：力
問題 3.5　シュレーディンガー方程式における時間
問題 3.6　定常状態におけるシュレーディンガー方程式
問題 3.7　波動関数の時間依存性
問題 3.8　自由粒子
問題 3.9　縮退
問題 3.10　直交性

3.1 ハミルトニアン

古典論において，力学的エネルギーが保存される場合，1個の質点に対するラグランジアン L は，次のように定義される．

$$L \equiv \frac{1}{2m} \bm{p} \cdot \bm{p} - U(\bm{r}) = \frac{1}{2m} \bm{p}^2 - U(\bm{r}) \tag{3.1}$$

ここで，m は質点の質量，$\bm{p}$ は運動量，$U(\bm{r})$ はポテンシャルエネルギーである．

作用積分 S は，ラグランジアン L の時間 t についての積分として，次のように定義されている．

$$S \equiv \int_{t_1}^{t_2} L \, \mathrm{d}t \tag{3.2}$$

ここで，t_1 と t_2 は時間である．

作用積分 S が最小となるように，時間 t_1 と t_2 の間に物体が運動するという原理をハミルトンの原理 (Hamilton's principle) という．そして，ハミルトンの原理にもとづく力学は，解析力学 (analytical dynamics) とよばれている．

作用積分 S が最小値をとるとき，次のラグランジュの運動方程式 (Lagrange's equation of motion) が得られる．

$$\frac{\mathrm{d}}{\mathrm{d}t} \frac{\partial L}{\partial \dot{q}_i} - \frac{\partial L}{\partial q_i} = 0 \tag{3.3}$$

ここで，q_i は一般化座標 $\bm{q}$ の成分，$\dot{q}_i = \mathrm{d}q_i/\mathrm{d}t$ である．

運動量 $\bm{p}$ の成分 p_i は，ラグランジアン L を用いて，次のように表される．

$$p_i \equiv \frac{\partial L}{\partial \dot{q}_i} \tag{3.4}$$

また，ハミルトニアン H は，次式によって定義されている．

$$H \equiv \bm{p} \cdot \dot{\bm{q}} - L \tag{3.5}$$

1個の質点の運動量 $\bm{p}$ は，$\bm{p} = m\dot{\bm{q}}$ と表される．したがって，式 (3.1) と式 (3.5) から，1個の質点に対するハミルトニアン H は，次のように表される．

$$H = \frac{1}{2m} \bm{p} \cdot \bm{p} + U(\bm{r}) = \frac{1}{2m} \bm{p}^2 + U(\bm{r}) \tag{3.6}$$

古典論におけるハミルトニアン H の運動量を運動量演算子で置き換えると，量子力学におけるハミルトニアンが得られる．量子力学におけるハミルトニアン $\tilde{\mathcal{H}}$ は，式 (3.6) と式 (2.5) から次のようになる．

$$\tilde{\mathcal{H}} = \frac{1}{2m}(-\mathrm{i}\hbar\nabla)\cdot(-\mathrm{i}\hbar\nabla) + U(\boldsymbol{r}) = -\frac{\hbar^2}{2m}\nabla^2 + U(\boldsymbol{r}) \tag{3.7}$$

3.2 シュレーディンガー方程式

シュレーディンガー方程式 (Schrödinger equation) は，次のように表される．

$$\tilde{\mathcal{H}}\psi = \left[-\frac{\hbar^2}{2m}\nabla^2 + U(\boldsymbol{r})\right]\psi = \mathrm{i}\hbar\frac{\partial\psi}{\partial t} \tag{3.8}$$

粒子の位置の期待値が，時間とともにどのように変化するかを考えてみよう．簡単のために，一定の質量 m をもつ粒子に対して 1 次元の運動を考え，規格化した波動関数 ψ が，位置 x と時間 t だけの関数であると仮定する．ただし，波動関数を表す x と t は，お互いに独立な変数である．また，波動関数 ψ は，波束として狭い領域のみに集中しているとする．このとき，位置の期待値 $\langle x \rangle$ は，次のように表される．

$$\langle x \rangle = \int_{-\infty}^{\infty} \psi^* x \psi \, \mathrm{d}x \tag{3.9}$$

式 (3.9) を時間 t について微分すると，次のようになる．

$$\frac{\mathrm{d}}{\mathrm{d}t}\langle x \rangle = \int_{-\infty}^{\infty}\left(\frac{\partial\psi^*}{\partial t}x\psi + \psi^* x\frac{\partial\psi}{\partial t}\right)\mathrm{d}x \tag{3.10}$$

ここで，x と t はお互いに独立な変数なので $\partial x/\partial t = 0$ であることを用いた．また，式 (3.8) から，次の関係が成り立つ．

$$\frac{\partial\psi}{\partial t} = \frac{1}{\mathrm{i}\hbar}\tilde{\mathcal{H}}\psi \tag{3.11}$$

$$\frac{\partial\psi^*}{\partial t} = \frac{1}{-\mathrm{i}\hbar}\tilde{\mathcal{H}}\psi^* \tag{3.12}$$

ただし，$\tilde{\mathcal{H}}^* = \tilde{\mathcal{H}}$ を用いた．

式 (3.11), (3.12) を式 (3.10) に代入すると, 次のようになる.

$$
\begin{aligned}
\frac{\mathrm{d}}{\mathrm{d}t}\langle x \rangle &= \frac{1}{\mathrm{i}\hbar}\int_{-\infty}^{\infty}\left[-\left(\tilde{\mathcal{H}}\psi^*\right)x\psi + \psi^* x\left(\tilde{\mathcal{H}}\psi\right)\right]\mathrm{d}x \\
&= \frac{\mathrm{i}\hbar}{2m}\int_{-\infty}^{\infty}\left[-\left(\frac{\partial^2\psi^*}{\partial x^2}\right)x\psi + \psi^* x\left(\frac{\partial^2\psi}{\partial x^2}\right)\right]\mathrm{d}x
\end{aligned} \tag{3.13}
$$

ここで, 式 (3.7) を用い, $U(\boldsymbol{r})$ が実数であることを使った.

さて, 波動関数 ψ が波束として狭い領域のみに集中していることから, $x \to \pm\infty$ において, $\psi \to 0, \psi^* \to 0, \partial\psi/\partial x \to 0, \partial\psi^*/\partial x \to 0$ となる. したがって, 部分積分を実行すると, 次のようになる.

$$
\begin{aligned}
\int_{-\infty}^{\infty}\left(\frac{\partial^2\psi^*}{\partial x^2}\right)x\psi\,\mathrm{d}x &= \left[\frac{\partial\psi^*}{\partial x}x\psi\right]_{-\infty}^{\infty} - \int_{-\infty}^{\infty}\frac{\partial\psi^*}{\partial x}\frac{\partial(x\psi)}{\partial x}\mathrm{d}x \\
&= -\int_{-\infty}^{\infty}\frac{\partial\psi^*}{\partial x}\left(x\frac{\partial\psi}{\partial x} + \psi\right)\mathrm{d}x
\end{aligned} \tag{3.14}
$$

$$
\begin{aligned}
\int_{-\infty}^{\infty}\psi^* x\left(\frac{\partial^2\psi}{\partial x^2}\right)\mathrm{d}x &= \left[\psi^* x\frac{\partial\psi}{\partial x}\right]_{-\infty}^{\infty} - \int_{-\infty}^{\infty}\frac{\partial(\psi^* x)}{\partial x}\frac{\partial\psi}{\partial x}\mathrm{d}x \\
&= -\int_{-\infty}^{\infty}\left(x\frac{\partial\psi^*}{\partial x} + \psi^*\right)\frac{\partial\psi}{\partial x}\mathrm{d}x
\end{aligned} \tag{3.15}
$$

式 (3.14), (3.15) を式 (3.13) に代入すると, 次の結果が得られる.

$$
\begin{aligned}
\frac{\mathrm{d}}{\mathrm{d}t}\langle x \rangle &= \frac{\mathrm{i}\hbar}{2m}\int_{-\infty}^{\infty}\left(\frac{\partial\psi^*}{\partial x}\psi - \psi^*\frac{\partial\psi}{\partial x}\right)\mathrm{d}x \\
&= \frac{\mathrm{i}\hbar}{2m}[\psi^*\psi]_{-\infty}^{\infty} - \frac{\mathrm{i}\hbar}{m}\int_{-\infty}^{\infty}\psi^*\frac{\partial\psi}{\partial x}\mathrm{d}x \\
&= \frac{1}{m}\int_{-\infty}^{\infty}\psi^*\left(-\mathrm{i}\hbar\frac{\partial}{\partial x}\right)\psi\,\mathrm{d}x \\
&= \frac{1}{m}\int_{-\infty}^{\infty}\psi^*\tilde{p}_x\psi\,\mathrm{d}x = \frac{1}{m}\langle p_x \rangle
\end{aligned} \tag{3.16}
$$

ただし, $x \to \pm\infty$ において, $\psi \to 0, \psi^* \to 0$ となることと, 式 (2.5) から $\tilde{p}_x = -\mathrm{i}\hbar\partial/\partial x$ であることを用いた.

式 (3.16) は, 速度の期待値 $\mathrm{d}\langle x \rangle/\mathrm{d}t$ が, 運動量の x 成分の期待値 $\langle p_x \rangle$ を質量 m で割ったものに等しいことを示している. つまり, 期待値の間の関係が, 古典論と同じ形式で表されている.

式 (3.16) を時間 t で微分し，部分積分をおこなうと，次式が得られる．

$$\frac{d^2}{dt^2}\langle x\rangle = \frac{1}{m}\int_{-\infty}^{\infty}\psi^*\left(-\frac{\partial U}{\partial x}\right)\psi\,dx$$
$$= \frac{1}{m}\int_{-\infty}^{\infty}\psi^* F_x\psi\,dx = \frac{1}{m}\langle F_x\rangle \tag{3.17}$$

ここで，$\langle F_x\rangle$ は，粒子に対する力の x 成分 $F_x = -\partial U/\partial x$ の期待値である．

式 (3.16) と式 (3.17) は，粒子の波動関数を波束として考えれば，期待値の間の関係が古典論と同じ形式で表されることを示している．このような定理をエーレンフェストの定理 (Ehrenfest's theorem) という．

3.3 定常状態

エネルギー E が時間に対して独立な状態を定常状態 (stationary state) という．定常状態におけるシュレーディンガー方程式は，次のように表される．

$$\tilde{\mathcal{H}}\varphi(\boldsymbol{r}) = \left[-\frac{\hbar^2}{2m}\nabla^2 + U(\boldsymbol{r})\right]\varphi(\boldsymbol{r}) = E\varphi(\boldsymbol{r}) \tag{3.18}$$

式 (3.18) においてエネルギー E は固有値となっている．したがって，エネルギー E はエネルギー固有値 (energy eigenvalue) とよばれる．

複数の異なる状態が存在し，これらの状態のエネルギー固有値が同一な場合，これらの状態は縮退 (degenerate) しているという．なお，状態が異なっているということは，波動関数が異なっているという意味である．

二つの状態を示す波動関数を ψ_1, ψ_2 とするとき，次式によって二つの状態の内積が定義されている．

$$\langle\psi_1|\psi_2\rangle \equiv \int_0^{\infty}\psi_1^*\psi_2\,dV \tag{3.19}$$

式 (3.19) の左辺の $\langle\psi_1|\psi_2\rangle$ を簡略化して $\langle 1|2\rangle$ と書くこともある．

二つの状態の内積に対して，$\langle\psi_1|\psi_2\rangle = 0$ が成り立つとき，二つの状態は直交 (orthogonal) しているという．

問題 3.1 ラグランジュの運動方程式
式 (3.3) のラグランジュの運動方程式を導出せよ．

✳✳✳ ヒント
- S が最小値をとるとき，$\delta S = 0$ となる．

解　答
式 (3.2) から，作用積分 S の微小変化 δS は，ラグランジアン L の微小変化 δL を用いて，次のように表される．

$$
\begin{aligned}
\delta S &= \int_{t_1}^{t_2} \delta L \, \mathrm{d}t = \int_{t_1}^{t_2} \left(\frac{\partial L}{\partial q_i} \delta q_i + \frac{\partial L}{\partial \dot{q}_i} \delta \dot{q}_i \right) \mathrm{d}t \\
&= \int_{t_1}^{t_2} \frac{\partial L}{\partial q_i} \delta q_i \, \mathrm{d}t + \int_{t_1}^{t_2} \frac{\partial L}{\partial \dot{q}_i} \delta \dot{q}_i \, \mathrm{d}t \\
&= \int_{t_1}^{t_2} \frac{\partial L}{\partial q_i} \delta q_i \, \mathrm{d}t + \int_{t_1}^{t_2} \frac{\partial L}{\partial \dot{q}_i} \left(\frac{\mathrm{d}}{\mathrm{d}t} \delta q_i \right) \mathrm{d}t
\end{aligned}
\tag{3.20}
$$

ここで，次の関係を用いた．

$$
\delta \dot{q}_i = \delta \left(\frac{\mathrm{d} q_i}{\mathrm{d} t} \right) = \frac{\mathrm{d}}{\mathrm{d} t} \delta q_i \tag{3.21}
$$

式 (3.20) の最終行の第 2 項に部分積分を適用し，作用積分 S が最小値をとるとき，すなわち $\delta S = 0$ のときを考えると，次のようになる．

$$
\begin{aligned}
\delta S &= \int_{t_1}^{t_2} \frac{\partial L}{\partial q_i} \delta q_i \, \mathrm{d}t + \left[\frac{\partial L}{\partial \dot{q}_i} \delta q_i \right]_{t_1}^{t_2} - \int_{t_1}^{t_2} \left[\frac{\mathrm{d}}{\mathrm{d}t} \left(\frac{\partial L}{\partial \dot{q}_i} \right) \right] \delta q_i \, \mathrm{d}t \\
&= \int_{t_1}^{t_2} \left[\frac{\partial L}{\partial q_i} - \frac{\mathrm{d}}{\mathrm{d}t} \left(\frac{\partial L}{\partial \dot{q}_i} \right) \right] \delta q_i \, \mathrm{d}t = 0
\end{aligned}
\tag{3.22}
$$

ただし，$t = t_1$ と $t = t_2$ において $\delta q_i = 0$ であることを用いた．

式 (3.22) が任意の $\delta q_i = 0$ に対して成り立つから，次の結果が得られる．

$$
\frac{\mathrm{d}}{\mathrm{d}t} \frac{\partial L}{\partial \dot{q}_i} - \frac{\partial L}{\partial q_i} = 0 \tag{3.23}
$$

問題 3.2　ハミルトニアン

古典論における 1 個の質点に対するハミルトニアン H として，式 (3.6) ではなく，次式のように運動量 $\boldsymbol{p}$ の絶対値 $|\boldsymbol{p}|$ を用いた場合を考える．

$$H = \frac{1}{2m}|\boldsymbol{p}|^2 + U(\boldsymbol{r}) \tag{3.24}$$

式 (3.24) において，運動量 $\boldsymbol{p}$ を運動量演算子に置換することで，シュレーディンガー方程式が得られるだろうか．

✵✵✵ ヒント

- 運動量 $\boldsymbol{p}$ を運動量演算子 $-\mathrm{i}\hbar\nabla$ に置換する．

解　答

式 (3.24) において，運動量 $\boldsymbol{p}$ を運動量演算子 $-\mathrm{i}\hbar\nabla$ で置き換えると，次のようになる．

$$\begin{aligned}\tilde{\mathcal{H}} &= \frac{1}{2m}|(-\mathrm{i}\hbar\nabla)\cdot(-\mathrm{i}\hbar\nabla)| + U(\boldsymbol{r}) \\ &= \frac{\hbar^2}{2m}\nabla^2 + U(\boldsymbol{r})\end{aligned} \tag{3.25}$$

式 (3.25) の右辺第 1 項の符号は，量子力学におけるハミルトニアンを示す式 (3.7) と異なり，シュレーディンガー方程式を導出することはできない．

この例からわかるように，数式の書き換えをするときに絶対値を選ぶかどうかについては，十分に注意することが必要である．

問題 3.3　エーレンフェストの定理：速度
1 次元において，式 (3.13) が成り立つことを示せ．

✱✱✱ ヒント
- 演算子と波動関数が両方とも括弧の中にある場合，括弧の中の演算子は，括弧の中の波動関数だけに作用する．

解　答
式 (3.7) から，1 次元において，ハミルトニアン $\tilde{\mathcal{H}}$ は次のように表される．

$$\tilde{\mathcal{H}} = -\frac{\hbar^2}{2m}\frac{\partial^2}{\partial x^2} + U(x) \tag{3.26}$$

式 (3.26) を用いると，次のようになる．

$$\begin{aligned}
\left(\tilde{\mathcal{H}}\psi^*\right)x\psi &= \left[-\frac{\hbar^2}{2m}\frac{\partial^2\psi^*}{\partial x^2} + U(x)\,\psi^*\right]x\psi \\
&= -\frac{\hbar^2}{2m}\left(\frac{\partial^2\psi^*}{\partial x^2}\right)x\psi + U(x)\,\psi^* x\psi
\end{aligned} \tag{3.27}$$

$$\begin{aligned}
\psi^* x\left(\tilde{\mathcal{H}}\psi\right) &= \psi^* x\left[-\frac{\hbar^2}{2m}\frac{\partial^2\psi}{\partial x^2} + U(x)\,\psi\right] \\
&= -\frac{\hbar^2}{2m}\psi^* x\left(\frac{\partial^2\psi}{\partial x^2}\right) + \psi^* x\,U(x)\psi
\end{aligned} \tag{3.28}$$

ポテンシャルエネルギー $U(x)$ は実数だから，次の交換法則が成り立つ．

$$U(x)\,\psi^* x\psi = \psi^* x\,U(x)\psi \tag{3.29}$$

式 (3.27)–(3.29) から，次の関係が得られる．

$$-\left(\tilde{\mathcal{H}}\psi^*\right)x\psi + \psi^* x\left(\tilde{\mathcal{H}}\psi\right) = -\frac{\hbar^2}{2m}\left[-\left(\frac{\partial^2\psi^*}{\partial x^2}\right)x\psi + \psi^* x\left(\frac{\partial^2\psi}{\partial x^2}\right)\right] \tag{3.30}$$

したがって，式 (3.13) の右辺 1 行目から 2 行目が得られる．

問題 3.4　エーレンフェストの定理：力

1 次元において，式 (3.17) が成り立つことを示せ．

✳✳✳ ヒント

- 部分積分を用いる．

解　答

式 (3.16) を時間 t について微分すると，次のように表される．

$$\frac{\mathrm{d}}{\mathrm{d}t}\left(\frac{\mathrm{d}}{\mathrm{d}t}\langle x\rangle\right) = \frac{\mathrm{d}^2}{\mathrm{d}t^2}\langle x\rangle = \frac{1}{m}\int_{-\infty}^{\infty}\left(\frac{\partial \psi^*}{\partial t}\tilde{p}_x\psi + \psi^*\tilde{p}_x\frac{\partial \psi}{\partial t}\right)\mathrm{d}x \tag{3.31}$$

式 (3.11), (3.12) を式 (3.31) に代入すると，次のようになる．

$$\frac{\mathrm{d}^2}{\mathrm{d}t^2}\langle x\rangle = \frac{1}{\mathrm{i}\hbar m}\int_{-\infty}^{\infty}\left[-\left(\tilde{\mathcal{H}}\psi^*\right)\tilde{p}_x\psi + \psi^*\tilde{p}_x\left(\tilde{\mathcal{H}}\psi\right)\right]\mathrm{d}x$$

$$= \frac{1}{m}\int_{-\infty}^{\infty}\left(\tilde{\mathcal{H}}\psi^*\right)\frac{\partial \psi}{\partial x}\mathrm{d}x - \frac{1}{m}\int_{-\infty}^{\infty}\psi^*\frac{\partial(\tilde{\mathcal{H}}\psi)}{\partial x}\mathrm{d}x \tag{3.32}$$

ここで，式 (2.5) から $\tilde{p}_x = -\mathrm{i}\hbar\partial/\partial x$ であることを用いた．

波動関数 ψ が波束として狭い領域のみに集中していることから，$x \to \pm\infty$ において，$\psi \to 0, \psi^* \to 0, \partial\psi/\partial x \to 0, \partial\psi^*/\partial x \to 0$ となる．したがって，式 (3.32) の最終行の第 1 項は，部分積分によって次のように書き換えられる．

$$\frac{1}{m}\int_{-\infty}^{\infty}\left(\tilde{\mathcal{H}}\psi^*\right)\frac{\partial \psi}{\partial x}\mathrm{d}x = \frac{1}{m}\left[\left(\tilde{\mathcal{H}}\psi^*\right)\psi\right]_{-\infty}^{\infty} - \frac{1}{m}\int_{-\infty}^{\infty}\left[\frac{\partial(\tilde{\mathcal{H}}\psi^*)}{\partial x}\right]\psi\,\mathrm{d}x$$

$$= -\frac{1}{m}\int_{-\infty}^{\infty}\left[\frac{\partial(\tilde{\mathcal{H}}\psi^*)}{\partial x}\right]\psi\,\mathrm{d}x \tag{3.33}$$

式 (3.32) に式 (3.33) を代入すると，次のようになる．

$$\frac{\mathrm{d}^2}{\mathrm{d}t^2}\langle x\rangle = -\frac{1}{m}\int_{-\infty}^{\infty}\left[\frac{\partial(\tilde{\mathcal{H}}\psi^*)}{\partial x}\right]\psi\,\mathrm{d}x - \frac{1}{m}\int_{-\infty}^{\infty}\psi^*\frac{\partial(\tilde{\mathcal{H}}\psi)}{\partial x}\mathrm{d}x \tag{3.34}$$

式 (3.34) における被積分関数は，式 (3.26) を用いると，それぞれ次のように書くことができる．

$$\left[\frac{\partial(\tilde{\mathcal{H}}\psi^*)}{\partial x}\right]\psi = -\frac{\hbar^2}{2m}\frac{\partial^3 \psi^*}{\partial x^3}\psi + U(x)\frac{\partial \psi^*}{\partial x}\psi + \frac{\partial U}{\partial x}\psi^*\psi \tag{3.35}$$

$$\psi^*\frac{\partial(\tilde{\mathcal{H}}\psi)}{\partial x} = -\frac{\hbar^2}{2m}\psi^*\frac{\partial^3 \psi}{\partial x^3} + \psi^* U(x)\frac{\partial \psi}{\partial x} + \psi^*\frac{\partial U}{\partial x}\psi \tag{3.36}$$

式 (3.35) の右辺を式 (3.34) の右辺の第 1 項に代入し，式 (3.35) の右辺の第 1 項と第 2 項について部分積分をおこなってから，もう 1 回部分積分をおこなうと，次のようになる．

$$\begin{aligned}
&-\frac{1}{m}\int_{-\infty}^{\infty}\left[\frac{\partial(\tilde{\mathcal{H}}\psi^*)}{\partial x}\right]\psi\,dx \\
&= -\frac{1}{m}\left[-\frac{\hbar^2}{2m}\frac{\partial^2 \psi^*}{\partial x^2}\psi + U(x)\psi^*\psi\right]_{-\infty}^{\infty} \\
&\quad +\frac{1}{m}\int_{-\infty}^{\infty}\left[-\frac{\hbar^2}{2m}\frac{\partial^2 \psi^*}{\partial x^2}\frac{\partial \psi}{\partial x} + U(x)\psi^*\frac{\partial \psi}{\partial x} + \frac{\partial U}{\partial x}\psi^*\psi\right]dx \\
&\quad -\frac{1}{m}\int_{-\infty}^{\infty}\frac{\partial U}{\partial x}\psi^*\psi\,dx \\
&= \frac{1}{m}\int_{-\infty}^{\infty}\left[-\frac{\hbar^2}{2m}\frac{\partial^2 \psi^*}{\partial x^2}\frac{\partial \psi}{\partial x} + U(x)\psi^*\frac{\partial \psi}{\partial x}\right]dx \\
&= \frac{1}{m}\left[-\frac{\hbar^2}{2m}\frac{\partial \psi^*}{\partial x}\frac{\partial \psi}{\partial x}\right]_{-\infty}^{\infty} \\
&\quad -\frac{1}{m}\int_{-\infty}^{\infty}\left[-\frac{\hbar^2}{2m}\frac{\partial \psi^*}{\partial x}\frac{\partial^2 \psi}{\partial x^2} - U(x)\psi^*\frac{\partial \psi}{\partial x}\right]dx \\
&= -\frac{1}{m}\int_{-\infty}^{\infty}\left[-\frac{\hbar^2}{2m}\frac{\partial \psi^*}{\partial x}\frac{\partial^2 \psi}{\partial x^2} - \psi^* U(x)\frac{\partial \psi}{\partial x}\right]dx \tag{3.37}
\end{aligned}$$

ここで，波動関数 ψ が波束として狭い領域のみに集中していることから，$x \to \pm\infty$ において，$\psi \to 0$, $\psi^* \to 0$, $\partial\psi/\partial x \to 0$, $\partial\psi^*/\partial x \to 0$, $\partial^2\psi^*/\partial x^2 \to 0$ となることを用いた．また，最後の等号において，$U(x)\psi^* = \psi^* U(x)$ を使った．

式 (3.36) の右辺を式 (3.34) の第 2 項に代入して，式 (3.36) の右辺第 1 項について部分積分をおこない，$x \to \pm\infty$ において，$\psi^* \to 0$, $\partial^2\psi/\partial x^2 \to 0$ となることを用いると，次のようになる．

$$-\frac{1}{m}\int_{-\infty}^{\infty}\psi^{*}\frac{\partial(\tilde{\mathcal{H}}\psi)}{\partial x}\,\mathrm{d}x$$
$$=-\frac{1}{m}\left[-\frac{\hbar^{2}}{2m}\psi^{*}\frac{\partial^{2}\psi}{\partial x^{2}}\right]_{-\infty}^{\infty}+\frac{1}{m}\int_{-\infty}^{\infty}-\frac{\hbar^{2}}{2m}\frac{\partial\psi^{*}}{\partial x}\frac{\partial^{2}\psi}{\partial x^{2}}\,\mathrm{d}x$$
$$-\frac{1}{m}\int_{-\infty}^{\infty}\left[\psi^{*}U(x)\frac{\partial\psi}{\partial x}+\psi^{*}\frac{\partial U}{\partial x}\psi\right]\mathrm{d}x$$
$$=\frac{1}{m}\int_{-\infty}^{\infty}\left[-\frac{\hbar^{2}}{2m}\frac{\partial\psi^{*}}{\partial x}\frac{\partial^{2}\psi}{\partial x^{2}}-\psi^{*}U(x)\frac{\partial\psi}{\partial x}-\psi^{*}\frac{\partial U}{\partial x}\psi\right]\mathrm{d}x \quad (3.38)$$

式 (3.37), (3.38) を式 (3.34) に代入すると，次式が得られる．

$$\frac{\mathrm{d}^{2}}{\mathrm{d}t^{2}}\langle x\rangle=\frac{1}{m}\int_{-\infty}^{\infty}\psi^{*}\left(-\frac{\partial U}{\partial x}\right)\psi\,\mathrm{d}x \quad (3.39)$$

なお，3 次元の場合は，次のグリーンの定理 (Green's theorem) を用いることによって，エーレンフェストの定理を証明することができる．

$$\iiint\left[\psi_{m}^{*}\left(\nabla^{2}\psi_{n}\right)-\left(\nabla^{2}\psi_{m}^{*}\right)\psi_{n}\right]\mathrm{d}V$$
$$=\iint\left[\psi_{m}^{*}\left(\nabla\psi_{n}\right)-\left(\nabla\psi_{m}^{*}\right)\psi_{n}\right]\cdot\boldsymbol{n}\,\mathrm{d}S \quad (3.40)$$

たとえば，$\mathrm{d}\langle\boldsymbol{r}\rangle/\mathrm{d}t$ は，$\psi_{m}=\psi,\psi_{n}=\boldsymbol{r}\psi$ とおくと，次のようになる．

$$\frac{\mathrm{d}}{\mathrm{d}t}\langle\boldsymbol{r}\rangle=\frac{\mathrm{i}\hbar}{2m}\iiint\psi^{*}\boldsymbol{r}\left(\nabla^{2}\psi\right)\mathrm{d}V-\frac{\mathrm{i}\hbar}{2m}\iiint\left(\nabla^{2}\psi^{*}\right)\boldsymbol{r}\psi\,\mathrm{d}V$$
$$=\frac{\mathrm{i}\hbar}{2m}\iiint\psi^{*}\boldsymbol{r}\left(\nabla^{2}\psi\right)\mathrm{d}V-\frac{\mathrm{i}\hbar}{2m}\iiint\psi^{*}\nabla^{2}(\boldsymbol{r}\psi)\,\mathrm{d}V$$
$$+\frac{\mathrm{i}\hbar}{2m}\iint\{\psi^{*}[\nabla(\boldsymbol{r}\psi)]-(\nabla\psi^{*})\boldsymbol{r}\psi\}\cdot\boldsymbol{n}\,\mathrm{d}S$$
$$=\frac{1}{m}\iiint\psi^{*}(-\mathrm{i}\hbar\nabla)\psi\,\mathrm{d}V=\frac{1}{m}\iiint\psi^{*}\tilde{\boldsymbol{p}}\psi\,\mathrm{d}V \quad (3.41)$$

ここで，$\nabla^{2}(\boldsymbol{r}\psi)=\boldsymbol{r}\nabla^{2}\psi+2\nabla\psi$ と，十分遠方での表面積分が 0 になることを用いた．グリーンの定理を用いることによって，同様にして $\mathrm{d}^{2}\langle\boldsymbol{r}\rangle/\mathrm{d}t^{2}$ を求めることができる．

問題 3.5 シュレーディンガー方程式における時間

粒子と波の両方の性質をもつ波として，波束を考える．この波束の時間発展から，シュレーディンガー方程式が時間 t について 1 階の微分演算子を用いて表されることを説明せよ．

✳✳✳ ヒント

- 波束は，波の重ね合せによって表される．
- 波束の群速度 v_g が，粒子の速度 v と同じである．

解答

波束は，波の重ね合せによって与えられる．波数 k の間隔が十分小さい場合，重ね合せを表す和を積分に置き換えることができる．このとき，x 軸の正の方向に進む波束の関数 $\psi(x,t)$ は，次のように表される．

$$\psi(x,t) = \int_{-\infty}^{\infty} \Psi(k) \exp[\mathrm{i}(kx - \omega t)]\,\mathrm{d}k \tag{3.42}$$

ここで，$\Psi(k)$ は振幅，$\mathrm{i} = \sqrt{-1}$ は虚数単位，ω は角周波数である．

さて，粒子の質量を m，運動量の大きさを p とすると，粒子の運動エネルギー E と速度 v は，それぞれ次のように表される．

$$E = \frac{p^2}{2m}, \quad v = \frac{p}{m} = \frac{\mathrm{d}E}{\mathrm{d}p} \tag{3.43}$$

粒子としての性質と波の性質を両方もっている場合，波束の群速度 $v_\mathrm{g} = \mathrm{d}\omega/\mathrm{d}k$ と粒子の速度 v は等しいと考えられる．また，粒子の運動エネルギー E がディラック定数 $\hbar$ と角周波数 ω を用いて次のように表されるとする．

$$E = \hbar\omega \tag{3.44}$$

このとき，式 (3.43)，(3.44) から，次の関係が成り立つ．

$$v_\mathrm{g} = \frac{\mathrm{d}\omega}{\mathrm{d}k} = v = \frac{\mathrm{d}E}{\mathrm{d}p} = \frac{\hbar\,\mathrm{d}\omega}{\mathrm{d}p} \tag{3.45}$$

式 (3.45) から，$\mathrm{d}p = \hbar\,\mathrm{d}k$ だから粒子の運動量の大きさ p を次のように表すことができる．

$$p = \hbar k \tag{3.46}$$

式 (3.44) と式 (3.46) を用いると，式 (3.42) は次のように書き換えられる．

$$\psi(x,t) = \frac{1}{\hbar}\int_{-\infty}^{\infty}\Psi\left(\frac{p}{\hbar}\right)\exp\left[\mathrm{i}\left(\frac{p}{\hbar}x - \frac{E}{\hbar}t\right)\right]\mathrm{d}p \tag{3.47}$$

式 (3.47) を時間 t について 1 階微分し，両辺に $\mathrm{i}\hbar$ をかけると，次のようになる．

$$\mathrm{i}\hbar\frac{\partial \psi(x,t)}{\partial t} = \frac{1}{\hbar}\int_{-\infty}^{\infty}E\,\Psi\left(\frac{p}{\hbar}\right)\exp\left[\mathrm{i}\left(\frac{p}{\hbar}x - \frac{E}{\hbar}t\right)\right]\mathrm{d}p \tag{3.48}$$

一方，式 (3.47) を位置 x について 2 階微分し，両辺に $-\hbar^2/2m$ をかけると，次のように表される．

$$\begin{aligned}
-\frac{\hbar^2}{2m}\frac{\partial^2 \psi(x,t)}{\partial x^2} &= \frac{1}{\hbar}\int_{-\infty}^{\infty}\frac{p^2}{2m}\Psi\left(\frac{p}{\hbar}\right)\exp\left[\mathrm{i}\left(\frac{p}{\hbar}x - \frac{E}{\hbar}t\right)\right]\mathrm{d}p \\
&= \frac{1}{\hbar}\int_{-\infty}^{\infty}E\,\Psi\left(\frac{p}{\hbar}\right)\exp\left[\mathrm{i}\left(\frac{p}{\hbar}x - \frac{E}{\hbar}t\right)\right]\mathrm{d}p
\end{aligned} \tag{3.49}$$

ただし，式 (3.49) の右辺の 2 行目を導くときに，式 (3.43) から $E = p^2/2m$ であることを用いた．

式 (3.48) の右辺と式 (3.49) の右辺の 2 行目は等しいから，式 (3.48) の左辺と式 (3.49) の左辺は等しい．したがって，次式が成り立つ．

$$-\frac{\hbar^2}{2m}\frac{\partial^2 \psi(x,t)}{\partial x^2} = \mathrm{i}\hbar\frac{\partial \psi(x,t)}{\partial t} \tag{3.50}$$

式 (3.50) は，1 次元における自由粒子に対するシュレーディンガー方程式になっている．

問題 3.6 定常状態におけるシュレーディンガー方程式

変数分離 (separation-of-variables procedure) を用いて，波動関数 ψ を $\psi = \varphi(\boldsymbol{r})T(t)$ と仮定し，定常状態におけるシュレーディンガー方程式を導け．ただし，$\varphi(\boldsymbol{r})$ は位置 $\boldsymbol{r}$ のみの関数であって，時間 t に対して独立である．また，$T(t)$ は時間 t のみの関数であって，位置 $\boldsymbol{r}$ に対して独立である．

✱✱✱ ヒント

- 変数分離された仮定解をシュレーディンガー方程式に代入する．

解　答

波動関数 $\psi = \varphi(\boldsymbol{r})T(t)$ を式 (3.8) に代入すると，次のようになる．

$$\left[-\frac{\hbar^2}{2m}\nabla^2\varphi(\boldsymbol{r}) + U(\boldsymbol{r})\,\varphi(\boldsymbol{r})\right]T(t) = \mathrm{i}\,\hbar\,\varphi(\boldsymbol{r})\frac{\partial T(t)}{\partial t} \tag{3.51}$$

式 (3.51) の両辺を $\psi = \varphi(\boldsymbol{r})T(t)$ で割ると，次のようになる．

$$\frac{1}{\varphi(\boldsymbol{r})}\left[-\frac{\hbar^2}{2m}\nabla^2\varphi(\boldsymbol{r}) + U(\boldsymbol{r})\,\varphi(\boldsymbol{r})\right] = \mathrm{i}\,\hbar\,\frac{1}{T(t)}\frac{\partial T(t)}{\partial t} \tag{3.52}$$

式 (3.52) の左辺は位置 $\boldsymbol{r}$ のみの関数であって，時間 t に対して独立である．また，式 (3.52) の右辺は時間 t のみの関数であって，位置 $\boldsymbol{r}$ に対して独立である．異なる変数に対する関数がつねに等しいということは，各辺が定数ということである．ここで，式 (3.52) の両辺が定数 E に等しいとおくと，次式が得られる．

$$\frac{\partial T(t)}{\partial t} = -\mathrm{i}\,\frac{E}{\hbar}\,T(t) \tag{3.53}$$

$$-\frac{\hbar^2}{2m}\nabla^2\varphi(\boldsymbol{r}) + U(\boldsymbol{r})\,\varphi(\boldsymbol{r}) = \left[-\frac{\hbar^2}{2m}\nabla^2 + U(\boldsymbol{r})\right]\varphi(\boldsymbol{r}) = E\,\varphi(\boldsymbol{r}) \tag{3.54}$$

式 (3.54) が定常状態におけるシュレーディンガー方程式である．

問題 3.7 波動関数の時間依存性

式 (3.8) の解として，次のような波動関数 ψ_e を仮定する．

$$\psi_\mathrm{e} = \varphi(\boldsymbol{r}) \sin\left(\frac{E}{\hbar} t\right) \tag{3.55}$$

波動関数 ψ_e がシュレーディンガー方程式の固有関数になっているかどうかを調べよ．ただし，$\varphi(\boldsymbol{r})$ は位置 $\boldsymbol{r}$ のみの関数であって，時間 t に対して独立であるとする．

✳✳✳ ヒ ン ト

- 仮定解をシュレーディンガー方程式に代入する．

解　答

式 (3.55) を式 (3.8) に代入すると，式 (3.8) の左辺と右辺は，それぞれ次のようになる．

$$(\text{左辺}) = \tilde{\mathcal{H}} \psi_\mathrm{e} = \left[-\frac{\hbar^2}{2m}\nabla^2 + U(\boldsymbol{r})\right] \varphi(\boldsymbol{r}) \sin\left(\frac{E}{\hbar} t\right) \tag{3.56}$$

$$(\text{右辺}) = \mathrm{i}\hbar \frac{\partial \psi_\mathrm{e}}{\partial t} = \mathrm{i}\, E\, \varphi(\boldsymbol{r}) \cos\left(\frac{E}{\hbar} t\right) \tag{3.57}$$

式 (3.56)，(3.57) からわかるように，両辺において時間 t についての関数が異なっている．したがって，波動関数 ψ_e は，シュレーディンガー方程式の固有関数ではない．

さて，問題 3.6 の解答の式 (3.53) を解くと，$T(t)$ は T_0 を定数として次のように表される．

$$T(t) = T_0 \exp\left(-\mathrm{i}\frac{E}{\hbar} t\right) \tag{3.58}$$

したがって，波動関数 ψ_e は，次のようにおくべきである．

$$\psi_\mathrm{e} = \varphi(\boldsymbol{r}) \exp\left(-\mathrm{i}\frac{E}{\hbar} t\right) \tag{3.59}$$

ただし，定数 T_0 は $\varphi(\boldsymbol{r})$ に含めた．

問題 3.8　自由粒子

ポテンシャルエネルギーの影響をまったく受けない粒子は，自由に運動することができ，このような粒子を**自由粒子** (free particle) という．2 次元空間を自由に運動している粒子のエネルギー固有値と運動量の期待値を求めよ．

✳✳✳ ヒント

- **自由粒子**に対しては，ポテンシャルエネルギー $U(\boldsymbol{r}) = 0$ である．

解　答

自由粒子はポテンシャルエネルギー $U(\boldsymbol{r})$ の影響をまったく受けないので，ポテンシャルエネルギーを $U(\boldsymbol{r}) = 0$ とおく．このとき，定常状態における自由粒子に対するシュレーディンガー方程式は，式 (3.18) において $U(\boldsymbol{r}) = 0$ として，次のように表される．

$$-\frac{\hbar^2}{2m}\nabla^2\varphi(\boldsymbol{r}) = E\varphi(\boldsymbol{r}) \tag{3.60}$$

2 次元空間を自由に運動することができる粒子に対して，仮想的な空間として 1 辺の長さ L の正方形を考える．仮想的な正方形の境界で粒子に対する波動関数の値が等しいとすると，境界条件として次式が成り立つ．

$$\varphi(0, y) = \varphi(L, y), \quad \varphi(x, 0) = \varphi(x, L) \tag{3.61}$$

ただし，$\boldsymbol{r} = (x, y)$ である．式 (3.61) のような境界条件は，**周期的境界条件** (periodic boundary conditon) とよばれている．

式 (3.61) の**周期的境界条件**を満たす波動関数は，φ_0 を定数として，次のような指数関数によって表すことができる．

$$\varphi(x, y) = \varphi_0 \exp(\mathrm{i}\boldsymbol{k}\cdot\boldsymbol{r}) = \varphi_0 \exp[\mathrm{i}(k_x x + k_y y)]$$
$$= \varphi_0 \exp(\mathrm{i}k_x x) \exp(\mathrm{i}k_y y) \tag{3.62}$$

ただし，波数ベクトル $\boldsymbol{k}$ の各座標成分を次のようにおいた．

$$k_x = n_x \frac{2\pi}{L}, \quad k_y = n_y \frac{2\pi}{L} \tag{3.63}$$

$$n_x, n_y = 0, \pm 1, \pm 2, \pm 3, \cdots \tag{3.64}$$

ここで，整数 n_x と n_y は量子数 (quantum number) である．

式 (3.62)–(3.64) を式 (3.60) に代入すると，エネルギー固有値 E は，次のように求められる．

$$\begin{aligned} E &= \frac{\hbar^2}{2m} \left(k_x{}^2 + k_y{}^2 \right) \\ &= \frac{4\pi^2 \hbar^2}{2mL^2} \left(n_x{}^2 + n_y{}^2 \right) \\ &= \frac{h^2}{2mL^2} \left(n_x{}^2 + n_y{}^2 \right) \end{aligned} \tag{3.65}$$

定常状態における自由粒子に対して，運動量の各座標成分の期待値は，式 (3.62)–(3.64) から，次のように求められる．

$$\langle p_x \rangle = \frac{\int_0^\infty \mathrm{d}x \int_0^\infty \mathrm{d}y \; \varphi^*(x,y) \left(-\mathrm{i}\hbar \frac{\partial}{\partial x} \right) \varphi(x,y)}{\int_0^\infty \mathrm{d}x \int_0^\infty \mathrm{d}y \; \varphi^*(x,y) \varphi(x,y)} = \hbar k_x \tag{3.66}$$

$$\langle p_y \rangle = \frac{\int_0^\infty \mathrm{d}x \int_0^\infty \mathrm{d}y \; \varphi^*(x,y) \left(-\mathrm{i}\hbar \frac{\partial}{\partial y} \right) \varphi(x,y)}{\int_0^\infty \mathrm{d}x \int_0^\infty \mathrm{d}y \; \varphi^*(x,y) \varphi(x,y)} = \hbar k_y \tag{3.67}$$

したがって，運動量の期待値 $\langle \boldsymbol{p} \rangle$ は，

$$\langle \boldsymbol{p} \rangle = (\hbar k_x, \hbar k_y) \tag{3.68}$$

と書くことができ，運動量の期待値の大きさ $|\langle \boldsymbol{p} \rangle|$ は，次のようになる．

$$|\langle \boldsymbol{p} \rangle| = \hbar \sqrt{k_x{}^2 + k_y{}^2} = \hbar |\boldsymbol{k}| = \hbar k \tag{3.69}$$

問題 3.9 縮退

次のような**進行波** (forward propagating wave) 型の波動関数 ψ_f と**後退波** (backward propagating wave) 型の波動関数 ψ_b が縮退していることを示せ．

$$\psi_\mathrm{f} = \psi_0 \exp\left[\mathrm{i}\left(\boldsymbol{k}\cdot\boldsymbol{r} - \frac{E}{\hbar}t\right)\right] \tag{3.70}$$

$$\psi_\mathrm{b} = \psi_0 \exp\left[\mathrm{i}\left(-\boldsymbol{k}\cdot\boldsymbol{r} - \frac{E}{\hbar}t\right)\right] \tag{3.71}$$

✳✳✳ ヒント

- 式 (3.70)，(3.71) をシュレーディンガー方程式に代入して，エネルギー固有値を求める．

解 答

式 (3.70) を式 (3.8) に代入すると，次のようになる．

$$-\frac{\hbar^2}{2m}\nabla^2\psi_\mathrm{f} + U(\boldsymbol{r})\psi_\mathrm{f} = \mathrm{i}\hbar\frac{\partial\psi_\mathrm{f}}{\partial t} = \mathrm{i}\hbar\cdot\left(-\mathrm{i}\frac{E}{\hbar}\right)\psi_\mathrm{f} = E\psi_\mathrm{f} \tag{3.72}$$

したがって，波動関数 ψ_f のエネルギー固有値は E である．

一方，式 (3.71) を式 (3.8) に代入すると，次のようになる．

$$-\frac{\hbar^2}{2m}\nabla^2\psi_\mathrm{b} + U(\boldsymbol{r})\psi_\mathrm{b} = \mathrm{i}\hbar\frac{\partial\psi_\mathrm{b}}{\partial t} = \mathrm{i}\hbar\cdot\left(-\mathrm{i}\frac{E}{\hbar}\right)\psi_\mathrm{b} = E\psi_\mathrm{b} \tag{3.73}$$

したがって，波動関数 ψ_b のエネルギー固有値は E となり，波動関数 ψ_f のエネルギー固有値 E と等しく，進行波型の波動関数 ψ_f と後退波型の波動関数 ψ_b は縮退している．

問題 3.10 直交性

同一のハミルトニアン $\tilde{\mathcal{H}}$ に対して，異なるエネルギー固有値をもつ波動関数が表す状態がお互いに**直交**していることを証明せよ．

✸✸✸ ヒント

- 波動関数とエネルギー固有値を仮定して，定常状態におけるシュレーディンガー方程式に代入する．
- グリーンの定理を用いる．

解　答

二つの状態を考え，それぞれの状態を示す波動関数を ψ_m, ψ_n とする．そして，これらの状態に対するエネルギー固有値をそれぞれ E_m, E_n とする．ただし，$m \neq n$ のとき，$E_m \neq E_n$ である．このとき，式 (3.18) から，次の関係が成り立つ．

$$\tilde{\mathcal{H}}\psi_m = E_m \psi_m \tag{3.74}$$

$$\tilde{\mathcal{H}}\psi_n = E_n \psi_n \tag{3.75}$$

式 (3.74) の複素共役は，次のように表される．

$$\tilde{\mathcal{H}}\psi_m{}^* = E_m \psi_m{}^* \tag{3.76}$$

ここで，$\tilde{\mathcal{H}}^* = \tilde{\mathcal{H}}$ と $E_m{}^* = E_m$ を用いた．式 (3.75), (3.76) にそれぞれ左側から $\psi_m{}^*$, ψ_n をかけると，次の結果が得られる．

$$\psi_m{}^* \tilde{\mathcal{H}} \psi_n = E_n \psi_m{}^* \psi_n \tag{3.77}$$

$$\psi_n \tilde{\mathcal{H}} \psi_m{}^* = E_m \psi_n \psi_m{}^* = E_m \psi_m{}^* \psi_n \tag{3.78}$$

式 (3.77) から式 (3.78) を引くと，次のようになる．

$$\psi_m{}^* \tilde{\mathcal{H}} \psi_n - \psi_n \tilde{\mathcal{H}} \psi_m{}^* = (E_n - E_m) \psi_m{}^* \psi_n \tag{3.79}$$

式 (3.79) の両辺を閉曲面内の体積について積分すると，次式が得られる．

$$\iiint \left(\psi_m{}^* \tilde{\mathcal{H}} \psi_n - \psi_n \tilde{\mathcal{H}} \psi_m{}^* \right) \mathrm{d}V = (E_n - E_m) \iiint \psi_m{}^* \psi_n \, \mathrm{d}V \qquad (3.80)$$

式 (3.7) とグリーンの定理を用いると，式 (3.80) の左辺は次のようになる．

$$\begin{aligned}
\iiint &\left(\psi_m{}^* \tilde{\mathcal{H}} \psi_n - \psi_n \tilde{\mathcal{H}} \psi_m{}^* \right) \mathrm{d}V \\
&= -\frac{\hbar^2}{2m} \iiint \left(\psi_m{}^* \nabla^2 \psi_n - \psi_n \nabla^2 \psi_m{}^* \right) \mathrm{d}V \\
&= -\frac{\hbar^2}{2m} \iint \left(\psi_m{}^* \nabla \psi_n - \psi_n \nabla \psi_m{}^* \right) \cdot \boldsymbol{n} \, \mathrm{d}S = 0 \qquad (3.81)
\end{aligned}$$

式 (3.81) の右辺の最終行は，閉曲面の表面における面積分であり，$\boldsymbol{n}$ は閉曲面の内側から外側に向かう単位法線ベクトルである．閉曲面として無限大の空間を考えると，閉曲面の表面では $\psi_m{}^* \to 0$, $\psi_n \to 0$, $\nabla \psi_m{}^* \to 0$, $\nabla \psi_n \to 0$ となる．したがって，式 (3.81) の値は 0 となったのである．

式 (3.80), (3.81) から次式が導かれる．

$$(E_n - E_m) \int_0^\infty \psi_m{}^* \psi_n \, \mathrm{d}V = (E_n - E_m) \langle \psi_m | \psi_n \rangle = 0 \qquad (3.82)$$

ただし，無限大の閉曲面についての体積分を考えているので，次のように書き換えた．

$$\iiint \psi_m{}^* \psi_n \, \mathrm{d}V = \int_0^\infty \psi_m{}^* \psi_n \, \mathrm{d}V \qquad (3.83)$$

式 (3.82) から $E_m \neq E_n$ のとき，次のように内積は 0 となる．

$$\int_0^\infty \psi_m{}^* \psi_n \, \mathrm{d}V = \langle \psi_m | \psi_n \rangle = 0 \qquad (3.84)$$

したがって，同一のハミルトニアン $\tilde{\mathcal{H}}$ に対して，異なるエネルギー固有値をもつ波動関数 ψ_m, ψ_n が表す状態は，お互いに直交している．

第4章

箱型ポテンシャル

4.1 無限大ポテンシャル
4.2 有限大ポテンシャル
4.3 周期的ポテンシャル

問題 4.1　1次元の箱型無限大ポテンシャル (1)
問題 4.2　1次元の箱型無限大ポテンシャル (2)
問題 4.3　2次元の箱型無限大ポテンシャル
問題 4.4　3次元の箱型無限大ポテンシャル
問題 4.5　1次元の箱型有限大ポテンシャル (1)
問題 4.6　1次元の箱型有限大ポテンシャル (2)
問題 4.7　1次元の箱型無限大／有限大ポテンシャル
問題 4.8　クローニッヒ-ペニーのモデル
問題 4.9　周期的ポテンシャルのフーリエ級数展開
問題 4.10　エネルギーギャップ

4.1 無限大ポテンシャル

図 4.1 に 1 次元の箱型無限大ポテンシャルを示す．ポテンシャルエネルギー $U(x)$ の低い領域を井戸 (well) あるいは量子井戸 (quantum well) という．図 4.1 のように，$U(0) = U(L) = \infty$ の場合，$x \leq 0, L \leq x$ には粒子は存在しない．つまり，波動関数 $\varphi(x)$ に対する境界条件 (boundary condition) は，$\varphi(0) = \varphi(L) = 0$ となる．

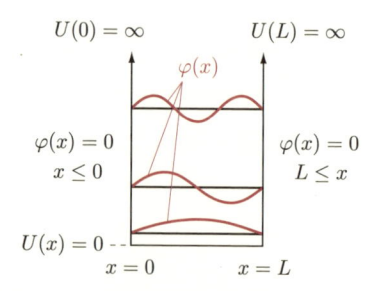

図 4.1 1 次元の箱型無限大ポテンシャル

4.2 有限大ポテンシャル

図 4.2 に 1 次元の箱型有限大ポテンシャルを示す．ポテンシャルエネルギーの値に応じて領域を三つに分け，井戸の中央を x 軸の原点とし，井戸の幅を a とする．また，領域 I におけるポテンシャルエネルギー $U(x)$ を $-U_0 < 0$，領域 II，III におけるポテンシャルエネルギー $U(x)$ を 0 とする．

領域 I，II，III における波動関数をそれぞれ $\varphi_{\mathrm{I}}(x), \varphi_{\mathrm{II}}(x), \varphi_{\mathrm{III}}(x)$ とする．これらの波動関数に対する境界条件として，領域 I と II の境界，および領域 I と III の境界において，波動関数が滑らかにつながることを要請しよう．この境界条件を満たすためには，波動関数 $\varphi_{\mathrm{I}}(x), \varphi_{\mathrm{II}}(x), \varphi_{\mathrm{III}}(x)$ が境界で等しいだけではなく，波動関数の勾配 $\nabla\varphi_{\mathrm{I}}(x), \nabla\varphi_{\mathrm{II}}(x), \nabla\varphi_{\mathrm{III}}(x)$ も境界で等しくなければならない．

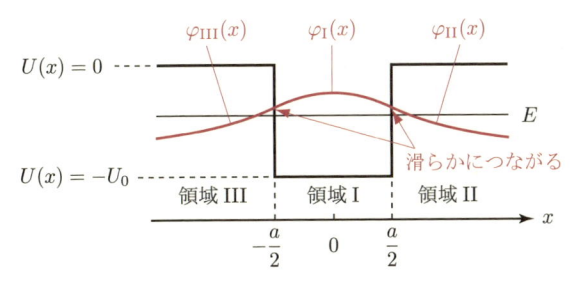

図 4.2　1 次元の箱型有限大ポテンシャル

4.3　周期的ポテンシャル

結晶のように原子が周期的に並んでいる場合，電子も周期的に分布していると考えられる．このような場合，次のようなブロッホ関数 (Bloch function) によって，電子に対する波動関数を表すことができる．

$$\varphi(\boldsymbol{r}) = u(\boldsymbol{r})\exp(\mathrm{i}\boldsymbol{k}\cdot\boldsymbol{r}) \tag{4.1}$$

$$u(\boldsymbol{r}) = u(\boldsymbol{r}+\boldsymbol{T}) \tag{4.2}$$

ただし，$\boldsymbol{k}$ は波数ベクトルである．また，$\boldsymbol{T}$ は結晶の周期を表すベクトル，すなわち並進ベクトル (translational vector) であり，次の関係を満足する．

$$\exp(\mathrm{i}\boldsymbol{k}\cdot\boldsymbol{T}) = 1 \tag{4.3}$$

式 (4.1)，(4.2) を合わせて，ブロッホの定理 (Bloch theorem) という．

図 4.3 のような箱型周期的ポテンシャル $U(\boldsymbol{r})$ をクローニッヒ–ペニーのモデル (Kronig–Penney model) という．井戸の中では，波動関数は，進行波と後退波の重ね合せによって表される．一方，エネルギー障壁 (energy barrier) とよばれるポテンシャルエネルギーの高い領域では，波動関数は，減衰指数関数と増加指数関数の重ね合せとなる．したがって，電子の質量を m とすると，$0 < x < a$ における波動関数 $\varphi_\mathrm{I}(x)$，$-b < x < 0$ における波動関数 $\varphi_\mathrm{II}(x)$，エネルギー固有値 E は，それぞれ次のように表される．

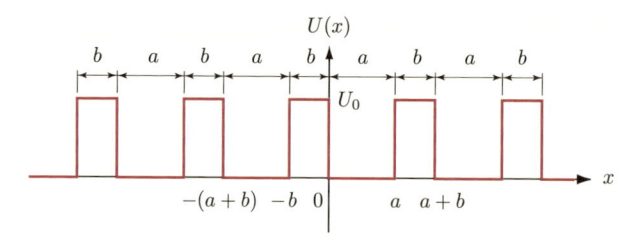

図 4.3 クローニッヒ-ペニーのモデル

$$\varphi_\mathrm{I}(x) = A\exp(\mathrm{i}Kx) + B\exp(-\mathrm{i}Kx), \quad E = \frac{\hbar^2 K^2}{2m} : 0 < x < a \quad (4.4)$$

$$\varphi_\mathrm{II}(x) = C\exp(Qx) + D\exp(-Qx), \quad U_0 - E = \frac{\hbar^2 Q^2}{2m} : -b < x < 0 \quad (4.5)$$

ここで，A, B, C, D, K, Q は定数である．

周期性を考慮すると，$a < x < a+b$ における波動関数 $\varphi_\mathrm{III}(x)$ と，$-b < x < 0$ における波動関数 $\varphi_\mathrm{II}(x)$ の間には，次のような関係がある．

$$\varphi_\mathrm{III}(x) = \varphi_\mathrm{II}(x)\exp[\mathrm{i}k(a+b)] \quad (4.6)$$

式 (4.6) において，左辺と右辺で x の変域が異なることに注意しておこう．たとえば，境界 $x = a$ では次のように表される．

$$\varphi_\mathrm{III}(a) = \varphi_\mathrm{II}(-b)\exp[\mathrm{i}k(a+b)] \quad (4.7)$$

ポテンシャルの境界で波動関数が滑らかにつながるように，波動関数と波動関数の勾配がそれぞれ連続であるとする．境界 $x = 0$ では $\varphi_\mathrm{I}(0) = \varphi_\mathrm{II}(0)$，$[\nabla\varphi_\mathrm{I}(x)]_{x=0} = [\nabla\varphi_\mathrm{II}(x)]_{x=0}$ となるから，次の関係が成り立つ．

$$A + B = C + D \quad (4.8)$$

$$\mathrm{i}K(A - B) = Q(C - D) \quad (4.9)$$

また，境界 $x = a$ では $\varphi_\mathrm{I}(a) = \varphi_\mathrm{III}(a)$，$[\nabla\varphi_\mathrm{I}(x)]_{x=a} = [\nabla\varphi_\mathrm{III}(x)]_{x=a}$ となるから，次の関係が成り立つ．

$$A\mathrm{e}^{\mathrm{i}Ka} + B\mathrm{e}^{-\mathrm{i}Ka} = \left(C\mathrm{e}^{-Qb} + D\mathrm{e}^{Qb}\right)\mathrm{e}^{\mathrm{i}k(a+b)} \quad (4.10)$$

$$\mathrm{i}K\left(A\mathrm{e}^{\mathrm{i}Ka} - B\mathrm{e}^{-\mathrm{i}Ka}\right) = Q\left(C\mathrm{e}^{-Qb} - D\mathrm{e}^{Qb}\right)\mathrm{e}^{\mathrm{i}k(a+b)} \quad (4.11)$$

ただし，表記を簡略化するために，指数関数として，exp の代りに e を用いた．たとえば，$\mathrm{e}^{\mathrm{i}Ka} = \exp(\mathrm{i}Ka)$ である．

式 (4.8)–(4.11) を移項して整理すると，次のようになる．

$$A + B - C - D = 0 \tag{4.12}$$

$$\mathrm{i}KA - \mathrm{i}KB - QC + QD = 0 \tag{4.13}$$

$$\mathrm{e}^{\mathrm{i}Ka}A + \mathrm{e}^{-\mathrm{i}Ka}B - \mathrm{e}^{-Qb}\mathrm{e}^{\mathrm{i}k(a+b)}C - \mathrm{e}^{Qb}\mathrm{e}^{\mathrm{i}k(a+b)}D = 0 \tag{4.14}$$

$$\mathrm{i}K\mathrm{e}^{\mathrm{i}Ka}A - \mathrm{i}K\mathrm{e}^{-\mathrm{i}Ka}B - Q\mathrm{e}^{-Qb}\mathrm{e}^{\mathrm{i}k(a+b)}C + Q\mathrm{e}^{Qb}\mathrm{e}^{\mathrm{i}k(a+b)}D = 0 \tag{4.15}$$

式 (4.12)–(4.15) が $A = B = C = D = 0$ 以外の解をもつためには，A, B, C, D の係数に対する行列式が，次のように 0 となることが必要である．

$$\begin{vmatrix} 1 & 1 & -1 & -1 \\ \mathrm{i}K & -\mathrm{i}K & -Q & Q \\ \mathrm{e}^{\mathrm{i}Ka} & \mathrm{e}^{-\mathrm{i}Ka} & -\mathrm{e}^{-Qb}\mathrm{e}^{\mathrm{i}k(a+b)} & -\mathrm{e}^{Qb}\mathrm{e}^{\mathrm{i}k(a+b)} \\ \mathrm{i}K\mathrm{e}^{\mathrm{i}Ka} & -\mathrm{i}K\mathrm{e}^{-\mathrm{i}Ka} & -Q\mathrm{e}^{-Qb}\mathrm{e}^{\mathrm{i}k(a+b)} & Q\mathrm{e}^{Qb}\mathrm{e}^{\mathrm{i}k(a+b)} \end{vmatrix} = 0 \tag{4.16}$$

式 (4.16) を簡単化すると，次式が得られる．

$$\frac{Q^2 - K^2}{2QK}\sinh(Qb)\sin(Ka) + \cosh(Qb)\cos(Ka) = \cos[k(a+b)] \tag{4.17}$$

ここで，$b \to 0$, $U_0 \to \infty$ として，ポテンシャルエネルギー $U(x)$ が周期的なデルタ関数となる場合は，$Q \gg K$, $Qb \ll 1$ となる．このとき，$P = Q^2ab/2$ とおくと，次のようになる．

$$\frac{P}{Ka}\sin(Ka) + \cos(Ka) = \cos(ka) \tag{4.18}$$

さて，逆格子ベクトル (reciprocal lattice vector) $\boldsymbol{G}$ とフーリエ係数 $U_{\boldsymbol{G}}$, $C_{\boldsymbol{k}}$ を用いて，周期的ポテンシャル $U(\boldsymbol{r})$ と波動関数 $\varphi(\boldsymbol{r})$ を次のようにフーリエ級数展開して解析することも多いので，十分習熟しておこう．

$$U(\boldsymbol{r}) = \sum_{\boldsymbol{G}} U_{\boldsymbol{G}} \exp(\mathrm{i}\,\boldsymbol{G} \cdot \boldsymbol{r}) \tag{4.19}$$

$$\varphi(\boldsymbol{r}) = \sum_{\boldsymbol{k}} C_{\boldsymbol{k}} \exp(\mathrm{i}\,\boldsymbol{k} \cdot \boldsymbol{r}) \tag{4.20}$$

問題 4.1　1次元の箱型無限大ポテンシャル (1)

次のような箱型ポテンシャル $U(x)$ の中に存在する質量 m の粒子に対して，定常状態における規格化された波動関数 $\varphi(x)$ とエネルギー固有値 E を求めよ．

$$U(x) = \begin{cases} 0 & : 0 < x < L \\ \infty & : x \leq 0,\ L \leq x \end{cases} \quad (4.21)$$

✳✳✳ ヒント

- 粒子は，無限大ポテンシャルを乗り越えることができない．
- 粒子は，井戸と無限大ポテンシャルとの境界には存在しない．

解　答

式 (4.21) から，$U(x) = \infty$ の領域である $x \leq 0,\ L \leq x$ には粒子は存在しないと考えられる．つまり，$x \leq 0,\ L \leq x$ では，粒子の波動関数 $\varphi(x)$ は 0 である．したがって，波動関数 φ の境界条件は，次のように表される．

$$\varphi(0) = \varphi(L) = 0 \quad (4.22)$$

一方，$0 < x < L$ においては，$U(x) = 0$ である．したがって，式 (3.18)，(4.21) から，1次元の井戸 ($0 < x < L$) に存在する質量 m の粒子に対して，定常状態におけるシュレーディンガー方程式は，次のように書くことができる．

$$-\frac{\hbar^2}{2m}\frac{\mathrm{d}^2}{\mathrm{d}x^2}\varphi(x) = E\varphi(x) \quad (4.23)$$

式 (4.23) の左辺は，波動関数 $\varphi(x)$ の x についての 2 階の導関数に係数がかかっている．また，式 (4.23) の右辺は，波動関数 $\varphi(x)$ に係数がかかっている．2 階微分した関数が，元の関数と係数だけ異なるのは，元の関数が正弦関数，余弦関数，指数関数の場合である．簡単のため，$x = 0$ における位相を 0 とすると，これら三つの関数のうちで式 (4.22) の境界条件を満たすのは，正弦関数である．そこで，波動関数 $\varphi(x)$ を次のように仮定する．

$$\varphi(x) = \varphi_0 \sin{(k_x x)} \tag{4.24}$$

ただし，振幅 φ_0 は実数である．

式 (4.24) を式 (4.22) に代入すると，次式が得られる．

$$\sin(0) = \sin{(k_x L)} = 0 \tag{4.25}$$

したがって，波数 k_x は，次のように表される．

$$k_x = \frac{n_x \pi}{L}, \quad n_x = 1, 2, 3, \cdots \tag{4.26}$$

波数 k_x の値については，絶対値が同じであれば，正負どちらの場合でも，変位が 0 となる位置は不変である．したがって，波数 k_x の絶対値が同じであれば，同一の状態を表すと考えられる．波数 k_x の値は正負どちらでもよいが，ここでは，簡単のため，正の値だけを選んだ．また，$n_x = 0$ の場合，井戸内のどこでも $\varphi(x) = 0$ となるので，$n_x = 0$ は除いている．

さらに，波動関数 $\varphi(x)$ を次のように規格化する．

$$\int_0^L \varphi^*(x)\varphi(x)\,\mathrm{d}x = \int_0^L \varphi_0{}^2 \sin^2\left(\frac{n_x \pi}{L}x\right)\,\mathrm{d}x = \frac{L}{2}\varphi_0{}^2 = 1 \tag{4.27}$$

簡単のため，$\varphi_0 > 0$ とすると，$\varphi_0 = \sqrt{2/L}$ となる．したがって，規格化した波動関数 $\varphi(x)$ は，次のように表される．

$$\varphi(x) = \sqrt{\frac{2}{L}}\,\sin\left(\frac{n_x \pi}{L}x\right) \tag{4.28}$$

式 (4.28) を式 (4.23) に代入すると，エネルギー固有値 E は，次のように求められる．

$$E = \frac{\hbar^2}{2m}\left(\frac{n_x \pi}{L}\right)^2 \tag{4.29}$$

式 (4.26)，(4.29) からわかるように，エネルギー固有値 E は離散的 (discrete) になり，その大きさは量子数 n_x の 2 乗に比例する．また，箱型ポテンシャルの幅 L が小さくなるにつれて，量子数の異なるエネルギー準位間のエネルギー差が大きくなる．

問題 4.2　1次元の箱型無限大ポテンシャル (2)

次のような箱型ポテンシャル $U(x)$ の中に存在する質量 m の粒子に対して，定常状態における波動関数 $\varphi(x)$ とエネルギー固有値 E を求めよ．

$$U(x) = \begin{cases} 0 & : |x| < L/2 \\ \infty & : |x| \geq L/2 \end{cases} \tag{4.30}$$

✱✱✱ ヒント

- 粒子は，無限大ポテンシャルを乗り越えることができない．
- 粒子は，井戸と無限大ポテンシャルとの境界には存在しない．

解　答

式 (4.30) から，$U(x) = \infty$ の領域である $|x| \geq L/2$ には粒子は存在しないと考えられる．つまり，$|x| \geq L/2$ では，粒子の波動関数 $\varphi(x)$ は 0 である．したがって，波動関数 φ の境界条件は，次のように表される．

$$\varphi(\pm L/2) = 0 \tag{4.31}$$

一方，$-L/2 < x < L/2$ においては，$U(x) = 0$ である．したがって，式 (3.18), (4.30) から，1次元の井戸 ($-L/2 < x < L/2$) に存在する質量 m の粒子に対して，定常状態におけるシュレーディンガー方程式は，次のように書くことができる．

$$-\frac{\hbar^2}{2m}\frac{\mathrm{d}^2}{\mathrm{d}x^2}\varphi(x) = E\,\varphi(x) \tag{4.32}$$

式 (4.32) の左辺は，波動関数 $\varphi(x)$ の x についての 2 階の導関数に係数がかかっている．また，式 (4.32) の右辺は，波動関数 $\varphi(x)$ に係数がかかっている．2 階微分した関数が，元の関数と係数だけ異なるのは，元の関数が正弦関数，余弦関数，指数関数の場合である．簡単のため，$x = 0$ における位相を 0 とすると，これら三つの関数のうちで式 (4.31) の境界条件を満たすのは，余弦関数と正弦関数であり，波動関数 $\varphi(x)$ は次のように表される．

$$\varphi(x) = \begin{cases} \sqrt{\dfrac{2}{L}} \cos\left(\dfrac{n_x \pi}{L} x\right) & : n_x = 2n-1 \\[2ex] \sqrt{\dfrac{2}{L}} \sin\left(\dfrac{n_x \pi}{L} x\right) & : n_x = 2n \end{cases} \tag{4.33}$$

ただし，$\sqrt{2/L}$ は，規格化因子であり，n は正の整数である．

波数 $k_x = n_x \pi / L$ の値については，絶対値が同じであれば，正負どちらの場合でも，変位が 0 となる位置は不変である．したがって，波数 k_x の絶対値が同じであれば，同一の状態を表すと考えられる．波数 k_x の値は正負どちらでもよいが，ここでは，簡単のため，正の値だけを選んだ．また，$n_x = 0$ の場合，井戸内のどこでも $\varphi(x) = 0$ となるので，$n_x = 0$ は除いている．

式 (4.33) を式 (4.32) に代入すると，エネルギー固有値 $E = E(n_x)$ は次のように求められる．

$$E = E(n_x) = \dfrac{\hbar^2}{2m} \left(\dfrac{n_x \pi}{L}\right)^2 \tag{4.34}$$

ここでは，エネルギー固有値 E が量子数 n_x の関数であることを強調するためにエネルギー固有値を $E(n_x)$ と表した．

波動関数とエネルギー固有値を図示すると，図 4.4 のようになる．赤い実線が波動関数 $\varphi(x)$，黒い横方向の線がエネルギー固有値 $E(n_x)$ である．

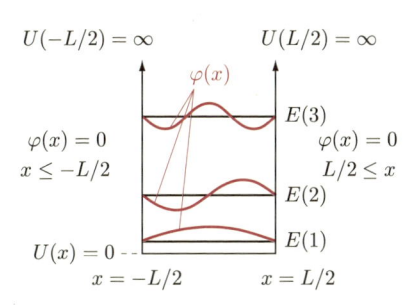

図 4.4 １次元の箱型無限大ポテンシャルにおけるエネルギー固有値と波動関数

問題 4.3 2次元の箱型無限大ポテンシャル

1辺の長さ a, b の長方形 $(0 < x < a, 0 < y < b)$ の中に質量 m の粒子が閉じ込められている．このとき，定常状態における波動関数 $\varphi(x,y)$ とエネルギー固有値 E を求めよ．

✱✱✱ ヒント

- 境界には粒子は存在しない．

解　答

長方形の中ではポテンシャルエネルギーが 0，辺の上では無限大とする．このとき，長方形の中では，式 (3.18) において $U(\boldsymbol{r}) = 0$ だから，定常状態におけるシュレーディンガー方程式は，次のように表される．

$$-\frac{\hbar^2}{2m}\left(\frac{\partial^2}{\partial x^2} + \frac{\partial^2}{\partial y^2}\right)\varphi(x,y) = E\,\varphi(x,y) \tag{4.35}$$

波動関数 $\varphi(x,y)$ の境界条件は，次のように書くことができる．

$$\varphi(0,y) = \varphi(a,y) = 0 \tag{4.36}$$

$$\varphi(x,0) = \varphi(x,b) = 0 \tag{4.37}$$

式 (4.36)，(4.37) の境界条件を満たす解として，変数分離を用いて，波動関数 $\varphi(x,y)$ を次のように表す．

$$\varphi(x,y) = u(x)\,v(y) \tag{4.38}$$

式 (4.38) を式 (4.35) に代入すると，次のようになる．

$$-\frac{\hbar^2}{2m}v(y)\frac{\partial^2}{\partial x^2}u(x) - \frac{\hbar^2}{2m}u(x)\frac{\partial^2}{\partial y^2}v(y) = E\,u(x)\,v(y) \tag{4.39}$$

式 (4.39) の両辺を $\varphi(x,y) = u(x)\,v(y)$ で割ると，次のように表される．

$$-\frac{\hbar^2}{2m}\frac{1}{u(x)}\frac{\partial^2}{\partial x^2}u(x) - \frac{\hbar^2}{2m}\frac{1}{v(y)}\frac{\partial^2}{\partial y^2}v(y) = E \tag{4.40}$$

式 (4.40) の左辺において，第 1 項を E_x，第 2 項を E_y として $E_x + E_y = E$ とおくと，式 (4.40) は次のように二つの式に分けられる．

$$-\frac{\hbar^2}{2m}\frac{\partial^2}{\partial x^2}u(x) = E_x u(x) \tag{4.41}$$

$$-\frac{\hbar^2}{2m}\frac{\partial^2}{\partial y^2}v(y) = E_y v(y) \tag{4.42}$$

式 (4.41), (4.42) の解のうち，式 (4.36), (4.37) の境界条件を満たす解として，問題 4.1 と同様な考察から，次のような波動関数 $u(x)$, $v(y)$ と，エネルギー固有値 E_x, E_y が得られる．

$$u(x) = \sqrt{\frac{2}{a}}\sin(k_x x) \tag{4.43}$$

$$v(y) = \sqrt{\frac{2}{b}}\sin(k_y y) \tag{4.44}$$

$$E_x = \frac{\hbar^2}{2m}k_x{}^2 \tag{4.45}$$

$$E_y = \frac{\hbar^2}{2m}k_y{}^2 \tag{4.46}$$

ここで，$\sqrt{2/a}$, $\sqrt{2/b}$ は規格化因子であり，問題 4.1 と同様な考察から，波数 k_x, k_y は次のように表される．

$$k_x = \frac{n_x \pi}{a}, \quad n_x = 1, 2, 3, \cdots \tag{4.47}$$

$$k_y = \frac{n_y \pi}{b}, \quad n_y = 1, 2, 3, \cdots \tag{4.48}$$

式 (4.43)–(4.46) から，波動関数 $\varphi(x, y)$ とエネルギー固有値 E は，次のように求められる．

$$\varphi(x, y) = \sqrt{\frac{4}{ab}}\sin\left(\frac{n_x \pi}{a}x\right)\sin\left(\frac{n_y \pi}{b}y\right) \tag{4.49}$$

$$E = E_x + E_y = \frac{\hbar^2}{2m}\left[\left(\frac{n_x \pi}{a}\right)^2 + \left(\frac{n_y \pi}{b}\right)^2\right] \tag{4.50}$$

問題 4.4　3次元の箱型無限大ポテンシャル

1辺の長さ a, b, c の直方体 ($0 < x < a, 0 < y < b, 0 < z < c$) の中に質量 m の粒子が閉じ込められている．このとき，定常状態における波動関数 $\varphi(x, y, z)$ とエネルギー固有値 E を求めよ．

✱✱✱ ヒント

- 境界には粒子は存在しない．

解　答

直方体の中では，ポテンシャルエネルギーが 0，辺の上では，無限大とする．このとき，直方体の中では，式 (3.18) において $U(\boldsymbol{r}) = 0$ だから，定常状態におけるシュレーディンガー方程式は，次のように表される．

$$-\frac{\hbar^2}{2m}\left(\frac{\partial^2}{\partial x^2} + \frac{\partial^2}{\partial y^2} + \frac{\partial^2}{\partial z^2}\right)\varphi(x, y, z) = E\varphi(x, y, z) \tag{4.51}$$

波動関数 $\varphi(x, y, z)$ の境界条件は，次のように書くことができる．

$$\varphi(0, y, z) = \varphi(a, y, z) = 0 \tag{4.52}$$

$$\varphi(x, 0, z) = \varphi(x, b, z) = 0 \tag{4.53}$$

$$\varphi(x, y, 0) = \varphi(x, y, c) = 0 \tag{4.54}$$

式 (4.52)–(4.54) の境界条件を満たす解として，波動関数 $\varphi(x, y, z)$ を次のように変数分離する．

$$\varphi(x, y, z) = u(x)\,v(y)\,w(z) \tag{4.55}$$

式 (4.55) を式 (4.51) に代入すると，次のようになる．

$$-\frac{\hbar^2}{2m}v(y)w(z)\frac{\partial^2}{\partial x^2}u(x) - \frac{\hbar^2}{2m}u(x)w(z)\frac{\partial^2}{\partial y^2}v(y) - \frac{\hbar^2}{2m}u(x)v(y)\frac{\partial^2}{\partial z^2}w(z)$$

$$= E\,u(x)\,v(y)\,w(z) \tag{4.56}$$

式 (4.56) の両辺を $\varphi(x,y,z) = u(x)v(y)w(z)$ で割ると，次のように表される．

$$-\frac{\hbar^2}{2m}\frac{1}{u(x)}\frac{\partial^2}{\partial x^2}u(x) - \frac{\hbar^2}{2m}\frac{1}{v(y)}\frac{\partial^2}{\partial y^2}v(y) - \frac{\hbar^2}{2m}\frac{1}{w(z)}\frac{\partial^2}{\partial z^2}w(z) = E \quad (4.57)$$

式 (4.57) の左辺において，第 1 項を E_x，第 2 項を E_y，第 3 項を E_z として $E_x + E_y + E_z = E$ とおくと，式 (4.57) は次のように三つの式に分けられる．

$$-\frac{\hbar^2}{2m}\frac{\partial^2}{\partial x^2}u(x) = E_x u(x) \quad (4.58)$$

$$-\frac{\hbar^2}{2m}\frac{\partial^2}{\partial y^2}v(y) = E_y v(y) \quad (4.59)$$

$$-\frac{\hbar^2}{2m}\frac{\partial^2}{\partial z^2}w(z) = E_z w(z) \quad (4.60)$$

式 (4.58)–(4.60) の解のうち，式 (4.52)–(4.54) の境界条件を満たす解として，問題 4.1 と同様な考察から，次のような波動関数 $u(x)$，$v(y)$，$w(z)$ と，エネルギー固有値 E_x，E_y，E_z が得られる．

$$u(x) = \sqrt{\frac{2}{a}}\sin(k_x x), \ v(y) = \sqrt{\frac{2}{b}}\sin(k_y y), \ w(z) = \sqrt{\frac{2}{c}}\sin(k_z z) \quad (4.61)$$

$$E_x = \frac{\hbar^2}{2m}k_x^2, \ E_y = \frac{\hbar^2}{2m}k_y^2, \ E_z = \frac{\hbar^2}{2m}k_z^2 \quad (4.62)$$

ここで，$\sqrt{2/a}$，$\sqrt{2/b}$，$\sqrt{2/c}$ は規格化因子であり，問題 4.1 と同様な考察から，波数 k_x，k_y，k_z は次のように表される．

$$k_x = \frac{n_x \pi}{a}, \ k_y = \frac{n_y \pi}{b}, \ k_z = \frac{n_z \pi}{c}, \quad n_x, n_y, n_z = 1, 2, 3, \cdots \quad (4.63)$$

式 (4.61)，(4.62) から，波動関数 $\varphi(x,y,z)$ とエネルギー固有値 E は，次のように求められる．

$$\varphi(x,y,z) = \sqrt{\frac{8}{abc}}\sin\left(\frac{n_x \pi}{a}x\right)\sin\left(\frac{n_y \pi}{b}y\right)\sin\left(\frac{n_z \pi}{c}z\right) \quad (4.64)$$

$$E = E_x + E_y + E_z = \frac{\hbar^2}{2m}\left[\left(\frac{n_x \pi}{a}\right)^2 + \left(\frac{n_y \pi}{b}\right)^2 + \left(\frac{n_z \pi}{c}\right)^2\right] \quad (4.65)$$

問題 4.5　1次元の箱型有限大ポテンシャル (1)

図 4.2 において，領域 I における波動関数 $\varphi_{\mathrm{I}}(x)$ とエネルギー固有値 E を次のように仮定する．

$$\varphi_{\mathrm{I}}(x) = \begin{cases} A_{\mathrm{c}} \cos(kx) \\ A_{\mathrm{s}} \sin(kx) \end{cases}, \quad E = \frac{\hbar^2 k^2}{2m} - U_0 \tag{4.66}$$

ここで，$A_{\mathrm{c}}, A_{\mathrm{s}}, k$ は定数，m は粒子の質量である．領域 I と領域 II の境界に着目して，波動関数とエネルギー固有値について議論せよ．

✻✻✻ ヒント

- 境界において波動関数が滑らかにつながることを要求する．
- 境界において，二つの波動関数の値が等しいだけでなく，二つの波動関数の勾配の値も等しい．

解　答

領域 II では，ポテンシャルエネルギーが 0 なので，定常状態におけるシュレーディンガー方程式は，式 (3.18) から次のように表される．

$$-\frac{\hbar^2}{2m} \frac{\mathrm{d}^2}{\mathrm{d}x^2} \varphi_{\mathrm{II}}(x) = E \varphi_{\mathrm{II}}(x) \tag{4.67}$$

式 (4.67) の解は，B と $q\,(>0)$ を定数として，次のようにおくことができる．

$$\varphi_{\mathrm{II}}(x) = B \exp(-qx), \quad E = -\frac{\hbar^2 q^2}{2m} \tag{4.68}$$

図 4.2 から，粒子は，ポテンシャルエネルギーの高い領域 II よりも，ポテンシャルエネルギーの低い領域 I に存在する確率が高いと考えられる．しかも，領域 II において，領域 I から離れるほど，粒子が存在する確率は低くなるはずである．したがって，領域 II のような x が正の領域において，波動関数の絶対値が減衰関数となるように，$q > 0$ とした．

まず，波動関数 $\varphi_{\mathrm{I}}(x) = A_{\mathrm{c}} \cos(kx)$ と $\varphi_{\mathrm{II}}(x) = B \exp(-qx)$ が境界 $x = a/2$ において等しいという条件は，次のように表される．

$$A_\text{c} \cos\left(\frac{ka}{2}\right) = B \exp\left(-\frac{qa}{2}\right) \tag{4.69}$$

波動関数の勾配 $\nabla \varphi_\text{I}(x) = -kA_\text{c} \sin(kx)$ と $\nabla \varphi_\text{II}(x) = -qB \exp(-qx)$ が境界 $x = a/2$ において等しいという条件は，次のように表される．

$$-kA_\text{c} \sin\left(\frac{ka}{2}\right) = -qB \exp\left(-\frac{qa}{2}\right) \tag{4.70}$$

式 (4.70) を式 (4.69) で割ると，次の関係が導かれる．

$$q = k \tan\left(\frac{ka}{2}\right) \tag{4.71}$$

さて，領域 I と領域 II において，エネルギー固有値 E は等しく，式 (4.66)，(4.68) から，次のように表すことができる．

$$E = \frac{\hbar^2 k^2}{2m} - U_0 = -\frac{\hbar^2 q^2}{2m} \tag{4.72}$$

式 (4.72) を変形すると，次のようになる．

$$k^2 + q^2 = \frac{2mU_0}{\hbar^2} \tag{4.73}$$

式 (4.73) に式 (4.71) を代入すると，次のようになる．

$$k^2 \left[1 + \tan^2\left(\frac{ka}{2}\right)\right] = \frac{2mU_0}{\hbar^2} \tag{4.74}$$

次に，波動関数 $\varphi_\text{I}(x) = A_\text{s} \sin(kx)$ と $\varphi_\text{II}(x) = B \exp(-qx)$ が境界 $x = a/2$ において等しいという条件は，次のように表される．

$$A_\text{s} \sin\left(\frac{ka}{2}\right) = B \exp\left(-\frac{qa}{2}\right) \tag{4.75}$$

波動関数の勾配 $\nabla \varphi_\text{I}(x) = kA_\text{s} \cos(kx)$ と $\nabla \varphi_\text{II}(x) = -qB \exp(-qx)$ が境界 $x = a/2$ において等しいという条件は，次のように表される．

$$kA_\text{s} \cos\left(\frac{ka}{2}\right) = -qB \exp\left(-\frac{qa}{2}\right) \tag{4.76}$$

式 (4.76) を式 (4.75) で割ると，次の関係が導かれる．

$$q = -k \cot\left(\frac{ka}{2}\right) \tag{4.77}$$

式 (4.77) を式 (4.73) に代入すると，次のようになる．

$$k^2\left[1 + \cot^2\left(\frac{ka}{2}\right)\right] = \frac{2mU_0}{\hbar^2} \tag{4.78}$$

図 4.5 に，式 (4.71)，(4.73)，(4.77) における k と q の関係を示す．曲線の交点が解を与える．

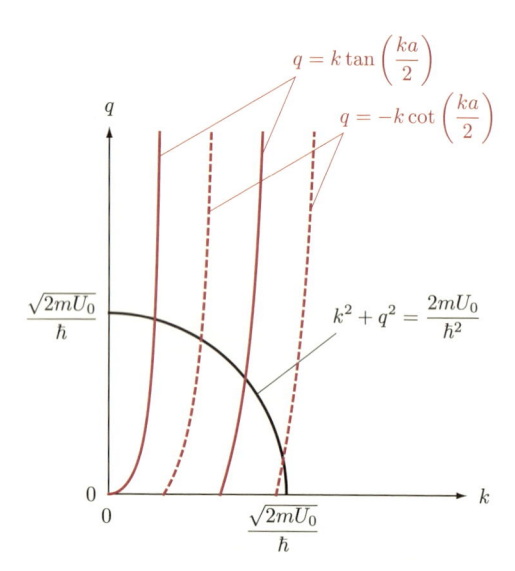

図 4.5 1 次元の有限大ポテンシャルにおける k と q の関係

例として，ポテンシャルエネルギーの差 U_0 が $U_0 = 50\hbar^2/ma^2$ の場合，U_0 を式 (4.74) に代入して整理すると，次の関係が成り立つ．

$$\frac{k^2 a^2}{100} = \left[1 + \tan^2\left(\frac{ka}{2}\right)\right]^{-1} = \cos^2\left(\frac{ka}{2}\right) \tag{4.79}$$

式 (4.79) を数値解析によって解くと，ka の値は次のようになる．

$$ka = 2.61,\ 7.67 \tag{4.80}$$

式 (4.80) の結果を式 (4.72) に代入すると，$\varphi_\mathrm{I}(x) = A_\mathrm{c}\cos(kx)$ に対するエネルギー固有値 E は，次のように求められる．

$$E = \frac{\hbar^2 k^2}{2m} - U_0 = -0.932\,U_0,\ -0.412\,U_0 \tag{4.81}$$

一方，ポテンシャルエネルギーの差 $U_0 = 50\hbar^2/ma^2$ を式 (4.78) に代入して整理すると，次の関係が成り立つ．

$$\frac{k^2 a^2}{100} = \left[1 + \cot^2\left(\frac{ka}{2}\right)\right]^{-1} = \sin^2\left(\frac{ka}{2}\right) \tag{4.82}$$

式 (4.82) を数値解析によって解くと，ka の値は次のようになる．

$$ka = 5.19,\ 9.81 \tag{4.83}$$

式 (4.83) の結果を式 (4.72) に代入すると，$\varphi_\mathrm{I}(x) = A_\mathrm{s}\sin(kx)$ に対するエネルギー固有値 E は，次のように求められる．

$$E = \frac{\hbar^2 k^2}{2m} - U_0 = -0.731\,U_0,\ -0.038\,U_0 \tag{4.84}$$

領域 III についても同様な計算をして波動関数とエネルギー固有値を求めると，図 4.6 のようになる．なお，領域 III については問題 4.6 で考えよう．

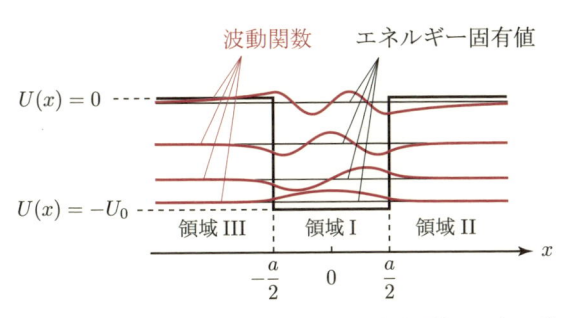

図 4.6 1 次元の有限大ポテンシャルにおける波動関数とエネルギー固有値

問題 4.6　1次元の箱型有限大ポテンシャル (2)

図 4.2 において領域 III における解を仮定し，領域 I と領域 III の境界条件を求めよ．ただし，問題 4.5 の式 (4.66) を用いよ．

✳✳✳ ヒント

- 境界において波動関数が滑らかにつながることを要求する．
- 境界において，二つの波動関数の値が等しいだけでなく，二つの波動関数の勾配の値も等しい．

解　答

領域 III では，ポテンシャルエネルギーが 0 なので，定常状態におけるシュレーディンガー方程式は，式 (3.18) から次のように表される．

$$-\frac{\hbar^2}{2m}\frac{d^2}{dx^2}\varphi_{\text{III}}(x) = E\,\varphi_{\text{III}}(x) \tag{4.85}$$

式 (4.85) の解は，C と $q\,(>0)$ を定数として，次のようにおくことができる．

$$\varphi_{\text{III}}(x) = C\exp(qx), \quad E = -\frac{\hbar^2 q^2}{2m} \tag{4.86}$$

図 4.2 から，粒子は，ポテンシャルエネルギーの高い領域 III よりも，ポテンシャルエネルギーの低い領域 I に存在する確率が高いと考えられる．しかも，領域 III において，領域 I から離れるほど，粒子が存在する確率は低くなるはずである．したがって，領域 III のような x が負の領域において，領域 I から離れるほど波動関数の絶対値が小さくなるように，$q > 0$ とした．もし，領域 III において $q < 0$ の場合，領域 I から遠ざかるにつれて，粒子が存在する確率は発散し，物理的に意味のない解となる．このように，解を仮定するときは，数学的に正しいことは当然として，物理的に意味があるかどうかもよく考える必要がある．

まず，波動関数 $\varphi_{\text{I}}(x) = A_c\cos(kx)$ と $\varphi_{\text{III}}(x) = C\exp(qx)$ が境界 $x = -a/2$ において等しいという条件は，次のように表される．

$$A_\text{c} \cos\left(-\frac{ka}{2}\right) = A_\text{c} \cos\left(\frac{ka}{2}\right) = C \exp\left(-\frac{qa}{2}\right) \tag{4.87}$$

波動関数の勾配 $\nabla\varphi_\text{I}(x) = -kA_\text{c}\sin(kx)$ と $\nabla\varphi_\text{III}(x) = qC\exp(qx)$ が境界 $x = -a/2$ において等しいという条件は，次のように表される．

$$-kA_\text{c} \sin\left(-\frac{ka}{2}\right) = kA_\text{c} \sin\left(\frac{ka}{2}\right) = qC \exp\left(-\frac{qa}{2}\right) \tag{4.88}$$

式 (4.88) を式 (4.87) で割ると，次の関係が導かれる．

$$q = k \tan\left(\frac{ka}{2}\right) \tag{4.89}$$

式 (4.89) を問題 4.5 の解答の式 (4.73) に代入すると，次のようになる．

$$k^2 \left[1 + \tan^2\left(\frac{ka}{2}\right)\right] = \frac{2mU_0}{\hbar^2} \tag{4.90}$$

ただし，式 (4.90) を解析的に解くことはできないので，数値解析によって解を求める．

次に，波動関数 $\varphi_\text{I}(x) = A_\text{s} \sin(kx)$ と $\varphi_\text{III}(x) = C \exp(qx)$ が境界 $x = -a/2$ において等しいという条件は，次のように表される．

$$A_\text{s} \sin\left(-\frac{ka}{2}\right) = -A_\text{s} \sin\left(\frac{ka}{2}\right) = C \exp\left(-\frac{qa}{2}\right) \tag{4.91}$$

波動関数の勾配 $\nabla\varphi_\text{I}(x) = kA_\text{s}\cos(kx)$ と $\nabla\varphi_\text{III}(x) = qC\exp(qx)$ が境界 $x = -a/2$ において等しいという条件は，次のように表される．

$$kA_\text{s} \cos\left(-\frac{ka}{2}\right) = kA_\text{s} \cos\left(\frac{ka}{2}\right) = qC \exp\left(-\frac{qa}{2}\right) \tag{4.92}$$

式 (4.92) を式 (4.91) で割ると，次の関係が導かれる．

$$q = -k \cot\left(\frac{ka}{2}\right) \tag{4.93}$$

問題 4.5 の結果と問題 4.6 の結果からわかるように，領域 I と領域 III の境界条件から得られる k と q の関係は，領域 I と領域 II の境界条件から得られる k と q の関係に等しい．

問題 4.7　1次元の箱型無限大／有限大ポテンシャル

図4.7のような，片側が無限大ポテンシャルで，もう一方が有限なポテンシャルをもつ1次元の箱型ポテンシャルを考える．この井戸に存在する質量 m の粒子に対して，波動関数 $\varphi(x)$ とエネルギー固有値を求めよ．

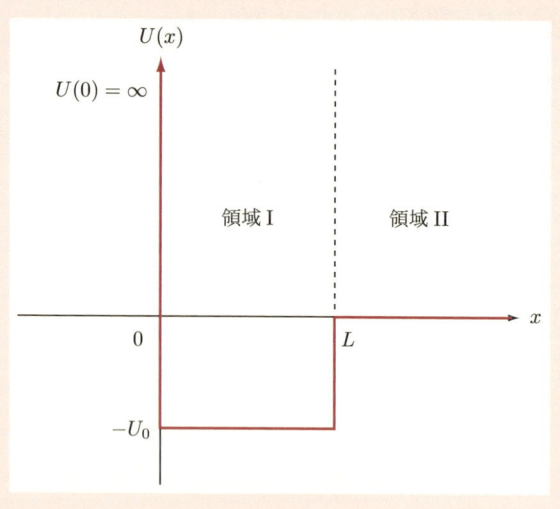

図 4.7　1次元の箱型有限大／無限大ポテンシャル

✵✵✵ ヒ ン ト

- 境界において波動関数が滑らかにつながることを要求する．
- 境界において，二つの波動関数の値が等しいだけでなく，二つの波動関数の勾配の値も等しい．

解　答

領域Iでは，ポテンシャルエネルギーが $-U_0$ なので，定常状態におけるシュレーディンガー方程式は，式 (3.18) から次のように表される．

$$\left(-\frac{\hbar^2}{2m}\frac{d^2}{dx^2} - U_0\right)\varphi_\mathrm{I}(x) = E\varphi_\mathrm{I}(x) \tag{4.94}$$

一方，領域IIでは，ポテンシャルエネルギーが0なので，定常状態における

シュレーディンガー方程式は，式 (3.18) から次のように表される．

$$-\frac{\hbar^2}{2m}\frac{d^2}{dx^2}\varphi_{\text{II}}(x) = E\varphi_{\text{II}}(x) \tag{4.95}$$

領域 I の左側の境界 $x = 0$ において，$U(0) = \infty$ だから，$x \leq 0$ には粒子は存在しないと考えられる．つまり，$x \leq 0$ では，粒子の波動関数 $\varphi(x)$ は 0 である．したがって，領域 I における波動関数 $\varphi_{\text{I}}(x)$ とエネルギー固有値 E は，A と k を定数として，次のようにおくことができる．

$$\varphi_{\text{I}}(x) = A\sin(kx), \quad E = \frac{\hbar^2 k^2}{2m} - U_0 \tag{4.96}$$

一方，領域 II における波動関数 $\varphi_{\text{II}}(x)$ とエネルギー固有値 E は，B と $q(>0)$ を定数として，次のようにおくことができる．

$$\varphi_{\text{II}}(x) = B\exp(-qx), \quad E = -\frac{\hbar^2 q^2}{2m} \tag{4.97}$$

領域 I と領域 II の境界 $x = L$ では，ポテンシャルエネルギーの差 U_0 が有限である．したがって，境界条件として，領域 I と領域 II の境界で波動関数が滑らかにつながることを要請する．この条件を満たすためには，波動関数と，波動関数の勾配が，それぞれ境界で等しくなければならない．
波動関数 $\varphi_{\text{I}}(x) = A\sin(kx)$ と $\varphi_{\text{II}}(x) = B\exp(-qx)$ が境界 $x = L$ において等しいという条件は，次のように表される．

$$A\sin(kL) = B\exp(-qL) \tag{4.98}$$

波動関数の勾配 $\nabla\varphi_{\text{I}}(x) = kA\cos(kx)$ と $\nabla\varphi_{\text{II}}(x) = -qB\exp(-qx)$ が境界 $x = L$ において等しいという条件は，次のように表される．

$$kA\cos(kL) = -qB\exp(-qL) \tag{4.99}$$

式 (4.99) を式 (4.98) で割ると，次の関係が導かれる．

$$\color{red}{q = -k\cot(kL)} \tag{4.100}$$

さて，式 (4.96), (4.97) から，エネルギー固有値 E は，次のように表すことができる．

$$E = \frac{\hbar^2 k^2}{2m} - U_0 = -\frac{\hbar^2 q^2}{2m} \tag{4.101}$$

式 (4.101) を変形すると，次のようになる．

$$k^2 + q^2 = \frac{2mU_0}{\hbar^2} \tag{4.102}$$

式 (4.102) は，k と q をそれぞれ横軸，縦軸とするグラフにおいて，原点を中心とする半径 $\sqrt{2mU_0}/\hbar$ の円を示している．図 4.8 は，式 (4.100), (4.102) における k と q の関係を示しており，2 本の曲線の交点が解を与える．

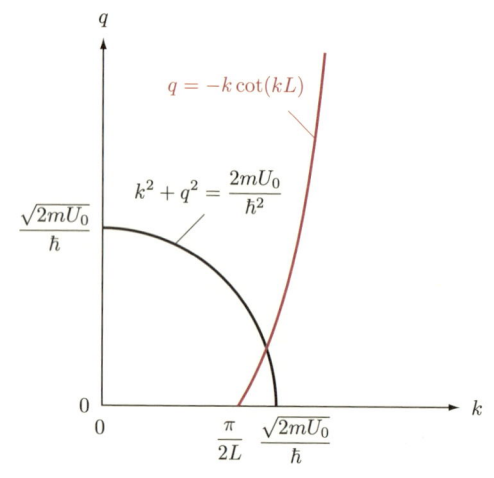

図 4.8 1 次元の無限大／有限大ポテンシャルにおける k と q の関係

式 (4.100) を式 (4.102) に代入すると，次のようになる．

$$k^2 \left[1 + \cot^2(kL)\right] = \frac{2mU_0}{\hbar^2} \tag{4.103}$$

ただし，式 (4.103) を解析的に解くことはできないので，数値解析によって解を求める．例として，ポテンシャルエネルギーの差 U_0 が，$U_0 = 2\hbar^2/mL^2$ の場合，U_0 を式 (4.103) に代入して整理すると，次の関係が成り立つ．

$$\frac{k^2 L^2}{4} = \left[1 + \cot^2(kL)\right]^{-1} = \sin^2(kL) \tag{4.104}$$

式 (4.104) を数値解析によって解くと，次の値が得られる．

$$kL = 1.90 \tag{4.105}$$

式 (4.105) の結果を式 (4.101) に代入すると，エネルギー固有値 E は，次のように求められる．

$$E = \frac{\hbar^2 k^2}{2m} - U_0 = -0.10\, U_0 \tag{4.106}$$

このときの波動関数とエネルギー固有値を示すと，図 4.9 のようになる．

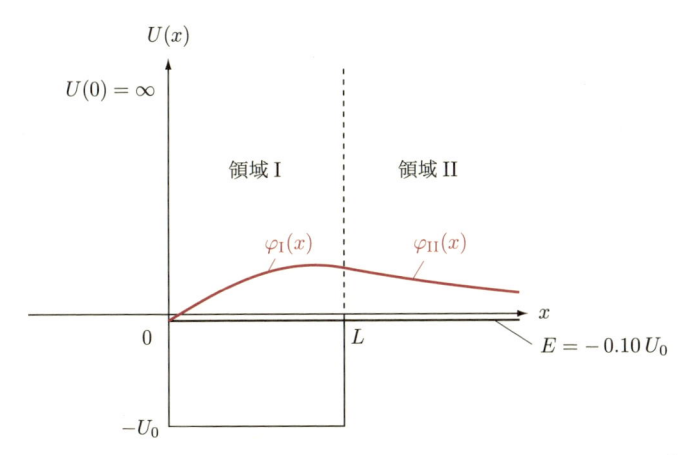

図 4.9 1 次元の箱型無限大／有限大ポテンシャルにおける波動関数とエネルギー固有値

問題 4.8 クローニッヒ-ペニーのモデル

(a) 式 (4.18) において，$P \ll 1$ の場合，$k = 0$ に対して最もエネルギーの低いエネルギーバンドは，どうなるか．

(b) 問題 4.8(a) において，$k = \pi/a$ におけるエネルギーギャップ E_g を求めよ．

✳✳✳ ヒント

- マクローリン展開を用い，十分小さい値を無視する．

解答

(a) 式 (4.18) は，$k = 0$ の場合，次のようになる．

$$\frac{P}{Ka} \sin Ka + \cos Ka = 1 \tag{4.107}$$

$P \ll 1$ のときは，$Ka \ll 1$ をみたすときだけ解が存在する．したがって，マクローリン展開を用い，Ka についての 3 次以上の項を十分小さいとして無視すると，次のようになる．

$$\sin Ka \simeq Ka \tag{4.108}$$

$$\cos Ka \simeq 1 - \frac{1}{2} K^2 a^2 \tag{4.109}$$

式 (4.108), (4.109) を式 (4.107) に代入すると，次の結果が得られる．

$$P \simeq \frac{1}{2} K^2 a^2 \tag{4.110}$$

したがって，エネルギー E は，次のように求められる．

$$E = \frac{\hbar^2}{2m_0} K^2 \simeq \frac{\hbar^2 P}{m_0 a^2} \tag{4.111}$$

(b) 式 (4.18) は，$k = \pi/a$ のとき，次のようになる．

$$\frac{P}{Ka} \sin Ka + \cos Ka = -1 \tag{4.112}$$

$P \ll 1$ のときは，$Ka = \pi + \delta$ かつ $|\delta| \ll 1$ を満たすときだけ解が存在する．したがって，マクローリン展開を用い，δ についての 3 次以上の項を十分小さいとして無視すると，次のようになる．

$$\sin Ka = -\sin \delta \simeq -\delta \tag{4.113}$$

$$\cos Ka = -\cos \delta \simeq -1 + \frac{1}{2}\delta^2 \tag{4.114}$$

式 (4.113)，(4.114) を式 (4.112) に代入すると，次の結果が得られる．

$$P \simeq \frac{1}{2} Ka\delta \simeq \frac{1}{2}\pi\delta \tag{4.115}$$

したがって，エネルギーギャップ E_g は，次のように求められる．

$$E_g = \frac{\hbar^2}{2m_0}\left(\frac{\pi + \delta}{a}\right)^2 - \frac{\hbar^2}{2m_0}\left(\frac{\pi}{a}\right)^2 \simeq \frac{\hbar^2 \pi \delta}{m_0 a^2} = \frac{2\hbar^2 P}{m_0 a^2} \tag{4.116}$$

復 習

箱型無限大ポテンシャル

- 井戸：波動関数 $\varphi(\boldsymbol{r})$ 存在
- 境界：波動関数 $\varphi(\boldsymbol{r}) = 0$

箱型有限大ポテンシャルの境界条件：波動関数が滑らかに接続

- 波動関数 φ：連続
- 波動関数の勾配 $\nabla\varphi$：連続

問題 4.9　周期的ポテンシャルのフーリエ級数展開

式 (4.19), (4.20) から次式が得られることを示せ．

$$(\lambda - E)C_{\boldsymbol{k}} + \sum_{\boldsymbol{G}} U_{\boldsymbol{G}} C_{\boldsymbol{k}-\boldsymbol{G}} = 0 \tag{4.117}$$

ここで，E はエネルギー固有値である．また，λ は次式のように粒子の運動エネルギーを表す．

$$\lambda = \frac{\hbar^2 \boldsymbol{k}^2}{2m} \tag{4.118}$$

✱✱✱ ヒント

- 式 (4.19), (4.20) を定常状態におけるシュレーディンガー方程式に代入する．
- 指数関数の形が共通となるように数式を変形する．

解　答

式 (4.19), (4.20) を式 (3.18) の左辺，右辺にそれぞれ代入すると，次のようになる．

$$
\begin{aligned}
(\text{左辺}) &= \frac{\hbar^2}{2m} \sum_{\boldsymbol{k}} \boldsymbol{k}^2 C_{\boldsymbol{k}} \exp(\mathrm{i}\boldsymbol{k}\cdot\boldsymbol{r}) + \sum_{\boldsymbol{G}}\sum_{\boldsymbol{k}} U_{\boldsymbol{G}} C_{\boldsymbol{k}} \exp[\mathrm{i}(\boldsymbol{G}+\boldsymbol{k})\cdot\boldsymbol{r}] \\
&= \sum_{\boldsymbol{k}} \left\{ \frac{\hbar^2}{2m} \boldsymbol{k}^2 C_{\boldsymbol{k}} \exp(\mathrm{i}\boldsymbol{k}\cdot\boldsymbol{r}) + \sum_{\boldsymbol{G}} U_{\boldsymbol{G}} C_{\boldsymbol{k}} \exp[\mathrm{i}(\boldsymbol{G}+\boldsymbol{k})\cdot\boldsymbol{r}] \right\} \\
&= \sum_{\boldsymbol{k}} \left[\frac{\hbar^2}{2m} \boldsymbol{k}^2 C_{\boldsymbol{k}} \exp(\mathrm{i}\boldsymbol{k}\cdot\boldsymbol{r}) + \sum_{\boldsymbol{G}} U_{\boldsymbol{G}} C_{\boldsymbol{k}-\boldsymbol{G}} \exp[\mathrm{i}(\boldsymbol{G}+\boldsymbol{k}-\boldsymbol{G})\cdot\boldsymbol{r}] \right] \\
&= \sum_{\boldsymbol{k}} \left[\frac{\hbar^2}{2m} \boldsymbol{k}^2 C_{\boldsymbol{k}} \exp(\mathrm{i}\boldsymbol{k}\cdot\boldsymbol{r}) + \sum_{\boldsymbol{G}} U_{\boldsymbol{G}} C_{\boldsymbol{k}-\boldsymbol{G}} \exp(\mathrm{i}\boldsymbol{k}\cdot\boldsymbol{r}) \right] \\
&= \sum_{\boldsymbol{k}} \left[\frac{\hbar^2}{2m} \boldsymbol{k}^2 C_{\boldsymbol{k}} + \sum_{\boldsymbol{G}} U_{\boldsymbol{G}} C_{\boldsymbol{k}-\boldsymbol{G}} \right] \exp(\mathrm{i}\boldsymbol{k}\cdot\boldsymbol{r}) \tag{4.119}
\end{aligned}
$$

ここで，指数関数が $\exp(\mathrm{i}\boldsymbol{k}\cdot\boldsymbol{r})$ に統一されるように，式 (4.119) の 2 行目第 2 項の $\boldsymbol{k}$ を $\boldsymbol{k}-\boldsymbol{G}$ で置き換えることによって，3 行目を導いた．

$$（右辺）= E\sum_{\boldsymbol{k}} C_{\boldsymbol{k}} \exp(\mathrm{i}\boldsymbol{k}\cdot\boldsymbol{r}) = \sum_{\boldsymbol{k}} E\, C_{\boldsymbol{k}} \exp(\mathrm{i}\boldsymbol{k}\cdot\boldsymbol{r}) \tag{4.120}$$

式 (4.119)，(4.120) から，次式が成り立つ．

$$\sum_{\boldsymbol{k}}\left[\left(\frac{\hbar^2}{2m}\boldsymbol{k}^2 - E\right)C_{\boldsymbol{k}} + \sum_{\boldsymbol{G}} U_{\boldsymbol{G}} C_{\boldsymbol{k}-\boldsymbol{G}}\right]\exp(\mathrm{i}\boldsymbol{k}\cdot\boldsymbol{r}) = 0 \tag{4.121}$$

式 (4.121) において，$\exp(\mathrm{i}\boldsymbol{k}\cdot\boldsymbol{r}) \neq 0$ だから，次の結果が得られる．

$$\left(\frac{\hbar^2}{2m}\boldsymbol{k}^2 - E\right)C_{\boldsymbol{k}} + \sum_{\boldsymbol{G}} U_{\boldsymbol{G}} C_{\boldsymbol{k}-\boldsymbol{G}} = 0 \tag{4.122}$$

ここで，式 (4.118) を式 (4.122) に代入すると，(4.117) が得られる．

――――― 復　習 ―――――

シュレーディンガー方程式

$$\tilde{\mathcal{H}}\psi = \left[-\frac{\hbar^2}{2m}\nabla^2 + U(\boldsymbol{r})\right]\psi = \mathrm{i}\hbar\frac{\partial\psi}{\partial t}$$

定常状態におけるシュレーディンガー方程式

$$\tilde{\mathcal{H}}\psi = \left[-\frac{\hbar^2}{2m}\nabla^2 + U(\boldsymbol{r})\right]\psi = E\psi$$

問題 4.10 エネルギーギャップ

ポテンシャルエネルギーが $U(\boldsymbol{r}) = 2U\cos(\boldsymbol{G}\cdot\boldsymbol{r})$ のとき, $\boldsymbol{k} = \pm\boldsymbol{G}/2$ におけるエネルギーギャップ (energy gap) を求めよ. ただし, $U > 0$ とする.

✳✳✳ ヒント

- オイラーの公式 $\exp(\pm i\theta) = \cos\theta \pm i\sin\theta$ （複号同順）を用いる.
- 問題 4.9 の式 (4.117), (4.118) を用いる.
- 連立方程式において 0 以外の解が存在する条件を用いる.

解 答

オイラーの公式を用いると, ポテンシャルエネルギー $U(\boldsymbol{r})$ を次のように書き換えることができる.

$$\begin{aligned}U(\boldsymbol{r}) &= U\exp(i\boldsymbol{G}\cdot\boldsymbol{r}) + U\exp(-i\boldsymbol{G}\cdot\boldsymbol{r}) \\ &= U_{\boldsymbol{G}}\exp(i\boldsymbol{G}\cdot\boldsymbol{r}) + U_{-\boldsymbol{G}}\exp(-i\boldsymbol{G}\cdot\boldsymbol{r})\end{aligned} \quad (4.123)$$

ただし, $U_{\boldsymbol{G}} = U_{-\boldsymbol{G}} = U$ とおいた.

ここで, $C_{\boldsymbol{G}/2}$ と $C_{-\boldsymbol{G}/2}$ 以外のフーリエ係数 $C_{\boldsymbol{k}}$ を 0 とすると, 式 (4.117) は, $\boldsymbol{k} = \boldsymbol{G}/2$ のとき次のようになる.

$$\begin{aligned}&(\lambda - E)C_{\boldsymbol{G}/2} + U_{\boldsymbol{G}}C_{-\boldsymbol{G}/2} + U_{-\boldsymbol{G}}C_{3\boldsymbol{G}/2} \\ &= (\lambda - E)C_{\boldsymbol{G}/2} + U_{\boldsymbol{G}}C_{-\boldsymbol{G}/2} \\ &= (\lambda - E)C_{\boldsymbol{G}/2} + UC_{-\boldsymbol{G}/2} = 0\end{aligned} \quad (4.124)$$

ただし, $C_{3\boldsymbol{G}/2} = 0$ と $U_{\boldsymbol{G}} = U$ を用いた.

また, 式 (4.117) は, $\boldsymbol{k} = -\boldsymbol{G}/2$ のとき次のようになる.

$$\begin{aligned}&(\lambda - E)C_{-\boldsymbol{G}/2} + U_{\boldsymbol{G}}C_{-3\boldsymbol{G}/2} + U_{-\boldsymbol{G}}C_{\boldsymbol{G}/2} \\ &= (\lambda - E)C_{-\boldsymbol{G}/2} + U_{-\boldsymbol{G}}C_{\boldsymbol{G}/2} \\ &= (\lambda - E)C_{-\boldsymbol{G}/2} + UC_{\boldsymbol{G}/2} = 0\end{aligned} \quad (4.125)$$

ここで，$C_{-3G/2} = 0$ と $U_{-G} = U$ を用いた．

また，式 (4.118) から $k = \pm G/2$ において，λ は次のように表される．

$$\lambda = \frac{\hbar^2}{2m}\left(\frac{1}{2}G\right)^2 \tag{4.126}$$

さて，式 (4.124)，(4.125) を整理すると，次のような連立方程式になる．

$$(\lambda - E)C_{G/2} + UC_{-G/2} = 0 \tag{4.127}$$

$$UC_{G/2} + (\lambda - E)C_{-G/2} = 0 \tag{4.128}$$

式 (4.127)，(4.128) の連立方程式が，$C_{G/2} = C_{-G/2} = 0$ 以外の解をもつためには，$C_{G/2}$ と $C_{-G/2}$ の係数を用いて作った行列式が，次のように 0 になる必要がある．

$$\begin{vmatrix} \lambda - E & U \\ U & \lambda - E \end{vmatrix} = 0 \tag{4.129}$$

式 (4.129) から，次式が得られる．

$$\begin{aligned}(\lambda - E)^2 - U^2 &= (E - \lambda)^2 - U^2 \\ &= (E - \lambda + U)(E - \lambda - U) \\ &= 0 \end{aligned} \tag{4.130}$$

式 (4.130) から，エネルギー固有値 E は，次のように求められる．

$$E = \lambda \pm U = \frac{\hbar^2}{2m}\left(\frac{1}{2}G\right)^2 \pm U \tag{4.131}$$

ここで，式 (4.126) を用いた．

式 (4.131) から，$k = \pm G/2$ において，エネルギーギャップが生じ，エネルギーギャップの大きさが $2U$ となることがわかる．固体物理学では，$k = \pm G/2$ で囲まれた波数空間を第 1 ブリルアンゾーンという．

第5章

調和振動子

5.1 1次元調和振動子に対するハミルトニアン
5.2 消滅演算子と生成演算子
5.3 エルミート多項式

問題 5.1 1次元調和振動子における振動の角周波数
問題 5.2 複素数を用いたハミルトニアンの因数分解
問題 5.3 消滅演算子
問題 5.4 消滅演算子と生成演算子
問題 5.5 基底状態における固有関数
問題 5.6 無次元化したシュレーディンガー方程式
問題 5.7 エルミート多項式 (1)
問題 5.8 エルミート多項式 (2)
問題 5.9 基底状態における変位の期待値
問題 5.10 電磁場の量子化

5.1　1次元調和振動子に対するハミルトニアン

図 5.1 のような 1 次元調和振動子を考える．質量 m の粒子がばねに接続されており，ばねは x 軸に沿った方向だけに伸縮する．そして，ばねの長さの平衡値を a，平衡値からの変位を x，ばね定数を k とする．

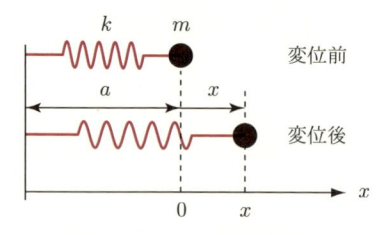

図 5.1　1 次元調和振動子

このとき，古典論における運動方程式は，次のように表される．

$$m\frac{\mathrm{d}^2 x}{\mathrm{d}t^2} = -kx \tag{5.1}$$

式 (5.1) の左辺は，変位 x の時間 t についての 2 階の導関数と係数 m との積である．一方，式 (5.1) の右辺は，変位 x と係数 k との積である．2 階微分した関数が元の関数と係数だけ異なるのは，元の関数が正弦関数，余弦関数，指数関数の場合である．初期条件 (initiary condition) として，時刻 $t = 0$ において，変位 $x = x_0$，速度 $v_x = \mathrm{d}x/\mathrm{d}t = 0$ とする．簡単のため初期位相を 0 とすると，正弦関数，余弦関数，指数関数のうちでこの初期条件を満たすのは余弦関数である．したがって，次の結果が得られる．

$$x = x_0 \cos(\omega t), \quad v_x = \frac{\mathrm{d}x}{\mathrm{d}t} = -\omega x_0 \sin(\omega t) \tag{5.2}$$

ここで，ω は 1 次元調和振動子の振動の角周波数である．

図 5.1 の 1 次元調和振動子に対して，運動量の x 成分を p_x とすると，古典論におけるハミルトニアン H は，次のように表される．

$$\begin{aligned} H &= \frac{1}{2m}{p_x}^2 + \frac{1}{2}kx^2 \\ &= \frac{1}{2m}{p_x}^2 + \frac{1}{2}m\omega^2 x^2 \end{aligned} \tag{5.3}$$

式 (5.3) において，運動量の x 成分 p_x を運動量演算子 $-\mathrm{i}\hbar\partial/\partial x$ で置き換えると，量子力学におけるハミルトニアン $\tilde{\mathcal{H}}$ が，次のように求められる．

$$\tilde{\mathcal{H}} = -\frac{\hbar^2}{2m}\frac{\partial^2}{\partial x^2} + \frac{1}{2}m\omega^2 x^2 \tag{5.4}$$

固有関数を φ，エネルギー固有値を E とすると，1 次元調和振動子に対するシュレーディンガー方程式は，次のように表される．

$$\tilde{\mathcal{H}}\varphi = E\varphi \tag{5.5}$$

5.2 消滅演算子と生成演算子

消滅演算子 (annihilation operator) $\tilde{a}$ と生成演算子 (creation operator) $\tilde{a}^\dagger$ をそれぞれ次式によって定義する．

$$\tilde{a} \equiv \sqrt{\frac{\hbar}{2m\omega}}\frac{\partial}{\partial x} + \sqrt{\frac{m\omega}{2\hbar}}\,x \tag{5.6}$$

$$\tilde{a}^\dagger \equiv -\sqrt{\frac{\hbar}{2m\omega}}\frac{\partial}{\partial x} + \sqrt{\frac{m\omega}{2\hbar}}\,x \tag{5.7}$$

式 (5.6)，(5.7) から，次の関係が得られる．

$$\tilde{a}\tilde{a}^\dagger \varphi - \tilde{a}^\dagger \tilde{a}\varphi = \left(\tilde{a}\tilde{a}^\dagger - \tilde{a}^\dagger \tilde{a}\right)\varphi = \varphi \tag{5.8}$$

式 (5.8) から，消滅演算子 $\tilde{a}$ と生成演算子 $\tilde{a}^\dagger$ に対して，次のような交換関係が成り立つ．

$$[\tilde{a}, \tilde{a}^\dagger] = \tilde{a}\tilde{a}^\dagger - \tilde{a}^\dagger \tilde{a} = 1 \tag{5.9}$$

式 (5.6) の消滅演算子 $\tilde{a}$ と式 (5.7) の生成演算子 $\tilde{a}^\dagger$ を用いると，式 (5.4) は次のように表される．

$$\tilde{\mathcal{H}} = \left(\tilde{a}^\dagger \tilde{a} + \frac{1}{2}\right)\hbar\omega \tag{5.10}$$

また，次の関係が得られる．

$$\begin{aligned}
\tilde{\mathcal{H}}(\tilde{a}\varphi) &= (E - \hbar\omega)(\tilde{a}\varphi) \\
\tilde{\mathcal{H}}(\tilde{a}^2\varphi) &= (E - 2\hbar\omega)(\tilde{a}^2\varphi) \\
\tilde{\mathcal{H}}(\tilde{a}^3\varphi) &= (E - 3\hbar\omega)(\tilde{a}^3\varphi) \\
&\vdots \\
\tilde{\mathcal{H}}(\tilde{a}^{n-1}\varphi) &= [E - (n-1)\hbar\omega](\tilde{a}^{n-1}\varphi) \\
\tilde{\mathcal{H}}(\tilde{a}^n\varphi) &= (E - n\hbar\omega)(\tilde{a}^n\varphi)
\end{aligned} \tag{5.11}$$

エネルギーが最小となる状態を基底状態 (ground state) という．基底状態における固有関数を φ_0 とすると，φ_0 に消滅演算子 $\tilde{a}$ を作用させた $\tilde{a}\varphi_0$ に対して，さらに1次元調和振動子のハミルトニアン $\tilde{\mathcal{H}}$ を作用させても，もはやエネルギーを小さくすることはできない．したがって，基底状態における固有関数 φ_0 に対して，次のようにおく．

$$\tilde{a}\varphi_0 = 0 \tag{5.12}$$

式 (5.12) に式 (5.6) を代入すると，次のような微分方程式が得られる．

$$\sqrt{\frac{\hbar}{2m\omega}}\frac{\partial \varphi_0}{\partial x} + \sqrt{\frac{m\omega}{2\hbar}}\, x\varphi_0 = 0 \tag{5.13}$$

5.3 エルミート多項式

式 (5.4)，(5.5) から，1次元調和振動子に対するシュレーディンガー方程式は，次のように表される．

$$-\frac{\hbar^2}{2m}\frac{\partial^2 \varphi}{\partial x^2} + \frac{1}{2}m\omega^2 x^2\varphi = E\varphi \tag{5.14}$$

ここでは，解析が簡単となるように式 (5.14) を無次元化し，多項式を用いて解いてみよう．変数 ξ を $\xi = \sqrt{\alpha}\, x$ とおくと，次の関係が成り立つ．

$$\frac{\partial \varphi}{\partial x} = \frac{\partial \xi}{\partial x}\frac{\partial \varphi}{\partial \xi} = \sqrt{\alpha}\,\frac{\partial \varphi}{\partial \xi} \tag{5.15}$$

$$\frac{\partial^2 \varphi}{\partial x^2} = \frac{\partial}{\partial x}\left(\frac{\partial \varphi}{\partial x}\right) = \frac{\partial \xi}{\partial x}\frac{\partial}{\partial \xi}\left(\sqrt{\alpha}\frac{\partial \varphi}{\partial \xi}\right) = \alpha \frac{\partial^2 \varphi}{\partial \xi^2} \tag{5.16}$$

式 (5.15), (5.16) を式 (5.14) に代入して整理すると，1 次元調和振動子に対する無次元化したシュレーディンガー方程式が，次のように得られる．

$$\frac{\partial^2 \varphi}{\partial \xi^2} + \left(\frac{2m}{\hbar^2}\frac{E}{\alpha} - \frac{m^2\omega^2}{\hbar^2}\frac{1}{\alpha^2}\xi^2\right)\varphi = 0 \tag{5.17}$$

ここで，次のようにおく．

$$\frac{2m}{\hbar^2}\frac{E}{\alpha} = \lambda, \quad \frac{m^2\omega^2}{\hbar^2}\frac{1}{\alpha^2} = 1 \tag{5.18}$$

式 (5.18) を式 (5.17) に代入すると，1 次元調和振動子に対する無次元化したシュレーディンガー方程式は，次のように簡単化される．

$$\frac{\partial^2 \varphi}{\partial \xi^2} + \left(\lambda - \xi^2\right)\varphi = 0 \tag{5.19}$$

式 (5.19) の解 $\varphi(\xi)$ を次のように仮定する．

$$\varphi(\xi) = H(\xi)\exp\left(-\frac{1}{2}\xi^2\right) \tag{5.20}$$

ただし，$H(\xi)$ は，$\xi = 0, \infty$ において有限の値をもつ多項式である．

式 (5.20) を式 (5.19) に代入して整理すると，次のようになる．

$$\frac{\partial^2 H(\xi)}{\partial \xi^2} - 2\xi\frac{\partial H(\xi)}{\partial \xi} + (\lambda - 1)H(\xi) = 0 \tag{5.21}$$

ここで $\lambda = 2n + 1$ とおくと，式 (5.21) は次のようになる．

$$\frac{\partial^2 H(\xi)}{\partial \xi^2} - 2\xi\frac{\partial H(\xi)}{\partial \xi} + 2nH(\xi) = 0 \tag{5.22}$$

式 (5.22) の解 $H(\xi) = H_n(\xi)$ は，**エルミート多項式 (Hermite polynomial)** あるいは**エルミート関数 (Hermite function)** として知られており，次式によって定義されている．

$$H(\xi) = H_n(\xi) \equiv (-1)^n \exp\left(\xi^2\right)\frac{\mathrm{d}^n}{\mathrm{d}\xi^n}\exp\left(-\xi^2\right), \quad n \geq 0 \tag{5.23}$$

問題 5.1　1次元調和振動子における振動の角周波数

図5.1の1次元調和振動子において,粒子の質量 m とばね定数 k を用いて,振動の角周波数 ω を示せ.

✱✱✱ ヒント

- 2階微分した関数が元の関数と係数だけ異なるのは,元の関数が正弦関数,余弦関数,指数関数の場合である.
- 解を仮定して運動方程式に代入する.

解　答

式 (5.1) の左辺は,変位 x の時間 t についての2階の導関数と係数 m との積である.一方,式 (5.1) の右辺は,変位 x と係数 k との積である.2階微分した関数が元の関数と係数だけ異なるのは,元の関数が正弦関数,余弦関数,指数関数の場合である.ここでは,余弦関数を用いて,次のように x を仮定する.

$$x = x_0 \cos(\omega t) \tag{5.24}$$

ただし,x_0 は振幅である.式 (5.24) を式 (5.1) に代入すると,次のようになる.

$$-\omega^2 m x = -kx \tag{5.25}$$

式 (5.25) から次式が成り立つ.

$$\left(\omega^2 m - k\right) x = 0 \tag{5.26}$$

式 (5.26) が任意の x について成り立つためには,次の関係を満たす必要がある.

$$\omega^2 m = k \tag{5.27}$$

角周波数 ω は正の値をとるので,式 (5.27) から次の結果が得られる.

$$\omega = \sqrt{\frac{k}{m}} \tag{5.28}$$

なお,x として正弦関数や指数関数を仮定しても,同じ角周波数が得られる.

問題 5.2 複素数を用いたハミルトニアンの因数分解

複素数を用いて式 (5.3) を因数分解をせよ．

✻✻✻ ヒント

- 虚数単位 $i = \sqrt{-1}$ に対して，$i^2 = -1$ である．

解　答

実数 r, s に対して，次式が成り立つ．

$$\begin{aligned}
r^2 + s^2 &= (r + is)(r - is) \\
&= (is + r)(-is + r)
\end{aligned} \tag{5.29}$$

ただし，$i = \sqrt{-1}$ は虚数単位である．

ここで，次のようにおく．

$$r = \sqrt{\frac{m\omega}{2\hbar}}\, x, \quad s = \sqrt{\frac{1}{2m\hbar\omega}}\, p_x \tag{5.30}$$

式 (5.29)，(5.30) を用いると，式 (5.3) を次のように因数分解することができる．

$$\begin{aligned}
H &= \hbar\omega \left(\frac{1}{2m\hbar\omega}\, p_x{}^2 + \frac{m\omega}{2\hbar}\, x^2 \right) \\
&= \hbar\omega \left(\frac{m\omega}{2\hbar}\, x^2 + \frac{1}{2m\hbar\omega}\, p_x{}^2 \right) \\
&= \hbar\omega \left(\sqrt{\frac{m\omega}{2\hbar}}\, x + i\sqrt{\frac{1}{2m\hbar\omega}}\, p_x \right) \left(\sqrt{\frac{m\omega}{2\hbar}}\, x - i\sqrt{\frac{1}{2m\hbar\omega}}\, p_x \right) \\
&= \hbar\omega \left(i\sqrt{\frac{1}{2m\hbar\omega}}\, p_x + \sqrt{\frac{m\omega}{2\hbar}}\, x \right) \left(-i\sqrt{\frac{1}{2m\hbar\omega}}\, p_x + \sqrt{\frac{m\omega}{2\hbar}}\, x \right)
\end{aligned} \tag{5.31}$$

問題 5.3 消滅演算子
式 (5.11) の 2 行目の式が成り立つことを確かめよ．

✳✳✳ ヒント
- 固有関数 φ に消滅演算子 $\tilde{a}$ を作用させた $\tilde{a}\varphi$ にハミルトニアン $\tilde{\mathcal{H}}$ を作用させる．

解 答
ハミルトニアン $\tilde{\mathcal{H}}$ を $\tilde{a}\varphi$ に作用させると，式 (5.9)，(5.10) から次のようになる．

$$\tilde{\mathcal{H}}(\tilde{a}\varphi) = \left(\tilde{a}^\dagger \tilde{a} + \frac{1}{2}\right)\hbar\omega(\tilde{a}\varphi) = \left(\tilde{a}\tilde{a}^\dagger - \frac{1}{2}\right)\hbar\omega(\tilde{a}\varphi) \tag{5.32}$$

また，消滅演算子 $\tilde{a}$ を $\tilde{\mathcal{H}}\varphi$ に作用させると，式 (5.10) から次のようになる．

$$\tilde{a}\left(\tilde{\mathcal{H}}\varphi\right) = \tilde{a}\left(\tilde{a}^\dagger \tilde{a} + \frac{1}{2}\right)\hbar\omega\varphi = \left(\tilde{a}\tilde{a}^\dagger + \frac{1}{2}\right)\hbar\omega(\tilde{a}\varphi) \tag{5.33}$$

式 (5.32)，(5.33) から，次の関係が成り立つ．

$$\tilde{\mathcal{H}}\left(\tilde{a}\varphi\right) = \tilde{a}\left(\tilde{\mathcal{H}}\varphi\right) - \hbar\omega(\tilde{a}\varphi) \tag{5.34}$$

式 (5.34) において，固有関数 φ を $\tilde{a}\varphi$ で置き換えると，次のようになる．

$$\tilde{\mathcal{H}}\left(\tilde{a}^2\varphi\right) = \tilde{a}\left(\tilde{\mathcal{H}}\tilde{a}\varphi\right) - \hbar\omega(\tilde{a}^2\varphi) \tag{5.35}$$

式 (5.11) の 1 行目の右辺を式 (5.35) の右辺第 1 項に代入すると，次のように式 (5.11) の 2 行目の式が成り立つ．

$$\begin{aligned}
\tilde{\mathcal{H}}\left(\tilde{a}^2\varphi\right) &= \tilde{a}(E - \hbar\omega)(\tilde{a}\varphi) - \hbar\omega(\tilde{a}^2\varphi) \\
&= (E - \hbar\omega)(\tilde{a}^2\varphi) - \hbar\omega(\tilde{a}^2\varphi) \\
&= (E - 2\hbar\omega)(\tilde{a}^2\varphi)
\end{aligned} \tag{5.36}$$

問題 5.4 消滅演算子と生成演算子

1次元調和振動子の基底状態における固有関数 φ_0 に対して，次式が成り立つことを示せ．

$$\tilde{a}^n(\tilde{a}^\dagger)^n \varphi_0 = n!\, \varphi_0 \tag{5.37}$$

✴✴✴ ヒント

- 消滅演算子 $\tilde{a}$ と生成演算子 $\tilde{a}^\dagger$ の交換関係を用いる．

解　答

1次元調和振動子に対するハミルトニアン $\tilde{\mathcal{H}}$ の固有関数 $(\tilde{a}^\dagger)^n \varphi_0$ に消滅演算子 $\tilde{a}$ を作用させると，式 (5.9) から次のようになる．

$$
\begin{aligned}
\tilde{a}\left(\tilde{a}^\dagger\right)^n \varphi_0 &= \left(\tilde{a}\tilde{a}^\dagger\right)\left(\tilde{a}^\dagger\right)^{n-1}\varphi_0 \\
&= \left(1 + \tilde{a}^\dagger \tilde{a}\right)\left(\tilde{a}^\dagger\right)^{n-1}\varphi_0 \\
&= \left(\tilde{a}^\dagger\right)^{n-1}\varphi_0 + \tilde{a}^\dagger \tilde{a}\left(\tilde{a}^\dagger\right)^{n-1}\varphi_0 \\
&= \left(\tilde{a}^\dagger\right)^{n-1}\varphi_0 + \tilde{a}^\dagger\left[\left(\tilde{a}^\dagger\right)^{n-2}\varphi_0 + \tilde{a}^\dagger \tilde{a}\left(\tilde{a}^\dagger\right)^{n-2}\varphi_0\right] \\
&= 2\left(\tilde{a}^\dagger\right)^{n-1}\varphi_0 + \left(\tilde{a}^\dagger\right)^2 \tilde{a}\left(\tilde{a}^\dagger\right)^{n-2}\varphi_0 \\
&= 2\left(\tilde{a}^\dagger\right)^{n-1}\varphi_0 + \left(\tilde{a}^\dagger\right)^2 \left[\left(\tilde{a}^\dagger\right)^{n-3}\varphi_0 + \tilde{a}^\dagger \tilde{a}\left(\tilde{a}^\dagger\right)^{n-3}\varphi_0\right] \\
&= 3\left(\tilde{a}^\dagger\right)^{n-1}\varphi_0 + \left(\tilde{a}^\dagger\right)^3 \tilde{a}\left(\tilde{a}^\dagger\right)^{n-3}\varphi_0 \\
&\quad\vdots \\
&= n\left(\tilde{a}^\dagger\right)^{n-1}\varphi_0 + \left(\tilde{a}^\dagger\right)^n \tilde{a}\varphi_0 \\
&= n\left(\tilde{a}^\dagger\right)^{n-1}\varphi_0 \tag{5.38}
\end{aligned}
$$

ただし，式 (5.38) の計算において，1行目の左辺と右辺3行目の関係を繰り返し用いた．さらに，式 (5.38) の最終行を導くときに式 (5.12) から $\tilde{a}\varphi_0 = 0$ を用いた．

式 (5.38) の 1 行目左辺と右辺最終行のそれぞれに左から消滅演算子 $\tilde{a}$ を作用させると，次のようになる．

$$\begin{aligned}
\tilde{a}^2 \left(\tilde{a}^\dagger\right)^n \varphi_0 &= \tilde{a} n \left(\tilde{a}^\dagger\right)^{n-1} \varphi_0 \\
&= n\tilde{a} \left(\tilde{a}^\dagger\right)^{n-1} \varphi_0 \\
&= n(n-1) \left(\tilde{a}^\dagger\right)^{n-2} \varphi_0
\end{aligned} \tag{5.39}$$

ここで，2 行目から 3 行目を導くときに，式 (5.38) において n を $n-1$ に置き換えた結果を用いた．

同様な演算を繰り返すと，次のようになる．

$$\begin{aligned}
\tilde{a}^n \left(\tilde{a}^\dagger\right)^n \varphi_0 &= n(n-1)(n-2)\cdots[n-(n-1)](\tilde{a}^\dagger)^{n-n}\varphi_0 \\
&= n!\,\varphi_0
\end{aligned} \tag{5.40}$$

―――――― 復　　習 ――――――

消滅演算子と生成演算子

- 消滅演算子 $\tilde{a}$

$$\tilde{a} = \sqrt{\frac{\hbar}{2m\omega}}\frac{\partial}{\partial x} + \sqrt{\frac{m\omega}{2\hbar}}\,x$$

- 生成演算子 $\tilde{a}^\dagger$

$$\tilde{a}^\dagger = -\sqrt{\frac{\hbar}{2m\omega}}\frac{\partial}{\partial x} + \sqrt{\frac{m\omega}{2\hbar}}\,x$$

- 交換関係

$$\tilde{a}\tilde{a}^\dagger - \tilde{a}^\dagger\tilde{a} = 1$$

問題 5.5 基底状態における固有関数

式 (5.13) から，基底状態における固有関数を求めよ．

✳✳✳ ヒント

- 一つの辺の変数が一つだけになるように式変形する．
- 各変数について積分する．

解　答

式 (5.13) の左辺第 2 項を右辺に移項すると，次のようになる．

$$\sqrt{\frac{\hbar}{2m\omega}}\frac{\partial \varphi_0}{\partial x} = -\sqrt{\frac{m\omega}{2\hbar}}\, x\varphi_0 \tag{5.41}$$

式 (5.41) の両辺を $\sqrt{\hbar/2m\omega}\,\varphi_0$ で割る．さらに，∂ を d と置き換えた後，形式的に両辺に dx をかけると，次のようになる．

$$\frac{d\varphi_0}{\varphi_0} = -\frac{m\omega}{\hbar} x\, dx \tag{5.42}$$

式 (5.42) の両辺をそれぞれ積分すると，次のように表される．

$$\int \frac{1}{\varphi_0} d\varphi_0 = \int -\frac{m\omega}{\hbar} x\, dx \tag{5.43}$$

式 (5.43) の積分を実行すると，次のようになる．

$$\ln \varphi_0 = -\frac{m\omega}{2\hbar} x^2 + C = \ln\left[\exp\left(-\frac{m\omega}{2\hbar}x^2 + C\right)\right] \tag{5.44}$$

ここで，C は積分定数である．式 (5.44) から，φ_0 を次のように表すことができる．

$$\varphi_0 = \exp(C)\exp\left(-\frac{m\omega}{2\hbar}x^2\right) = A\exp\left(-\frac{m\omega}{2\hbar}x^2\right) \tag{5.45}$$

ただし，$A = \exp(C)$ とおいた．規格化すると，φ_0 は次のようになる．

$$\varphi_0 = \left(\frac{m\omega}{\pi\hbar}\right)^{1/4} \exp\left(-\frac{m\omega}{2\hbar}x^2\right) \tag{5.46}$$

問題 5.6 無次元化したシュレーディンガー方程式

式 (5.19) において $\lambda = 1$ のとき，次の $\varphi(\xi)$ が式 (5.19) の解であることを示せ．

$$\varphi(\xi) = \varphi_0 \exp\left(-\frac{1}{2}\xi^2\right) \tag{5.47}$$

ここで，φ_0 は定数である．

✱✱✱ ヒント

- 仮定解を方程式の左辺に代入して，右辺が得られることを確かめる．
- まず 1 階の導関数を計算し，次に 2 階の導関数を計算する．

解答

式 (5.19) に $\lambda = 1$ を代入すると，次のようになる．

$$\frac{\partial^2 \varphi}{\partial \xi^2} + \left(1 - \xi^2\right) \varphi = 0 \tag{5.48}$$

式 (5.47) を式 (5.48) の左辺第 1 項，第 2 項にそれぞれ代入すると，次のようになる．

$$(\text{左辺第 1 項}) = \frac{\partial}{\partial \xi}\left(\frac{\partial \varphi}{\partial \xi}\right) = \frac{\partial}{\partial \xi}(-\xi\varphi)$$
$$= -\varphi - \xi \frac{\partial \varphi}{\partial \xi} = -\varphi + \xi^2 \varphi \tag{5.49}$$

$$(\text{左辺第 2 項}) = \left(1 - \xi^2\right)\varphi = \varphi - \xi^2 \varphi \tag{5.50}$$

式 (5.49)，(5.50) を式 (5.48) の左辺に代入すると，次式が成り立つ．

$$(\text{左辺}) = -\varphi + \xi^2 \varphi + \varphi - \xi^2 \varphi = 0 = (\text{右辺}) \tag{5.51}$$

したがって，$\lambda = 1$ のとき，式 (5.47) は式 (5.19) の解であるといえる．

問題 5.7　エルミート多項式 (1)

式 (5.21) を導け.

✳✳✳ ヒント

- まず 1 階の導関数を計算し，次に 2 階の導関数を計算する.

解　答

式 (5.20) から，次の関係が成り立つ.

$$\frac{\partial \varphi}{\partial \xi} = \frac{\partial H(\xi)}{\partial \xi} \exp\left(-\frac{1}{2}\xi^2\right) - \xi H(\xi) \exp\left(-\frac{1}{2}\xi^2\right) \tag{5.52}$$

$$\begin{aligned}\frac{\partial^2 \varphi}{\partial \xi^2} &= \frac{\partial}{\partial \xi}\left(\frac{\partial \varphi}{\partial \xi}\right) \\ &= \frac{\partial^2 H(\xi)}{\partial \xi^2} \exp\left(-\frac{1}{2}\xi^2\right) - \xi \frac{\partial H(\xi)}{\partial \xi} \exp\left(-\frac{1}{2}\xi^2\right) \\ &\quad - H(\xi) \exp\left(-\frac{1}{2}\xi^2\right) - \xi \frac{\partial H(\xi)}{\partial \xi} \exp\left(-\frac{1}{2}\xi^2\right) \\ &\quad + \xi^2 H(\xi) \exp\left(-\frac{1}{2}\xi^2\right) \\ &= \frac{\partial^2 H(\xi)}{\partial \xi^2} \exp\left(-\frac{1}{2}\xi^2\right) - 2\xi \frac{\partial H(\xi)}{\partial \xi} \exp\left(-\frac{1}{2}\xi^2\right) \\ &\quad + \left(\xi^2 - 1\right) H(\xi) \exp\left(-\frac{1}{2}\xi^2\right) \end{aligned} \tag{5.53}$$

式 (5.19) に式 (5.20)，(5.53) を代入し，$\exp\left(-\xi^2/2\right)$ で割ると，次式が得られる.

$$\frac{\partial^2 H(\xi)}{\partial \xi^2} - 2\xi \frac{\partial H(\xi)}{\partial \xi} + (\lambda - 1)H(\xi) = 0 \tag{5.54}$$

問題 5.8 エルミート多項式 (2)

エルミート多項式 $H_0(\xi), H_1(\xi), H_2(\xi), H_3(\xi), H_4(\xi)$ を求めよ.

❋❋❋ ヒント
- 式 (5.23) を用いる.

解 答

式 (5.23) に $n = 0$ を代入すると,次のようになる.

$$H_0(\xi) = (-1)^0 \exp\left(\xi^2\right) \frac{\mathrm{d}^0}{\mathrm{d}\xi^0} \exp\left(-\xi^2\right)$$
$$= \exp\left(\xi^2\right) \exp\left(-\xi^2\right) = 1 \tag{5.55}$$

式 (5.23) に $n = 1$ を代入すると,次のようになる.

$$H_1(\xi) = (-1) \exp\left(\xi^2\right) \frac{\mathrm{d}}{\mathrm{d}\xi} \exp\left(-\xi^2\right)$$
$$= -\exp\left(\xi^2\right) \times \left[-2\xi \exp\left(-\xi^2\right)\right] = 2\xi \tag{5.56}$$

式 (5.23) に $n = 2$ を代入すると,次のようになる.

$$H_2(\xi) = (-1)^2 \exp\left(\xi^2\right) \frac{\mathrm{d}^2}{\mathrm{d}\xi^2} \exp\left(-\xi^2\right)$$
$$= \exp\left(\xi^2\right) \frac{\mathrm{d}}{\mathrm{d}\xi} \left[\frac{\mathrm{d}}{\mathrm{d}\xi} \exp\left(-\xi^2\right)\right]$$
$$= \exp\left(\xi^2\right) \frac{\mathrm{d}}{\mathrm{d}\xi} \left[-2\xi \exp\left(-\xi^2\right)\right]$$
$$= \exp\left(\xi^2\right) \left(-2 + 4\xi^2\right) \exp\left(-\xi^2\right)$$
$$= -2 + 4\xi^2 = 4\xi^2 - 2 \tag{5.57}$$

式 (5.23) に $n=3$ を代入すると，次のようになる．

$$\begin{aligned}
H_3(\xi) &= (-1)^3 \exp\left(\xi^2\right) \frac{\mathrm{d}^3}{\mathrm{d}\xi^3} \exp\left(-\xi^2\right) \\
&= -\exp\left(\xi^2\right) \frac{\mathrm{d}}{\mathrm{d}\xi}\left[\frac{\mathrm{d}^2}{\mathrm{d}\xi^2} \exp\left(-\xi^2\right)\right] \\
&= -\exp\left(\xi^2\right) \frac{\mathrm{d}}{\mathrm{d}\xi}\left[(-2+4\xi^2) \exp\left(-\xi^2\right)\right] \\
&= -\exp\left(\xi^2\right)\left[8\xi - 2\xi\left(-2+4\xi^2\right)\right] \exp\left(-\xi^2\right) \\
&= -\exp\left(\xi^2\right)\left(12\xi - 8\xi^3\right) \exp\left(-\xi^2\right) \\
&= -\left(12\xi - 8\xi^3\right) = 8\xi^3 - 12\xi
\end{aligned} \tag{5.58}$$

式 (5.23) に $n=4$ を代入すると，次のようになる．

$$\begin{aligned}
H_4(\xi) &= (-1)^4 \exp\left(\xi^2\right) \frac{\mathrm{d}^4}{\mathrm{d}\xi^4} \exp\left(-\xi^2\right) \\
&= \exp\left(\xi^2\right) \frac{\mathrm{d}}{\mathrm{d}\xi}\left[\frac{\mathrm{d}^3}{\mathrm{d}\xi^3} \exp\left(-\xi^2\right)\right] \\
&= \exp\left(\xi^2\right) \frac{\mathrm{d}}{\mathrm{d}\xi}\left[(12\xi - 8\xi^3) \exp\left(-\xi^2\right)\right] \\
&= \exp\left(\xi^2\right)\left[(12 - 24\xi^2) - 2\xi\left(12\xi - 8\xi^3\right)\right] \exp\left(-\xi^2\right) \\
&= \exp\left(\xi^2\right)\left(12 - 48\xi^2 + 16\xi^4\right) \exp\left(-\xi^2\right) \\
&= 12 - 48\xi^2 + 16\xi^4 = 16\xi^4 - 48\xi^2 + 12
\end{aligned} \tag{5.59}$$

ここで，$H_n(\xi)$ は，n が偶数のとき ξ の偶数次項のみの和であり，n が奇数のとき ξ の奇数次項のみの和であることに注意しておこう．

問題 5.9　基底状態における変位の期待値

1次元調和振動子に対する**基底状態の波動関数** φ_0 は，問題 5.5 で求めたように式 (5.46) によって与えられる．この波動関数 φ_0 を用いて，変位 x の期待値 $\langle x \rangle$ を求めよ．

❋❋❋ ヒント

- 変位 x を演算子として，式 (2.9) を用いる．
- 波動関数 φ_0 は**実数関数**だから $\varphi_0{}^* = \varphi_0$ である．

解　答

1次元調和振動子に対する**基底状態の波動関数** φ_0 を用いると，変位 x の期待値 $\langle x \rangle$ は，次のようになる．

$$
\begin{aligned}
\langle x \rangle &= \int_{-\infty}^{\infty} \varphi_0{}^* \, x \, \varphi_0 \, \mathrm{d}x \\
&= \int_{-\infty}^{\infty} \left(\frac{m\omega}{\pi\hbar}\right)^{1/4} \exp\left(-\frac{m\omega}{2\hbar}x^2\right) x \left(\frac{m\omega}{\pi\hbar}\right)^{1/4} \exp\left(-\frac{m\omega}{2\hbar}x^2\right) \mathrm{d}x \\
&= \left(\frac{m\omega}{\pi\hbar}\right)^{1/2} \int_{-\infty}^{\infty} x \exp\left(-\frac{m\omega}{\hbar}x^2\right) \mathrm{d}x \\
&= \left(\frac{m\omega}{\pi\hbar}\right)^{1/2} \left[-\frac{\hbar}{2m\omega} \exp\left(-\frac{m\omega}{\hbar}x^2\right)\right]_{-\infty}^{\infty} \\
&= -\frac{1}{2}\left(\frac{\hbar}{\pi m\omega}\right)^{1/2} \left[\exp\left(-\frac{m\omega}{\hbar}x^2\right)\right]_{-\infty}^{\infty} = 0 \qquad (5.60)
\end{aligned}
$$

1次元調和振動子では，平衡位置を中心にして変位 x の正負が対称である．したがって，式 (5.60) のように変位 x の期待値 $\langle x \rangle$ は 0 となる．

問題 5.10　電磁場の量子化

真空中における電磁場を量子化すると，調和振動子と同じ形式で表されることを示せ．

✲✲✲ ヒント

- 電磁場のエネルギーをベクトルポテンシャル A を用いて表す．
- ベクトルポテンシャル A を消滅演算子と生成演算子を用いて表す．

解　答

ベクトルポテンシャル A とスカラーポテンシャル ϕ を用いると，電界 E と磁界 H は，それぞれ次のように表される．

$$\begin{aligned} E &= -\frac{\partial A}{\partial t} - \nabla \phi \\ &= -\frac{\partial A}{\partial t} - \text{grad}\,\phi \end{aligned} \tag{5.61}$$

$$\begin{aligned} H &= \frac{1}{\mu_0}(\nabla \times A) \\ &= \frac{1}{\mu_0}\text{rot}\,A \end{aligned} \tag{5.62}$$

ただし，t は時間，μ_0 は真空の透磁率である．

さて，ベクトルポテンシャル A を次のようにおく．

$$A = A_l \exp[\mathrm{i}(k_l \cdot r - \omega_l t)] + A_l^* \exp[-\mathrm{i}(k_l \cdot r - \omega_l t)] \tag{5.63}$$

ここで，A_l は振幅ベクトル，$\mathrm{i} = \sqrt{-1}$ は虚数単位，k_l は波数ベクトル，r は位置ベクトル，ω_l は角周波数である．

電磁場のエネルギー U は，電磁場のエネルギー密度を電磁場の存在する空間の体積 V について積分することによって，次のように表される．

$$\begin{aligned} U &= \int \left(\frac{\varepsilon_0}{2} E^2 + \frac{\mu_0}{2} H^2 \right) \mathrm{d}V \\ &= 2\varepsilon_0 V \omega_l{}^2 A_l^* A_l \end{aligned} \tag{5.64}$$

ただし，ε_0 は真空の誘電率である．式 (5.64) の右辺を導くときに式 (5.61)–(5.63) を用い，$\nabla\phi = \mathrm{grad}\,\phi = 0$, $\omega_l = c|\boldsymbol{k}_l|$（$c$ は真空中の光速）とした．

さらに，$\boldsymbol{A}_l$ と $\boldsymbol{A}_l^*$ を次のようにおく．

$$\boldsymbol{A}_l = \sqrt{\frac{1}{4\varepsilon_0 V \omega_l^2}}\,(\mathrm{i}\,p_l + \omega_l Q_l)\,\hat{\boldsymbol{e}} \tag{5.65}$$

$$\boldsymbol{A}_l^* = \sqrt{\frac{1}{4\varepsilon_0 V \omega_l^2}}\,(-\mathrm{i}\,p_l + \omega_l Q_l)\,\hat{\boldsymbol{e}} \tag{5.66}$$

ここで，$\hat{\boldsymbol{e}}$ はベクトルポテンシャル $\boldsymbol{A}$ の振幅の方向を示す単位ベクトルである．

式 (5.64) に式 (5.65), (5.66) を代入すると，電磁場のエネルギー U は，次のように表される．

$$U = \frac{1}{2}p_l^{\,2} + \frac{1}{2}\omega_l^{\,2} Q_l^{\,2} \tag{5.67}$$

一方，1 次元調和振動子において，質量を m，運動量の大きさを p_l，位置を Q_l とおくと，調和振動子のエネルギー U_h は次のように書くことができる．

$$U_\mathrm{h} = \frac{1}{2m}p_l^{\,2} + \frac{1}{2}m\,\omega_l^{\,2} Q_l^{\,2} \tag{5.68}$$

式 (5.67) は，式 (5.68) において $m = 1$ とおいた式と同じである．また，電磁場のエネルギー U を式 (5.67) のように表したとき，$\boldsymbol{A}_l$ が消滅演算子，$\boldsymbol{A}_l^*$ が生成演算子に対応する．

第6章

球対称ポテンシャル

6.1 極座標
6.2 角運動量と球面調和関数
6.3 水素原子

問題 6.1 極座標におけるラプラシアン
問題 6.2 角運動量演算子
問題 6.3 球面調和関数の変数分離
問題 6.4 球面調和関数における多項式
問題 6.5 ルジャンドルの同伴関数
問題 6.6 規格化した球面調和関数
問題 6.7 動径関数
問題 6.8 動径関数における多項式
問題 6.9 ラゲールの同伴多項式
問題 6.10 水素原子の基底状態における半径の期待値

6.1 極座標

球対称ポテンシャル (spherically symmetric potential) $U(r)$ に対する解析をおこなうときは，極座標 (polar coordinates) (r, θ, ϕ) を用いると便利である．

極座標 (r, θ, φ) を用いると，xyz-座標系における位置ベクトル $\boldsymbol{r} = (x, y, z)$ の成分 x, y, z は，それぞれ次のように表される．

$$x = r\sin\theta\cos\phi, \quad y = r\sin\theta\sin\phi, \quad z = r\cos\theta \tag{6.1}$$

このとき，定常状態におけるシュレーディンガー方程式は，次のように表される．

$$\left[-\frac{\hbar^2}{2m}\nabla^2 + U(r)\right]\varphi(\boldsymbol{r}) = E\varphi(\boldsymbol{r}) \tag{6.2}$$

$$\nabla^2 = \frac{\partial^2}{\partial r^2} + \frac{2}{r}\frac{\partial}{\partial r} + \frac{1}{r^2}\left(\frac{\partial^2}{\partial \theta^2} + \cot\theta\frac{\partial}{\partial \theta} + \frac{1}{\sin^2\theta}\frac{\partial^2}{\partial \phi^2}\right) \tag{6.3}$$

6.2 角運動量と球面調和関数

極座標を用いると，角運動量演算子 $\tilde{\boldsymbol{l}} = (\tilde{l}_x, \tilde{l}_y, \tilde{l}_z)$ を次のように書くことができる．

$$\tilde{l}_x = -\mathrm{i}\hbar\left(y\frac{\partial}{\partial z} - z\frac{\partial}{\partial y}\right) = \mathrm{i}\hbar\left(\sin\phi\frac{\partial}{\partial \theta} + \cot\theta\cos\phi\frac{\partial}{\partial \phi}\right) \tag{6.4}$$

$$\tilde{l}_y = -\mathrm{i}\hbar\left(z\frac{\partial}{\partial x} - x\frac{\partial}{\partial z}\right) = \mathrm{i}\hbar\left(-\cos\phi\frac{\partial}{\partial \theta} + \cot\theta\sin\phi\frac{\partial}{\partial \phi}\right) \tag{6.5}$$

$$\tilde{l}_z = -\mathrm{i}\hbar\left(x\frac{\partial}{\partial y} - y\frac{\partial}{\partial x}\right) = -\mathrm{i}\hbar\frac{\partial}{\partial \phi} \tag{6.6}$$

角運動量演算子 $\tilde{\boldsymbol{l}}$ を用いると，定常状態におけるシュレーディンガー方程式は，次のように簡略化される．

$$\left[-\frac{\hbar^2}{2m}\left(\frac{\partial^2}{\partial r^2} + \frac{2}{r}\frac{\partial}{\partial r} - \frac{\tilde{\boldsymbol{l}}^2}{\hbar^2 r^2}\right) + U(r)\right]\varphi(\boldsymbol{r}) = E\varphi(\boldsymbol{r}) \tag{6.7}$$

また，$\tilde{\boldsymbol{l}}^2$ に対する固有値方程式は，次のように表される．

$$\tilde{l}^2 Y_l^m(\theta,\phi) = -\hbar^2 \left(\frac{\partial^2}{\partial \theta^2} + \cot\theta \frac{\partial}{\partial \theta} + \frac{1}{\sin^2\theta} \frac{\partial^2}{\partial \phi^2} \right) Y_l^m(\theta,\phi)$$
$$= \lambda \hbar^2 Y_l^m(\theta,\phi) \tag{6.8}$$

ここで，$Y_l^m(\theta,\phi)$ は，**球面調和関数** (spherical harmonic function) とよばれる固有関数，$\lambda\hbar^2$ は固有値である．

球面調和関数 $Y_l^m(\theta,\phi)$ を求める準備として，次のように変数分離する．

$$Y_l^m(\theta,\phi) = \Theta_l^m(\theta) \Phi_m(\phi) \tag{6.9}$$

さらに $w = \cos\theta$，$\Theta_l^m(\theta) = P_l^m(w)$ とおくと，次の微分方程式が得られる．

$$(1-w^2)\frac{\partial^2 P_l^m(w)}{\partial w^2} - 2w \frac{\partial P_l^m(w)}{\partial w} + \left(\lambda - \frac{m^2}{1-w^2} \right) P_l^m(w) = 0 \tag{6.10}$$

式 (6.10) は，$m=0$ のとき，次のようになる．

$$(1-w^2)\frac{\partial^2 P_l^0(w)}{\partial w^2} - 2w \frac{\partial P_l^0(w)}{\partial w} + \lambda P_l^0(w) = 0 \tag{6.11}$$

ここで，式 (6.11) の解 $P_l^0(w)$ を次のように仮定する．

$$P_l^0(w) = a_0 + a_1 w + a_2 w^2 + \cdots = \sum_{k=0} a_k w^k \tag{6.12}$$

ただし，$P_l^m(w)$ は，$-1 \leq w = \cos\theta \leq 1$ において有限の値をもつことから，$\lambda = l(l+1)$ となる．したがって，式 (6.11) は，次のようになる．

$$(1-w^2)\frac{\partial^2 P_l^0(w)}{\partial w^2} - 2w \frac{\partial P_l^0(w)}{\partial w} + l(l+1) P_l^0(w) = 0 \tag{6.13}$$

式 (6.13) は，**ルジャンドルの微分方程式** (Legendre's differential equation) として知られている．式 (6.13) の解 $P_l^0(w)$ は，**ルジャンドル関数** (Legendre function) あるいは**ルジャンドル多項式** (Legendre polynomial) とよばれており，次のような**ロドリゲスの公式** (Rodrigues formula) によって表すことができる．

$$P_l^0(w) = \frac{1}{2^l l!} \frac{\mathrm{d}^l}{\mathrm{d}w^l} (w^2-1)^l \tag{6.14}$$

式 (6.10) に $\lambda = l(l+1)$ を代入すると，次のようになる．

$$(1-w^2)\frac{\partial^2 P_l^m(w)}{\partial w^2} - 2w\frac{\partial P_l^m(w)}{\partial w} + \left[l(l+1) - \frac{m^2}{1-w^2}\right]P_l^m(w) = 0 \quad (6.15)$$

式 (6.15) の解 $P_l^m(w)$ は，次式によって与えられる．

$$P_l^m(w) = (1-w^2)^{|m|/2}\frac{d^{|m|}}{dw^{|m|}}P_l^0(w) \quad (6.16)$$

式 (6.16) は，ルジャンドル同伴関数 (associated Legendre function) あるいはルジャンドル同伴多項式 (associated Legendre polynomial) とよばれている．

規格化した球面調和関数 $Y_l^m(\theta, \phi)$ は，次のように表される．

$$Y_l^m(\theta, \phi) = A_l^m P_l^m(\cos\theta)\exp(im\phi) \quad (6.17)$$

ただし，次のようにおいた．

$$A_l^m = (-1)^{(m+|m|)/2}\left[\frac{2l+1}{4\pi}\frac{(l-|m|)!}{(l+|m|)!}\right]^{1/2} \quad (6.18)$$

6.3 水素原子

電子と陽子の相対運動に対する波動関数を φ とすると，定常状態におけるシュレーディンガー方程式は，次のように表すことができる．

$$\left[-\frac{\hbar^2}{2m_r}\left(\frac{\partial^2}{\partial r^2} + \frac{2}{r}\frac{\partial}{\partial r}\right) + \frac{\hat{l}^2}{2m_r r^2} - \frac{e^2}{4\pi\varepsilon_0 r}\right]\varphi = E\varphi \quad (6.19)$$

ここで，m_r は次式によって定義される換算質量 (reduced mass) である．

$$m_r \equiv \frac{m_0 M}{m_0 + M} \quad (6.20)$$

ただし，m_0 は真空中の電子の質量，M は真空中の陽子の質量である．

ここで，波動関数 φ を動径関数 (radial function) $R_{nl}(r)$ と球面調和関数 $Y_l^m(\theta, \phi)$ を用いて，次のように変数分離する．

$$\varphi = R_{nl}(r)Y_l^m(\theta, \phi) \quad (6.21)$$

式 (6.21) を式 (6.19) に代入すると，次のようになる．
$$\frac{\partial^2 R_{nl}(\rho)}{\partial \rho^2} + \frac{2}{\rho}\frac{\partial R_{nl}(\rho)}{\partial \rho} + \left[-\frac{l(l+1)}{\rho^2} + \frac{n}{\rho} - \frac{1}{4}\right] R_{nl}(\rho) = 0 \tag{6.22}$$

ただし，次のようにおいた．
$$\rho = \sqrt{\frac{8m|E|}{\hbar^2}}\, r, \ \ n = \frac{e^2}{4\pi\varepsilon_0}\sqrt{\frac{m}{2\hbar^2|E|}} \tag{6.23}$$

式 (6.22) の解 $R_{nl}(\rho)$ を次のように仮定する．
$$R_{nl}(\rho) = G(\rho) \exp\left(-\frac{1}{2}\rho\right) \tag{6.24}$$

$$\begin{aligned}G(\rho) &= \rho^l \left(a_0 + a_1\rho + a_2\rho^2 + \cdots\right) \\ &= \rho^l \sum_{k=0} a_k \rho^k = \rho^l L(\rho), \ \ a_0 \neq 0, \ l \geq 0\end{aligned} \tag{6.25}$$

ただし，$G(\rho)$ は，$\rho = 0, \infty$ において有限の値をもつ．

式 (6.24) を式 (6.22) に代入して整理すると，次のようになる．
$$\frac{\partial^2 G(\rho)}{\partial \rho^2} - \left(1 - \frac{2}{\rho}\right)\frac{\partial G(\rho)}{\partial \rho} + \left[\frac{n-1}{\rho} - \frac{l(l+1)}{\rho^2}\right] G(\rho) = 0 \tag{6.26}$$

$$\rho\frac{\partial^2 L(\rho)}{\partial \rho^2} + (2l + 2 - \rho)\frac{\partial L(\rho)}{\partial \rho} + (n - l - 1)L(\rho) = 0 \tag{6.27}$$

式 (6.27) の解 $L(\rho) = L_{n-l-1}^{2l+1}(\rho)$ は，**ラゲールの同伴多項式** (associated Laguerre polynomial) であり，次式によって与えられる．

$$\begin{aligned}L(\rho) &= L_{n-l-1}^{2l+1}(\rho) = \frac{\exp(\rho)\rho^{-(2l+1)}}{(n-l-1)!}\frac{\mathrm{d}^{n-l-1}}{\mathrm{d}\rho^{n-l-1}}\left[\exp(-\rho)\rho^{(n-l-1)+(2l+1)}\right] \\ &= \sum_{k=0}^{n-l-1}(-1)^{k+(2l+1)}\frac{\{[(n-l-1)+(2l+1)]!\}^2 \rho^k}{[(n-l-1)-k]!\,[(2l+1)+k]!\,k!}\end{aligned} \tag{6.28}$$

規格化した動径関数 $R_{nl}(r)$ は，次のように表される．
$$\begin{aligned}R_{nl}(r) = &-\left(\frac{2}{na_0}\right)^{3/2}\left[\frac{(n-l-1)!}{2n[(n+l)!]^3}\right]^{1/2}\left(\frac{2r}{na_0}\right)^l \exp\left(-\frac{r}{na_0}\right) \\ &\times L_{n-l-1}^{2l+1}\left(\frac{2r}{na_0}\right)\end{aligned} \tag{6.29}$$

ここで，a_0 は式 (1.51) で示した**ボーア半径**である．

問題 6.1　極座標におけるラプラシアン

図 6.1 の極座標におけるラプラシアン (Laplacian) $\Delta = \nabla^2$ を求めよ.

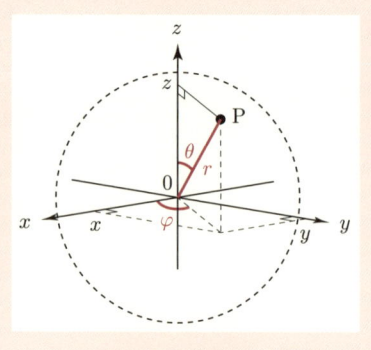

図 6.1　極座標

✱✱✱ ヒント

- **尺度係数**を用いると，比較的簡単である.

解　答

一般化座標 q_1, q_2, q_3 を導入して，x, y, z を q_1, q_2, q_3 の関数として表すと，次の関係が成り立つ.

$$\mathrm{d}x = \frac{\partial x}{\partial q_1}\mathrm{d}q_1 + \frac{\partial x}{\partial q_2}\mathrm{d}q_2 + \frac{\partial x}{\partial q_3}\mathrm{d}q_3 \tag{6.30}$$

$$\mathrm{d}y = \frac{\partial y}{\partial q_1}\mathrm{d}q_1 + \frac{\partial y}{\partial q_2}\mathrm{d}q_2 + \frac{\partial y}{\partial q_3}\mathrm{d}q_3 \tag{6.31}$$

$$\mathrm{d}z = \frac{\partial z}{\partial q_1}\mathrm{d}q_1 + \frac{\partial z}{\partial q_2}\mathrm{d}q_2 + \frac{\partial z}{\partial q_3}\mathrm{d}q_3 \tag{6.32}$$

一般化座標 q_1, q_2, q_3 を用いた $q_1 q_2 q_3$-座標系が直交座標系の場合，xyz-座標系における 2 点 $(x, y, z), (x+\mathrm{d}x, y+\mathrm{d}y, z+\mathrm{d}z)$ 間の微小距離を $\mathrm{d}s$ とすると，次のように表される.

$$\mathrm{d}s^2 = \mathrm{d}x^2 + \mathrm{d}y^2 + \mathrm{d}z^2 = \sum_i (h_i\,\mathrm{d}q_i)^2 \tag{6.33}$$

ここで，h_i は**尺度係数** (scale factor) であり，次式によって定義されている.

$$h_i \equiv \left[\left(\frac{\partial x}{\partial q_i}\right)^2 + \left(\frac{\partial y}{\partial q_i}\right)^2 + \left(\frac{\partial z}{\partial q_i}\right)^2 \right]^{1/2} \tag{6.34}$$

$q_1 q_2 q_3$-座標系において，各軸方向の単位ベクトルを $\hat{e}_1, \hat{e}_2, \hat{e}_3$ とすると，スカラー関数 φ の勾配 (gradient) は，次のように表される．

$$\operatorname{grad}\varphi = \nabla\varphi = \frac{1}{h_1}\frac{\partial \varphi}{\partial q_1}\hat{e}_1 + \frac{1}{h_2}\frac{\partial \varphi}{\partial q_2}\hat{e}_2 + \frac{1}{h_3}\frac{\partial \varphi}{\partial q_3}\hat{e}_3 \tag{6.35}$$

また，ベクトル $\boldsymbol{A}$ の発散 (divergence) は，次のように求められる．

$$\begin{aligned}\operatorname{div}\boldsymbol{A} &= \nabla\cdot\boldsymbol{A} \\ &= \frac{1}{h_1 h_2 h_3}\left[\frac{\partial}{\partial q_1}(A_1 h_2 h_3) + \frac{\partial}{\partial q_2}(A_2 h_3 h_1) + \frac{\partial}{\partial q_3}(A_3 h_1 h_2)\right]\end{aligned} \tag{6.36}$$

ここで，$\boldsymbol{A} = \nabla\varphi$ とおくと，式 (6.35), (6.36) から，$\nabla^2\varphi$ は次のようになる．

$$\begin{aligned}\nabla^2\varphi &= \nabla\cdot\nabla\varphi \\ &= \frac{1}{h_1 h_2 h_3}\frac{\partial}{\partial q_1}\left(\frac{h_2 h_3}{h_1}\frac{\partial \varphi}{\partial q_1}\right) \\ &\quad + \frac{1}{h_1 h_2 h_3}\frac{\partial}{\partial q_2}\left(\frac{h_3 h_1}{h_2}\frac{\partial \varphi}{\partial q_2}\right) \\ &\quad + \frac{1}{h_1 h_2 h_3}\frac{\partial}{\partial q_3}\left(\frac{h_1 h_2}{h_3}\frac{\partial \varphi}{\partial q_3}\right)\end{aligned} \tag{6.37}$$

ここで，$q_1 = r, q_2 = \theta, q_3 = \phi$ として，式 (6.1) を式 (6.34) に代入すると，尺度係数 h_1, h_2, h_3 は，次のように求められる．

$$h_1 = 1, \quad h_2 = r, \quad h_3 = r\sin\theta \tag{6.38}$$

式 (6.37), (6.38) から，ラプラシアン $\Delta = \nabla^2$ は次のようになる．

$$\begin{aligned}\Delta = \nabla^2 &= \frac{\partial^2}{\partial r^2} + \frac{2}{r}\frac{\partial}{\partial r} + \frac{1}{r^2}\left(\frac{\partial^2}{\partial \theta^2} + \frac{\cos\theta}{\sin\theta}\frac{\partial}{\partial \theta} + \frac{1}{\sin^2\theta}\frac{\partial^2}{\partial \phi^2}\right) \\ &= \frac{\partial^2}{\partial r^2} + \frac{2}{r}\frac{\partial}{\partial r} + \frac{1}{r^2}\left(\frac{\partial^2}{\partial \theta^2} + \cot\theta\frac{\partial}{\partial \theta} + \frac{1}{\sin^2\theta}\frac{\partial^2}{\partial \phi^2}\right)\end{aligned} \tag{6.39}$$

問題 6.2 角運動量演算子

式 (6.4)–(6.6) から次式を導け.

$$\tilde{l}^2 = (\tilde{l}_x^2 + \tilde{l}_y^2 + \tilde{l}_z^2)$$
$$= -\hbar^2 \left(\frac{\partial^2}{\partial \theta^2} + \cot\theta \frac{\partial}{\partial \theta} + \frac{1}{\sin^2\theta} \frac{\partial^2}{\partial \phi^2} \right) \tag{6.40}$$

✳✳✳ ヒント

- 波動関数 φ に順番に角運動量演算子 $\tilde{l}$ の各成分を作用させる.

解　答

式 (6.4) から, $\tilde{l}_x$ を波動関数 φ に作用させると, 次のようになる.

$$\tilde{l}_x \varphi = \mathrm{i}\hbar \sin\phi \frac{\partial \varphi}{\partial \theta} + \mathrm{i}\hbar \cot\theta \cos\phi \frac{\partial \varphi}{\partial \phi} \tag{6.41}$$

式 (6.41) の各辺にそれぞれ左側から $\tilde{l}_x$ を作用させると, 次のようになる.

$$\tilde{l}_x^2 \varphi = \left(\mathrm{i}\hbar \sin\phi \frac{\partial}{\partial \theta} + \mathrm{i}\hbar \cot\theta \cos\phi \frac{\partial}{\partial \phi} \right)$$
$$\left(\mathrm{i}\hbar \sin\phi \frac{\partial \varphi}{\partial \theta} + \mathrm{i}\hbar \cot\theta \cos\phi \frac{\partial \varphi}{\partial \phi} \right)$$
$$= \mathrm{i}\hbar \sin\phi \frac{\partial}{\partial \theta} \left(\mathrm{i}\hbar \sin\phi \frac{\partial \varphi}{\partial \theta} + \mathrm{i}\hbar \cot\theta \cos\phi \frac{\partial \varphi}{\partial \phi} \right)$$
$$+ \mathrm{i}\hbar \cot\theta \cos\phi \frac{\partial}{\partial \phi} \left(\mathrm{i}\hbar \sin\phi \frac{\partial \varphi}{\partial \theta} + \mathrm{i}\hbar \cot\theta \cos\phi \frac{\partial \varphi}{\partial \phi} \right)$$
$$= -\hbar^2 \left(\sin^2\phi \frac{\partial^2 \varphi}{\partial \theta^2} - \frac{1+\cos^2\theta}{\sin^2\theta} \sin\phi \cos\phi \frac{\partial \varphi}{\partial \phi} + \cot^2\theta \cos^2\phi \frac{\partial^2 \varphi}{\partial \phi^2} \right.$$
$$\left. + \cot\theta \cos^2\phi \frac{\partial \varphi}{\partial \theta} + 2\cot\theta \sin\phi \cos\phi \frac{\partial^2 \varphi}{\partial \theta \partial \phi} \right) \tag{6.42}$$

式 (6.5) から, $\tilde{l}_y$ を波動関数 φ に作用させると, 次のようになる.

$$\tilde{l}_y \varphi = -\mathrm{i}\hbar \cos\phi \frac{\partial \varphi}{\partial \theta} + \mathrm{i}\hbar \cot\theta \sin\phi \frac{\partial \varphi}{\partial \phi} \tag{6.43}$$

式 (6.43) の各辺にそれぞれ左側から $\tilde{l}_y$ を作用させると，次のようになる．

$$\tilde{l}_y^2 \varphi = \left(-\mathrm{i}\hbar \cos\phi \frac{\partial}{\partial \theta} + \mathrm{i}\hbar \cot\theta \sin\phi \frac{\partial}{\partial \phi} \right)$$
$$\left(-\mathrm{i}\hbar \cos\phi \frac{\partial \varphi}{\partial \theta} + \mathrm{i}\hbar \cot\theta \sin\phi \frac{\partial \varphi}{\partial \phi} \right)$$
$$= -\mathrm{i}\hbar \cos\phi \frac{\partial}{\partial \theta} \left(-\mathrm{i}\hbar \cos\phi \frac{\partial \varphi}{\partial \theta} + \mathrm{i}\hbar \cot\theta \sin\phi \frac{\partial \varphi}{\partial \phi} \right)$$
$$+ \mathrm{i}\hbar \cot\theta \sin\phi \frac{\partial}{\partial \phi} \left(-\mathrm{i}\hbar \cos\phi \frac{\partial \varphi}{\partial \theta} + \mathrm{i}\hbar \cot\theta \sin\phi \frac{\partial \varphi}{\partial \phi} \right)$$
$$= -\hbar^2 \left(\cos^2\phi \frac{\partial^2 \varphi}{\partial \theta^2} + \frac{1+\cos^2\theta}{\sin^2\theta} \sin\phi \cos\phi \frac{\partial \varphi}{\partial \phi} + \cot^2\theta \sin^2\phi \frac{\partial^2 \varphi}{\partial \phi^2} \right.$$
$$\left. + \cot\theta \sin^2\phi \frac{\partial \varphi}{\partial \theta} - 2\cot\theta \sin\phi \cos\phi \frac{\partial^2 \varphi}{\partial \theta \partial \phi} \right) \tag{6.44}$$

式 (6.6) から，$\tilde{l}_z$ を波動関数 φ に作用させると，次のようになる．

$$\tilde{l}_z \varphi = -\mathrm{i}\hbar \frac{\partial \varphi}{\partial \phi} \tag{6.45}$$

式 (6.45) の各辺にそれぞれ左側から $\tilde{l}_z$ を作用させると，次のようになる．

$$\tilde{l}_z^2 \varphi = -\mathrm{i}\hbar \frac{\partial}{\partial \phi} \left(-\mathrm{i}\hbar \frac{\partial \varphi}{\partial \phi} \right) = -\hbar^2 \frac{\partial^2 \varphi}{\partial \phi^2} \tag{6.46}$$

式 (6.42), (6.44), (6.46) から，次のようになる．

$$\tilde{\boldsymbol{l}}^2 \varphi = \left(\tilde{l}_x^2 + \tilde{l}_y^2 + \tilde{l}_z^2 \right) \varphi$$
$$= -\hbar^2 \left(\frac{\partial^2}{\partial \theta^2} + \cot\theta \frac{\partial}{\partial \theta} + \frac{1}{\sin^2\theta} \frac{\partial^2}{\partial \phi^2} \right) \varphi \tag{6.47}$$

式 (6.47) から演算子だけを抽出すると，次の結果が得られる．

$$\tilde{\boldsymbol{l}}^2 = \left(\tilde{l}_x^2 + \tilde{l}_y^2 + \tilde{l}_z^2 \right)$$
$$= -\hbar^2 \left(\frac{\partial^2}{\partial \theta^2} + \cot\theta \frac{\partial}{\partial \theta} + \frac{1}{\sin^2\theta} \frac{\partial^2}{\partial \phi^2} \right) \tag{6.48}$$

問題 6.3 球面調和関数の変数分離

球面調和関数 $Y_l^m(\theta,\phi)$ を次のように変数分離する．

$$Y_l^m(\theta,\phi) = \Theta_l^m(\theta)\Phi_m(\phi) \tag{6.49}$$

このとき，$\Theta_l^m(\theta), \Phi_m(\phi)$ に対する方程式をそれぞれ導け．

✳✳✳ ヒント

- 一つの辺の変数が一つだけになるように式変形する．
- 異なる変数に対する関数がつねに等しいときは，各関数が定数に等しい．

解答

式 (6.49) を式 (6.8) に代入すると，次のようになる．

$$-\hbar^2\Phi_m(\phi)\frac{\partial^2\Theta_l^m(\theta)}{\partial\theta^2} - \hbar^2\Phi_m(\phi)\cot\theta\frac{\partial\Theta_l^m(\theta)}{\partial\theta} - \hbar^2\frac{\Theta_l^m(\theta)}{\sin^2\theta}\frac{\partial^2\Phi_m(\phi)}{\partial\phi^2}$$
$$= \lambda\hbar^2\Theta_l^m(\theta)\Phi_m(\phi) \tag{6.50}$$

式 (6.50) の両辺を $\hbar^2\Theta_l^m(\theta)\Phi_m(\phi)$ で割り，さらに両辺に $\sin^2\theta$ をかけると，次のように表される．

$$-\frac{\sin^2\theta}{\Theta_l^m(\theta)}\frac{\partial^2\Theta_l^m(\theta)}{\partial\theta^2} - \frac{\sin\theta\cos\theta}{\Theta_l^m(\theta)}\frac{\partial\Theta_l^m(\theta)}{\partial\theta} - \frac{1}{\Phi_m(\phi)}\frac{\partial^2\Phi_m(\phi)}{\partial\phi^2} = \lambda\sin^2\theta \tag{6.51}$$

式 (6.51) の左辺の第 1 項と第 2 項を右辺に移項して，共通因子でくくると，次のように書くことができる．

$$-\frac{1}{\Phi_m(\phi)}\frac{\partial^2\Phi_m(\phi)}{\partial\phi^2} = \frac{\sin^2\theta}{\Theta_l^m(\theta)}\frac{\partial^2\Theta_l^m(\theta)}{\partial\theta^2} + \frac{\sin\theta\cos\theta}{\Theta_l^m(\theta)}\frac{\partial\Theta_l^m(\theta)}{\partial\theta} + \lambda\sin^2\theta$$
$$= \frac{\sin^2\theta}{\Theta_l^m(\theta)}\left[\frac{\partial^2\Theta_l^m(\theta)}{\partial\theta^2} + \cot\theta\frac{\partial\Theta_l^m(\theta)}{\partial\theta} + \lambda\Theta_l^m(\theta)\right] \tag{6.52}$$

式 (6.52) の左辺は角度 ϕ のみの関数であって，角度 θ に対して独立である．また，式 (6.52) の右辺は角度 θ のみの関数であって，角度 ϕ に対して独立である．異なる変数に対する関数がつねに等しいということは，各辺が定数とい

うことである．ここで，式 (6.52) の両辺が定数 m^2 と等しいとおくと，次のようになる．

$$-\frac{1}{\Phi_m(\phi)}\frac{\partial^2 \Phi_m(\phi)}{\partial \phi^2} = m^2 \tag{6.53}$$

$$\frac{\sin^2\theta}{\Theta_l^m(\theta)}\left[\frac{\partial^2 \Theta_l^m(\theta)}{\partial \theta^2} + \cot\theta\,\frac{\partial \Theta_l^m(\theta)}{\partial \theta} + \lambda\Theta_l^m(\theta)\right] = m^2 \tag{6.54}$$

式 (6.53)，(6.54) を整理すると，次の二つの微分方程式が得られる．

$$\frac{\partial^2 \Phi_m(\phi)}{\partial \phi^2} = -m^2 \Phi_m(\phi) \tag{6.55}$$

$$\frac{\partial^2 \Theta_l^m(\theta)}{\partial \theta^2} + \cot\theta\,\frac{\partial \Theta_l^m(\theta)}{\partial \theta} + \left(\lambda - \frac{m^2}{\sin^2\theta}\right)\Theta_l^m(\theta) = 0 \tag{6.56}$$

なお，式 (6.55) の左辺は $\Phi_m(\phi)$ の ϕ についての 2 階の導関数である．一方，式 (6.55) の右辺は $\Phi_m(\phi)$ に係数 $-m^2$ がかかっている．2 階微分した関数が元の関数と係数だけ異なるのは，元の関数が正弦関数，余弦関数，指数関数の場合である．角度 ϕ の変域は $0 \leq \phi \leq 2\pi$ であり，$\Phi_m(\phi)$ は次の境界条件を満たす必要がある．

$$\Phi_m(0) = \Phi_m(2\pi) \tag{6.57}$$

正弦関数，余弦関数，指数関数は，すべて式 (6.57) の境界条件を満たす．ただし，角運動量演算子の z 成分 $\tilde{l}_z$ の固有関数になるのは，指数関数だけである．そこで，波動関数 $\Phi_m(\phi)$ を次のように表すことにする．

$$\Phi_m(\phi) = \frac{1}{\sqrt{2\pi}}\exp(\mathrm{i}\,m\phi) \tag{6.58}$$

ここで，$1/\sqrt{2\pi}$ は規格化因子である．

問題 6.4 球面調和関数における多項式

式 (6.12) の係数 a_k が満たすべき条件を示せ.

✳✳✳ ヒント

- まず 1 階の導関数を計算し,次に 2 階の導関数を計算する.
- $P_l^0(w), \partial P_l^0(w)/\partial w, \partial^2 P_l^0(w)/\partial w^2$ を式 (6.11) に代入する.

解 答

式 (6.12) から,次の関係が成り立つ.

$$\frac{\partial P_l^0(w)}{\partial w} = a_1 + 2a_2 w + 3a_3 w^2 + 4a_4 w^3 + \cdots = \sum_{k=1} k a_k w^{k-1} \quad (6.59)$$

$$\frac{\partial^2 P_l^0(w)}{\partial w^2} = \frac{\partial}{\partial w}\left[\frac{\partial P_l^0(w)}{\partial w}\right] = 2a_2 + 3\cdot 2 a_3 w + 4\cdot 3 a_4 w^2 + \cdots$$
$$= \sum_{k=2} k(k-1) a_k w^{k-2} \quad (6.60)$$

式 (6.12),(6.59),(6.60) を式 (6.11) に代入すると,次のような条件式が得られる.

$$(1-w^2)\sum_{k=2} k(k-1) a_k w^{k-2} - 2w \sum_{k=1} k a_k w^{k-1} + \lambda \sum_{k=0} a_k w^k$$
$$= \sum_{k=2}\left[k(k-1) - k(k-1)w^2\right] a_k w^{k-2}$$
$$\qquad - 2w\left(a_1 + \sum_{k=2} k a_k w^{k-1}\right) + \lambda\left(a_0 + a_1 w + \sum_{k=2} a_k w^k\right)$$
$$= \sum_{k=2}\left[k(k-1) - k(k-1)w^2 - 2kw^2 + \lambda w^2\right] a_k w^{k-2}$$
$$\qquad\qquad\qquad + \lambda a_1 w - 2a_1 w + \lambda a_0$$
$$= \sum_{k=2}\left[k(k-1) - (k^2 + k - \lambda)w^2\right] a_k w^{k-2} + (\lambda - 2)a_1 w + \lambda a_0 = 0 \quad (6.61)$$

問題 6.5 ルジャンドルの同伴関数

ルジャンドルの同伴関数 $P_1^1(w)$ が式 (6.15) の解であることを確かめよ.

✳✳✳ ヒント

- まず1階の導関数を計算し，次に2階の導関数を計算する．
- $P_1^1(w), \partial P_1^1(w)/\partial w, \partial^2 P_1^1(w)/\partial w^2$ を式 (6.15) に代入する．

解　答

ルジャンドル関数 $P_1^0(w)$ は，式 (6.14) において $l = 1$ として，次のように表される．

$$P_1^0(w) = \frac{1}{2}\frac{\mathrm{d}}{\mathrm{d}w}(w^2 - 1) = w \tag{6.62}$$

式 (6.62) を式 (6.16) に代入すると，ルジャンドルの同伴関数 $P_1^1(w)$ は，次のようになる．

$$P_1^1(w) = (1-w^2)^{1/2}\frac{\mathrm{d}}{\mathrm{d}w}P_1^0(w) = (1-w^2)^{1/2} \tag{6.63}$$

式 (6.63) から，次の関係が成り立つ．

$$\frac{\partial P_1^1(w)}{\partial w} = -w(1-w^2)^{-1/2} \tag{6.64}$$

$$\frac{\partial^2 P_1^1(w)}{\partial w^2} = \frac{\partial}{\partial w}\left[\frac{\partial P_1^1(w)}{\partial w}\right] = -(1-w^2)^{-3/2} \tag{6.65}$$

式 (6.64), (6.65) を式 (6.15) の左辺に代入すると，次のようになる．

$$\begin{aligned}(\text{左辺}) &= (1-w^2)\left[-(1-w^2)^{-3/2}\right] \\ &\quad - 2w\left[-w(1-w^2)^{-1/2}\right] + \left(2 - \frac{1}{1-w^2}\right)(1-w^2)^{1/2} \\ &= -(1-w^2)^{-1/2} + 2w^2(1-w^2)^{-1/2} + \left(1 - 2w^2\right)(1-w^2)^{-1/2} \\ &= 0 = (\text{右辺})\end{aligned} \tag{6.66}$$

したがって，ルジャンドルの同伴関数 $P_1^1(w)$ が式 (6.15) の解であることが確かめられた．

問題 6.6　規格化した球面調和関数

式 (6.17), (6.18) から, $Y_0^0(\theta,\phi)$, $Y_1^0(\theta,\phi)$, $Y_1^{\pm 1}(\theta,\phi)$, $Y_2^0(\theta,\phi)$, $Y_2^{\pm 1}$, $Y_2^{\pm 2}$ を求めよ.

❋❋❋ ヒント

- 式 (6.14), (6.16), (6.18) に l, m の値を代入し, 最後に式 (6.17) を用いる.

解　答

式 (6.18) から, 係数 A_l^m は次のようになる.

$$A_0^0 = (-1)^0 \left(\frac{1}{4\pi}\frac{0!}{0!}\right)^{1/2} = \left(\frac{1}{4\pi}\right)^{1/2} = \frac{1}{\sqrt{4\pi}} \tag{6.67}$$

$$A_1^0 = (-1)^0 \left(\frac{3}{4\pi}\frac{1!}{1!}\right)^{1/2} = \left(\frac{3}{4\pi}\right)^{1/2} = \sqrt{\frac{3}{4\pi}} \tag{6.68}$$

$$A_1^{-1} = (-1)^0 \left(\frac{3}{4\pi}\frac{0!}{2!}\right)^{1/2} = \left(\frac{3}{8\pi}\right)^{1/2} = \sqrt{\frac{3}{8\pi}} \tag{6.69}$$

$$A_1^1 = (-1)^1 \left(\frac{3}{4\pi}\frac{0!}{2!}\right)^{1/2} = -\left(\frac{3}{8\pi}\right)^{1/2} = -\sqrt{\frac{3}{8\pi}} \tag{6.70}$$

$$A_2^0 = (-1)^0 \left(\frac{5}{4\pi}\frac{2!}{2!}\right)^{1/2} = \left(\frac{5}{4\pi}\right)^{1/2} = \sqrt{\frac{5}{4\pi}} \tag{6.71}$$

$$A_2^{-1} = (-1)^0 \left(\frac{5}{4\pi}\frac{1!}{3!}\right)^{1/2} = \left(\frac{5}{24\pi}\right)^{1/2} = \sqrt{\frac{5}{24\pi}} \tag{6.72}$$

$$A_2^1 = (-1)^1 \left(\frac{5}{4\pi}\frac{1!}{3!}\right)^{1/2} = -\left(\frac{5}{24\pi}\right)^{1/2} = -\sqrt{\frac{5}{24\pi}} \tag{6.73}$$

$$A_2^{-2} = (-1)^0 \left(\frac{5}{4\pi}\frac{0!}{4!}\right)^{1/2} = \left(\frac{5}{96\pi}\right)^{1/2} = \sqrt{\frac{5}{96\pi}} \tag{6.74}$$

$$A_2^2 = (-1)^2 \left(\frac{5}{4\pi}\frac{0!}{4!}\right)^{1/2} = \left(\frac{5}{96\pi}\right)^{1/2} = \sqrt{\frac{5}{96\pi}} \tag{6.75}$$

式 (6.14) から, $P_l^0(w)$ は次のように計算できる.

$$P_0^0(w) = \frac{1}{2^0 \cdot 0!} \frac{\mathrm{d}^0}{\mathrm{d}w^0}(w^2-1)^0 = 1 \tag{6.76}$$

$$P_1^0(w) = \frac{1}{2^1 \cdot 1!} \frac{\mathrm{d}}{\mathrm{d}w}(w^2-1) = w \tag{6.77}$$

$$P_2^0(w) = \frac{1}{2^2 \cdot 2!} \frac{\mathrm{d}^2}{\mathrm{d}w^2}(w^2-1)^2 = \frac{1}{2}\left(3w^2-1\right) \tag{6.78}$$

式 (6.16) から，$P_l^m(w)$ は次のように与えられる．

$$P_1^{\pm 1}(w) = (1-w^2)^{1/2} \frac{\mathrm{d}}{\mathrm{d}w} P_1^0(w) = (1-w^2)^{1/2} \tag{6.79}$$

$$P_2^{\pm 1}(w) = (1-w^2)^{1/2} \frac{\mathrm{d}}{\mathrm{d}w} P_2^0(w) = 3w(1-w^2)^{1/2} \tag{6.80}$$

$$P_2^{\pm 2}(w) = (1-w^2)^1 \frac{\mathrm{d}^2}{\mathrm{d}w^2} P_2^0(w) = 3(1-w^2) \tag{6.81}$$

以上から，規格化した球面調和関数 $Y_l^m(\theta,\phi)$ は次のように求められる．

$$Y_0^0(\theta,\phi) = \frac{1}{\sqrt{4\pi}} \tag{6.82}$$

$$Y_1^0(\theta,\phi) = \sqrt{\frac{3}{4\pi}} \cos\theta \tag{6.83}$$

$$Y_1^{\pm 1}(\theta,\phi) = \mp\sqrt{\frac{3}{8\pi}} \sin\theta \exp(\pm\mathrm{i}\phi) \tag{6.84}$$

$$Y_2^0(\theta,\phi) = \sqrt{\frac{5}{16\pi}} \left(3\cos^2\theta - 1\right) \tag{6.85}$$

$$Y_2^{\pm 1}(\theta,\phi) = \mp\sqrt{\frac{15}{8\pi}} \sin\theta\cos\theta \exp(\pm\mathrm{i}\phi) \tag{6.86}$$

$$Y_2^{\pm 2}(\theta,\phi) = \sqrt{\frac{15}{32\pi}} \sin^2\theta \exp(\pm 2\mathrm{i}\phi) \tag{6.87}$$

ただし，$w = \cos\theta$ と $0 \leq \theta \leq \pi$ から，$(1-w^2)^{1/2} = \sin\theta \geq 0$ である．また，複号同順による表現を用いた．

問題 6.7 動径関数

式 (6.22) において $n=1, l=0$ のとき，次式の $R_{10}(\rho)$ が解であることを示せ．

$$R_{10}(\rho) = R_0 \exp\left(-\frac{1}{2}\rho\right) \tag{6.88}$$

ここで，R_0 は定数である．

❋❋❋ ヒント

- 式 (6.22) の左辺に $R_{10}(\rho)$ を代入し，右辺と等しいことを示す．

解　答

式 (6.22) は，$n=1, l=0$ のとき，次のように表される．

$$\frac{\partial^2 R_{10}(\rho)}{\partial \rho^2} + \frac{2}{\rho}\frac{\partial R_{10}(\rho)}{\partial \rho} + \left(\frac{1}{\rho} - \frac{1}{4}\right)R_{10}(\rho) = 0 \tag{6.89}$$

式 (6.88) から，$\partial R_{10}(\rho)/\partial \rho$ と $\partial^2 R_{10}(\rho)/\partial \rho^2$ は，それぞれ次のようになる．

$$\begin{aligned}
\frac{\partial R_{10}(\rho)}{\partial \rho} &= -\frac{1}{2} R_0 \exp\left(-\frac{1}{2}\rho\right) \\
&= -\frac{1}{2} R_{10}(\rho)
\end{aligned} \tag{6.90}$$

$$\begin{aligned}
\frac{\partial^2 R_{10}(\rho)}{\partial \rho^2} &= \frac{\partial}{\partial \rho}\left[\frac{\partial R_{10}(\rho)}{\partial \rho}\right] \\
&= \frac{1}{4} R_{10}(\rho)
\end{aligned} \tag{6.91}$$

式 (6.89) の左辺に式 (6.88)，(6.90)，(6.91) を代入すると次のようになる．

$$(\text{左辺}) = \frac{1}{4}R_{10}(\rho) + \frac{2}{\rho}\left[-\frac{1}{2}R_{10}(\rho)\right] + \left(\frac{1}{\rho} - \frac{1}{4}\right)R_{10}(\rho) = 0 = (\text{右辺}) \tag{6.92}$$

したがって，$n=1, l=0$ のとき，式 (6.88) は式 (6.22) の解であることが確かめられた．

問題 6.8　動径関数における多項式

式 (6.25) の係数 a_k が満たすべき条件を示せ.

✳✳✳ ヒント

- まず 1 階の導関数を計算し，次に 2 階の導関数を計算する.
- $G(\rho), \partial G(\rho)/\partial \rho, \partial^2 G(\rho)/\partial \rho^2$ を式 (6.26) に代入する.

解　答

式 (6.25) から，次の関係が成り立つ.

$$\frac{\partial G(\rho)}{\partial \rho} = la_0\rho^{l-1} + (l+1)a_1\rho^l + (l+2)a_2\rho^{l+1} + \cdots$$

$$= \sum_{k=0}(l+k)a_k\rho^{l+k-1} \tag{6.93}$$

$$\frac{\partial^2 G(\rho)}{\partial \rho^2} = \frac{\partial}{\partial \rho}\left[\frac{\partial G(\rho)}{\partial \rho}\right]$$

$$= l(l-1)a_0\rho^{l-2} + (l+1)la_1\rho^{l-1} + (l+2)(l+1)a_2\rho^l + \cdots$$

$$= \sum_{k=0}(l+k)(l+k-1)a_k\rho^{l+k-2} \tag{6.94}$$

式 (6.25), (6.93), (6.94) を式 (6.26) に代入すると，次の条件が得られる.

$$\sum_{k=0}(l+k)(l+k-1)a_k\rho^{l+k-2} - \sum_{k=0}(l+k)a_k\rho^{l+k-1}$$
$$+ \sum_{k=0}2(l+k)a_k\rho^{l+k-2} + \sum_{k=0}(n-1)a_k\rho^{l+k-1} - \sum_{k=0}l(l+1)a_k\rho^{l+k-2}$$
$$= \sum_{k=0}[(n-1)-(l+k)]a_k\rho^{l+k-1} + [l(l-1)+2l-l(l+1)]a_0\rho^{l-2}$$
$$+ \sum_{k=0}[(l+k+1)(l+k)+2(l+k+1)-l(l+1)]a_{k+1}\rho^{l+k-1}$$
$$= \sum_{k=0}\left[(n-k-l-1)a_k + (k+1)(k+2l+2)a_{k+1}\right]\rho^{l+k-1} = 0 \tag{6.95}$$

問題 6.9 ラゲールの同伴多項式

式 (6.27) を導け.

✳✳✳ ヒント

- まず 1 階の導関数を計算し,次に 2 階の導関数を計算する.
- $G(\rho), \partial G(\rho)/\partial \rho, \partial^2 G(\rho)/\partial \rho^2$ を式 (6.26) に代入する.

解 答

式 (6.25) から,次の関係が成り立つ.

$$\frac{\partial G(\rho)}{\partial \rho} = \rho^l \frac{\partial L(\rho)}{\partial \rho} + l\rho^{l-1} L(\rho) \tag{6.96}$$

$$\begin{aligned}
\frac{\partial^2 G(\rho)}{\partial \rho^2} &= \frac{\partial}{\partial \rho}\left[\frac{\partial G(\rho)}{\partial \rho}\right] \\
&= \rho^l \frac{\partial^2 L(\rho)}{\partial \rho^2} + l\rho^{l-1}\frac{\partial L(\rho)}{\partial \rho} + l\rho^{l-1}\frac{\partial L(\rho)}{\partial \rho} + l(l-1)\rho^{l-2} L(\rho) \\
&= \rho^l \frac{\partial^2 L(\rho)}{\partial \rho^2} + 2l\rho^{l-1}\frac{\partial L(\rho)}{\partial \rho} + l(l-1)\rho^{l-2} L(\rho)
\end{aligned} \tag{6.97}$$

式 (6.96),(6.97) を式 (6.26) に代入すると,次式が得られる.

$$\begin{aligned}
&\rho^l \frac{\partial^2 L(\rho)}{\partial \rho^2} + 2l\rho^{l-1}\frac{\partial L(\rho)}{\partial \rho} + l(l-1)\rho^{l-2} L(\rho) \\
&\quad - \rho^l \frac{\partial L(\rho)}{\partial \rho} - l\rho^{l-1} L(\rho) + 2\rho^{l-1}\frac{\partial L(\rho)}{\partial \rho} + 2l\rho^{l-2} L(\rho) \\
&\quad + (n-1)\rho^{l-1} L(\rho) - l(l+1)\rho^{l-2} L(\rho) \\
&= \rho^{l-1}\left[\rho\frac{\partial^2 L(\rho)}{\partial \rho^2} + (2l+2-\rho)\frac{\partial L(\rho)}{\partial \rho} + (n-l-1)L(\rho)\right] = 0
\end{aligned} \tag{6.98}$$

式 (6.98) が任意の ρ に対して成り立つ必要があるので,次の結果が得られる.

$$\rho\frac{\partial^2 L(\rho)}{\partial \rho^2} + (2l+2-\rho)\frac{\partial L(\rho)}{\partial \rho} + (n-l-1)L(\rho) = 0 \tag{6.99}$$

問題 6.10　水素原子の基底状態における半径の期待値

水素原子の 1s 状態 ($n=1$, $l=m=0$) について，r の期待値 $\langle r \rangle$ を求めよ．

✳✳✳ ヒント
- 水素原子の 1s 状態の波動関数 φ_{1s} を求める．

解　答

式 (6.17), (6.28), (6.29) において $n=1, l=0, m=0$ として，水素原子の 1s 状態の波動関数 φ_{1s} は，次のように表される．

$$\varphi_{1s} = R_{10}(r) Y_0^0(\theta, \phi) = \frac{1}{\sqrt{\pi} a_0^{3/2}} \exp\left(-\frac{r}{a_0}\right) \tag{6.100}$$

ここで，a_0 は式 (1.51) で示したボーア半径である．

極座標を用いて $dV = r^2 \sin\theta \, dr \, d\theta \, d\phi$ とし，部分積分を用いると，式 (6.100) から，水素原子の 1s 状態について，r の期待値 $\langle r \rangle$ は次のように求められる．

$$\begin{aligned}
\langle r \rangle &= \int_0^\infty \varphi_{1s}^* \, r \, \varphi_{1s} \, dV \\
&= \frac{1}{\pi a_0^3} \int_0^{2\pi} d\phi \int_0^\pi \sin\theta \, d\theta \int_0^\infty r^3 \exp\left(-\frac{2r}{a_0}\right) dr \\
&= \frac{4}{a_0^3} \int_0^\infty r^3 \exp\left(-\frac{2r}{a_0}\right) dr \\
&= \frac{4}{a_0^3} \left[-\frac{a_0 r^3}{2} \exp\left(-\frac{2r}{a_0}\right) \right]_0^\infty + \frac{4}{a_0^3} \int_0^\infty \frac{3 a_0 r^2}{2} \exp\left(-\frac{2r}{a_0}\right) dr \\
&= \frac{6}{a_0^2} \left[-\frac{a_0 r^2}{2} \exp\left(-\frac{2r}{a_0}\right) \right]_0^\infty + \frac{6}{a_0^2} \int_0^\infty a_0 r \exp\left(-\frac{2r}{a_0}\right) dr \\
&= \frac{6}{a_0} \left[-\frac{a_0 r}{2} \exp\left(-\frac{2r}{a_0}\right) \right]_0^\infty + \frac{6}{a_0} \int_0^\infty \frac{a_0}{2} \exp\left(-\frac{2r}{a_0}\right) dr \\
&= 3 \left[-\frac{a_0}{2} \exp\left(-\frac{2r}{a_0}\right) \right]_0^\infty = \frac{3}{2} a_0 \tag{6.101}
\end{aligned}$$

第7章

スピン

7.1 相対論的量子力学
7.2 スピン
7.3 スピン-軌道相互作用
7.4 磁気モーメント

問題 7.1　パウリのスピン行列
問題 7.2　ディラック方程式 (1)
問題 7.3　ディラック方程式 (2)
問題 7.4　ディラック方程式 (3)
問題 7.5　スピンの状態
問題 7.6　ランデの g 因子
問題 7.7　スピン-軌道相互作用 (1)
問題 7.8　スピン-軌道相互作用 (2)
問題 7.9　スピン-軌道相互作用 (3)
問題 7.10　スピン-軌道相互作用（非相対論）

7.1 相対論的量子力学

ディラックは，相対論的量子力学 (relativistic quantum mechanics) の方程式において，時間と空間が同等であって，しかも時間 t についての演算子が 1 階の微分演算子 $\partial/\partial t$ となることを条件とした．そして，波動関数を ψ として，次のような方程式を仮定した．

$$c\left(\tilde{p}_0 - \alpha_1 \tilde{p}_1 - \alpha_2 \tilde{p}_2 - \alpha_3 \tilde{p}_3 - \beta\right)\psi = 0 \tag{7.1}$$

ここで，c は真空中の光速である．また，$\tilde{p}_\mu = \mathrm{i}\hbar\partial/\partial x_\mu$ であり，x_μ は相対性理論における 4 次元座標である．なお，$\tilde{p}_0$ が時間に対する演算子，$\tilde{p}_1, \tilde{p}_2, \tilde{p}_3$ が空間に対する演算子であって，$\alpha_1, \alpha_2, \alpha_3, \beta$ は，$\tilde{p}_0, \tilde{p}_1, \tilde{p}_2, \tilde{p}_3$ とは独立である．

式 (7.1) の左辺では，$\tilde{p}_0$ 以外の項に負の符号がついているが，次のように正の符号でもよいはずである．

$$c\left(\tilde{p}_0 + \alpha_1 \tilde{p}_1 + \alpha_2 \tilde{p}_2 + \alpha_3 \tilde{p}_3 + \beta\right)\psi = 0 \tag{7.2}$$

ディラックは，式 (7.1) の左側から，式 (7.2) で用いた演算子を作用させ，次式を満たすように，$\alpha_1, \alpha_2, \alpha_3, \beta$ を決めた．

$$\begin{aligned}&c\left(\tilde{p}_0 + \alpha_1 \tilde{p}_1 + \alpha_2 \tilde{p}_2 + \alpha_3 \tilde{p}_3 + \beta\right)c\left(\tilde{p}_0 - \alpha_1 \tilde{p}_1 - \alpha_2 \tilde{p}_2 - \alpha_3 \tilde{p}_3 - \beta\right)\psi \\ &= c^2\left[\tilde{p}_0^2 - \left(m^2 c^2 + \tilde{p}_1^2 + \tilde{p}_2^2 + \tilde{p}_3^2\right)\right]\psi\end{aligned} \tag{7.3}$$

ここで，m は粒子の静止質量である．

式 (7.3) から，$\alpha_1, \alpha_2, \alpha_3, \beta$ が満たすべき条件は，次のように表される．

$$\alpha_1{}^2 = \alpha_2{}^2 = \alpha_3{}^2 = 1 \tag{7.4}$$

$$\alpha_1\alpha_2 + \alpha_2\alpha_1 = \alpha_2\alpha_3 + \alpha_3\alpha_2 = \alpha_3\alpha_1 + \alpha_1\alpha_3 = 0 \tag{7.5}$$

$$\alpha_1\beta + \beta\alpha_1 = \alpha_2\beta + \beta\alpha_2 = \alpha_3\beta + \beta\alpha_3 = 0 \tag{7.6}$$

$$\beta^2 = m^2 c^2 \tag{7.7}$$

ディラックは，次のような $\alpha_1, \alpha_2, \alpha_3, \beta$ が式 (7.4)–(7.7) を満たすことを見出した．

$$\alpha_1 = \rho_1\sigma_1,\ \ \alpha_2 = \rho_1\sigma_2,\ \ \alpha_3 = \rho_1\sigma_3,\ \ \beta = \rho_3 mc \tag{7.8}$$

ただし，$\alpha_1, \alpha_2, \alpha_3, \beta$ は，スカラーではなく，4 行 4 列の行列である．そして，式 (7.4) の右辺の 1 は単位行列に対応する．式 (7.5) と式 (7.6) の右辺の 0 は零行列に対応し，式 (7.7) の右辺の $m^2 c^2$ は単位行列に $m^2 c^2$ をかけた行列に対応する．式 (7.8) において導入した $\rho_1, \rho_3, \sigma_1, \sigma_2, \sigma_3$ も 4 行 4 列の行列である．特に，$\sigma_1, \sigma_2, \sigma_3$ は，次の 2 行 2 列のパウリのスピン行列 (Pauli's spin matrix) を部分行列としている．

$$\sigma_x = \begin{pmatrix} 0 & 1 \\ 1 & 0 \end{pmatrix}, \quad \sigma_y = \begin{pmatrix} 0 & -i \\ i & 0 \end{pmatrix}, \quad \sigma_z = \begin{pmatrix} 1 & 0 \\ 0 & -1 \end{pmatrix} \tag{7.9}$$

ディラックが導入した行列 σ_n, ρ_n ($n = 1, 2, 3$) は，次のように表される．

$$\sigma_1 = \begin{pmatrix} 0 & 1 & 0 & 0 \\ 1 & 0 & 0 & 0 \\ 0 & 0 & 0 & 1 \\ 0 & 0 & 1 & 0 \end{pmatrix}, \quad \rho_1 = \begin{pmatrix} 0 & 0 & 1 & 0 \\ 0 & 0 & 0 & 1 \\ 1 & 0 & 0 & 0 \\ 0 & 1 & 0 & 0 \end{pmatrix} \tag{7.10}$$

$$\sigma_2 = \begin{pmatrix} 0 & -i & 0 & 0 \\ i & 0 & 0 & 0 \\ 0 & 0 & 0 & -i \\ 0 & 0 & i & 0 \end{pmatrix}, \quad \rho_2 = \begin{pmatrix} 0 & 0 & -i & 0 \\ 0 & 0 & 0 & -i \\ i & 0 & 0 & 0 \\ 0 & i & 0 & 0 \end{pmatrix} \tag{7.11}$$

$$\sigma_3 = \begin{pmatrix} 1 & 0 & 0 & 0 \\ 0 & -1 & 0 & 0 \\ 0 & 0 & 1 & 0 \\ 0 & 0 & 0 & -1 \end{pmatrix}, \quad \rho_3 = \begin{pmatrix} 1 & 0 & 0 & 0 \\ 0 & 1 & 0 & 0 \\ 0 & 0 & -1 & 0 \\ 0 & 0 & 0 & -1 \end{pmatrix} \tag{7.12}$$

ここで，ρ_n は，σ_n の 2 列目と 3 列目を交換し，その後さらに 2 行目と 3 行目を交換して得られた行列である．

式 (7.10)–(7.12) の行列に応じて，波動関数 ψ は次のような行列となる．

$$\psi = \begin{pmatrix} \psi_1 \\ \psi_2 \\ \psi_3 \\ \psi_4 \end{pmatrix} = \begin{pmatrix} \psi_a \\ \psi_b \end{pmatrix}, \quad \psi_a = \begin{pmatrix} \psi_1 \\ \psi_2 \end{pmatrix}, \quad \psi_b = \begin{pmatrix} \psi_3 \\ \psi_4 \end{pmatrix} \tag{7.13}$$

以上から，式 (7.1) は次のように表すことができる．

$$c\left[\tilde{p}_0 - \rho_1\left(\boldsymbol{\sigma}\cdot\tilde{\boldsymbol{p}}\right) - \rho_3 mc\right]\psi = 0 \tag{7.14}$$

ただし，数式を簡略化するために，ベクトル表記を用いた．ここで，$\boldsymbol{\sigma} = (\sigma_1, \sigma_2, \sigma_3)$, $\tilde{\boldsymbol{p}} = (\tilde{p}_1, \tilde{p}_2, \tilde{p}_3)$, $\boldsymbol{\sigma}\cdot\tilde{\boldsymbol{p}} = \sigma_1\tilde{p}_1 + \sigma_2\tilde{p}_2 + \sigma_3\tilde{p}_3$ である．式 (7.14) は，ディラック方程式 (Dirac equation) とよばれている．

7.2 スピン

角運動量保存則から，電子は角運動量 $\boldsymbol{s} = (\hbar/2)\boldsymbol{\sigma}$ をもつことが示される．ここで，$\hbar$ はディラック定数である．電子の角運動量 $\boldsymbol{s}$ をスピン (spin) またはスピン角運動量 (spin angular momentum) という．また，電子のスピンが $(\hbar/2)\boldsymbol{\sigma}$ であることから，電子のスピン量子数を 1/2 とする．

さて，全軌道角運動量 $\boldsymbol{L}$ と全スピン $\boldsymbol{S}$ を用いて，全角運動量 $\boldsymbol{J}$ を次式で定義する．

$$\boldsymbol{J} \equiv \boldsymbol{L} + \boldsymbol{S} \tag{7.15}$$

全角運動量 $\boldsymbol{J}$，全軌道角運動量 $\boldsymbol{L}$，全スピン $\boldsymbol{S}$ に対する固有値方程式は，演算子 $\tilde{\boldsymbol{J}}, \tilde{\boldsymbol{L}}, \tilde{\boldsymbol{S}}$ を用いて，次のように表される．

$$\tilde{\boldsymbol{J}}^2\psi = J(J+1)\hbar^2\psi, \quad \tilde{\boldsymbol{L}}^2\psi = L(L+1)\hbar^2\psi, \quad \tilde{\boldsymbol{S}}^2\psi = S(S+1)\hbar^2\psi \tag{7.16}$$

7.3 スピン-軌道相互作用

ポテンシャル U が存在するとき，相対論的量子力学におけるハミルトニアン $\tilde{\mathcal{H}}_\mathrm{r}$ は，次のように表される．

$$\tilde{\mathcal{H}}_\mathrm{r} = c\rho_1\left(\boldsymbol{\sigma}\cdot\tilde{\boldsymbol{p}}\right) + \rho_3 mc^2 + U = mc^2 + \tilde{\mathcal{H}}_1 \tag{7.17}$$

ここで，mc^2 は静止質量エネルギー，$\tilde{\mathcal{H}}_1$ は静止質量エネルギー以外のハミルトニアンである．また，$mc^2 \gg \tilde{\mathcal{H}}_1$ である．

式 (7.17) のハミルトニアン $\tilde{\mathcal{H}}_\mathrm{r} = mc^2 + \tilde{\mathcal{H}}_1$ を左側から波動関数 ψ に作用させると，次の連立方程式が得られる．

$$\left(\tilde{\mathcal{H}}_1 - U\right)\psi_a - c\left(\boldsymbol{\sigma}\cdot\tilde{\boldsymbol{p}}\right)\psi_b = 0 \tag{7.18}$$

$$\left(\tilde{\mathcal{H}}_1 + 2mc^2 - U\right)\psi_b - c\left(\boldsymbol{\sigma}\cdot\tilde{\boldsymbol{p}}\right)\psi_a = 0 \tag{7.19}$$

ここで，式 (7.13) を用いた．

式 (7.18)，(7.19) は，どちらも二つの波動関数 ψ_a, ψ_b を含んでいる．ここで，波動関数 ψ_b を消去し，波動関数 ψ_a だけに対する方程式を導いてみる．

式 (7.19) から，波動関数 ψ_b は次のように表される．

$$\psi_b = \left(\tilde{\mathcal{H}}_1 + 2mc^2 - U\right)^{-1} c\left(\boldsymbol{\sigma}\cdot\tilde{\boldsymbol{p}}\right)\psi_a \tag{7.20}$$

式 (7.20) を式 (7.18) に代入して整理すると，次式が得られる．

$$\tilde{\mathcal{H}}_1 \psi_a = \frac{1}{2m}\left(\boldsymbol{\sigma}\cdot\tilde{\boldsymbol{p}}\right)\left(1 + \frac{\tilde{\mathcal{H}}_1 - U}{2mc^2}\right)^{-1}\left(\boldsymbol{\sigma}\cdot\tilde{\boldsymbol{p}}\right)\psi_a + U\psi_a \tag{7.21}$$

式 (7.21) を変形すると，スピン–軌道相互作用 (spin-orbit interaction) を導くことができる．問題 7.7〜7.9 でこの導出に取り組んでみよう．

7.4 磁気モーメント

電子は，スピンにともなう磁気モーメント $\boldsymbol{m}_\mathrm{s} = -e\hbar\boldsymbol{\sigma}/2m_0$ をもつ．ここで，e は電気素量，m_0 は真空中の電子の静止質量である．スピン角運動量 $\boldsymbol{s} = (\hbar/2)\boldsymbol{\sigma}$ を用いると，$\boldsymbol{m}_\mathrm{s}$ を次のように表すことができる．

$$\boldsymbol{m}_\mathrm{s} = -\frac{e\hbar}{2m_0}\boldsymbol{\sigma} = -\frac{e}{m_0}\boldsymbol{s} = -\frac{2\mu_\mathrm{B}}{\hbar}\boldsymbol{s} \tag{7.22}$$

ここで，μ_B はボーア磁子 (Bohr magneton) であり，次式で定義されている．

$$\mu_B \equiv \frac{e\hbar}{2m_0} = 9.2740\times 10^{-24}\,\mathrm{A\,m^2} \tag{7.23}$$

なお，電子の磁気モーメント $\boldsymbol{m}_\mathrm{s}$ は，スピン磁気モーメント (spin magnetic moment) ともよばれている．また，$1\,\mathrm{A\,m^2} = 1\,\mathrm{J\,T^{-1}}$ である．

問題 7.1　パウリのスピン行列

パウリのスピン行列 $\sigma_x, \sigma_y, \sigma_z$ に対して，次の交換関係が成り立つことを確かめよ．

$$[\sigma_x, \sigma_y] = \sigma_x \sigma_y - \sigma_y \sigma_x = 2\mathrm{i}\sigma_z \tag{7.24}$$

$$[\sigma_y, \sigma_z] = \sigma_y \sigma_z - \sigma_z \sigma_y = 2\mathrm{i}\sigma_x \tag{7.25}$$

$$[\sigma_z, \sigma_x] = \sigma_z \sigma_x - \sigma_x \sigma_z = 2\mathrm{i}\sigma_y \tag{7.26}$$

❋❋❋ ヒント

- 式 (7.24)–(7.26) の左辺にパウリのスピン行列 $\sigma_x, \sigma_y, \sigma_z$ を代入する．

解　答

式 (7.9) から，パウリのスピン行列 $\sigma_x, \sigma_y, \sigma_z$ は，次のように表される．

$$\sigma_x = \begin{pmatrix} 0 & 1 \\ 1 & 0 \end{pmatrix}, \quad \sigma_y = \begin{pmatrix} 0 & -\mathrm{i} \\ \mathrm{i} & 0 \end{pmatrix}, \quad \sigma_z = \begin{pmatrix} 1 & 0 \\ 0 & -1 \end{pmatrix} \tag{7.27}$$

式 (7.27) を式 (7.24)–(7.26) の左辺に代入すると，次のように右辺が得られ，交換関係が成り立つ．

$$\begin{aligned}
[\sigma_x, \sigma_y] &= \sigma_x \sigma_y - \sigma_y \sigma_x \\
&= \begin{pmatrix} 0 & 1 \\ 1 & 0 \end{pmatrix} \begin{pmatrix} 0 & -\mathrm{i} \\ \mathrm{i} & 0 \end{pmatrix} - \begin{pmatrix} 0 & -\mathrm{i} \\ \mathrm{i} & 0 \end{pmatrix} \begin{pmatrix} 0 & 1 \\ 1 & 0 \end{pmatrix} \\
&= \begin{pmatrix} \mathrm{i} & 0 \\ 0 & -\mathrm{i} \end{pmatrix} - \begin{pmatrix} -\mathrm{i} & 0 \\ 0 & \mathrm{i} \end{pmatrix} = \begin{pmatrix} 2\mathrm{i} & 0 \\ 0 & -2\mathrm{i} \end{pmatrix} \\
&= 2\mathrm{i} \begin{pmatrix} 1 & 0 \\ 0 & -1 \end{pmatrix} \\
&= 2\mathrm{i}\sigma_z
\end{aligned} \tag{7.28}$$

$$[\sigma_y, \sigma_z] = \sigma_y \sigma_z - \sigma_z \sigma_y$$
$$= \begin{pmatrix} 0 & -i \\ i & 0 \end{pmatrix} \begin{pmatrix} 1 & 0 \\ 0 & -1 \end{pmatrix} - \begin{pmatrix} 1 & 0 \\ 0 & -1 \end{pmatrix} \begin{pmatrix} 0 & -i \\ i & 0 \end{pmatrix}$$
$$= \begin{pmatrix} 0 & i \\ i & 0 \end{pmatrix} - \begin{pmatrix} 0 & -i \\ -i & 0 \end{pmatrix} = \begin{pmatrix} 0 & 2i \\ 2i & 0 \end{pmatrix}$$
$$= 2i \begin{pmatrix} 0 & 1 \\ 1 & 0 \end{pmatrix}$$
$$= 2i \sigma_x \tag{7.29}$$

$$[\sigma_z, \sigma_x] = \sigma_z \sigma_x - \sigma_x \sigma_z$$
$$= \begin{pmatrix} 1 & 0 \\ 0 & -1 \end{pmatrix} \begin{pmatrix} 0 & 1 \\ 1 & 0 \end{pmatrix} - \begin{pmatrix} 0 & 1 \\ 1 & 0 \end{pmatrix} \begin{pmatrix} 1 & 0 \\ 0 & -1 \end{pmatrix}$$
$$= \begin{pmatrix} 0 & 1 \\ -1 & 0 \end{pmatrix} - \begin{pmatrix} 0 & -1 \\ 1 & 0 \end{pmatrix} = \begin{pmatrix} 0 & 2 \\ -2 & 0 \end{pmatrix}$$
$$= 2i \begin{pmatrix} 0 & -i \\ i & 0 \end{pmatrix}$$
$$= 2i \sigma_y \tag{7.30}$$

問題 7.2 ディラック方程式 (1)

式 (7.10)–(7.12) における ρ_n を σ_n から導け. ただし, $n = 1, 2, 3$ である.

✸✸✸ ヒント

- まず, σ_n の 2 列目と 3 列目を交換して行列を作り, 次にこの行列の 2 行目と 3 行目を交換する.

解 答

式 (7.10) から, σ_1 は次のように表される.

$$\sigma_1 = \begin{pmatrix} 0 & 1 & 0 & 0 \\ 1 & 0 & 0 & 0 \\ 0 & 0 & 0 & 1 \\ 0 & 0 & 1 & 0 \end{pmatrix} \tag{7.31}$$

式 (7.31) の 2 列目と 3 列目を交換すると, 次のようになる.

$$\sigma_1' = \begin{pmatrix} 0 & 0 & 1 & 0 \\ 1 & 0 & 0 & 0 \\ 0 & 0 & 0 & 1 \\ 0 & 1 & 0 & 0 \end{pmatrix} = \begin{pmatrix} 0 & 0 & 1 & 0 \\ 1 & 0 & 0 & 0 \\ 0 & 0 & 0 & 1 \\ 0 & 1 & 0 & 0 \end{pmatrix} \tag{7.32}$$

式 (7.32) の 2 行目と 3 行目を交換すると, 次のように ρ_1 が得られる.

$$\rho_1 = \begin{pmatrix} 0 & 0 & 1 & 0 \\ 0 & 0 & 0 & 1 \\ 1 & 0 & 0 & 0 \\ 0 & 1 & 0 & 0 \end{pmatrix} \tag{7.33}$$

式 (7.11) から，σ_2 は次のように表される．

$$\sigma_2 = \begin{pmatrix} 0 & -i & 0 & 0 \\ i & 0 & 0 & 0 \\ 0 & 0 & 0 & -i \\ 0 & 0 & i & 0 \end{pmatrix}, \tag{7.34}$$

式 (7.34) の 2 列目と 3 列目を交換すると，次のようになる．

$$\sigma_2' = \begin{pmatrix} 0 & 0 & -i & 0 \\ i & 0 & 0 & 0 \\ 0 & 0 & 0 & -i \\ 0 & i & 0 & 0 \end{pmatrix} = \begin{pmatrix} 0 & 0 & -i & 0 \\ i & 0 & 0 & 0 \\ 0 & 0 & 0 & -i \\ 0 & i & 0 & 0 \end{pmatrix} \tag{7.35}$$

式 (7.35) の 2 行目と 3 行目を交換すると，次のように ρ_2 が得られる．

$$\rho_2 = \begin{pmatrix} 0 & 0 & -i & 0 \\ 0 & 0 & 0 & -i \\ i & 0 & 0 & 0 \\ 0 & i & 0 & 0 \end{pmatrix} \tag{7.36}$$

式 (7.12) から，σ_3 は次のように表される．

$$\sigma_3 = \begin{pmatrix} 1 & 0 & 0 & 0 \\ 0 & -1 & 0 & 0 \\ 0 & 0 & 1 & 0 \\ 0 & 0 & 0 & -1 \end{pmatrix} \tag{7.37}$$

式 (7.37) の 2 列目と 3 列目を交換すると，次のようになる．

$$\sigma_3' = \begin{pmatrix} 1 & 0 & 0 & 0 \\ 0 & 0 & -1 & 0 \\ 0 & 1 & 0 & 0 \\ 0 & 0 & 0 & -1 \end{pmatrix} = \begin{pmatrix} 1 & 0 & 0 & 0 \\ 0 & 0 & -1 & 0 \\ 0 & 1 & 0 & 0 \\ 0 & 0 & 0 & -1 \end{pmatrix} \tag{7.38}$$

式 (7.38) の 2 行目と 3 行目を交換すると，次のように ρ_3 が得られる．

$$\rho_3 = \begin{pmatrix} 1 & 0 & 0 & 0 \\ 0 & 1 & 0 & 0 \\ 0 & 0 & -1 & 0 \\ 0 & 0 & 0 & -1 \end{pmatrix} \tag{7.39}$$

復　習

相対論的量子力学における方程式が満たすべき条件

- 時間と空間：同等
- 時間 t についての演算子：1 階の微分演算子 $\partial/\partial t$

ディラック方程式

$$c\left[\tilde{p}_0 - \rho_1 \left(\boldsymbol{\sigma} \cdot \tilde{\boldsymbol{p}}\right) - \rho_3 mc\right]\psi = 0$$

$$\rho_1, \boldsymbol{\sigma}, \rho_3, \psi : 行列$$

電子のスピン（角運動量）：スピン量子数 $1/2$

$$\boldsymbol{s} = \frac{\hbar}{2}\boldsymbol{\sigma}$$

電子の磁気モーメント

$$\boldsymbol{m}_\mathrm{s} = -\frac{e\hbar}{2m_0}\boldsymbol{\sigma} = -\frac{e}{m_0}\boldsymbol{s} = -\frac{2\mu_\mathrm{B}}{\hbar}\boldsymbol{s}$$

問題 7.3　ディラック方程式 (2)

波動関数 ψ として，式 (7.13) のような 4 行 1 列の行列を考える．この行列の成分 $\psi_1, \psi_2, \psi_3, \psi_4$ に対して，式 (7.8)，(7.10)–(7.12) が式 (7.4)–(7.7) を満たすことを示せ．

✾✾✾ ヒント

- 行列の積を計算する．

解　答

式 (7.8)，(7.10)–(7.12) から，$\alpha_1, \alpha_2, \alpha_3$ は，それぞれ次のようになる．

$$\alpha_1 = \rho_1 \sigma_1 = \begin{pmatrix} 0 & 0 & 1 & 0 \\ 0 & 0 & 0 & 1 \\ 1 & 0 & 0 & 0 \\ 0 & 1 & 0 & 0 \end{pmatrix} \begin{pmatrix} 0 & 1 & 0 & 0 \\ 1 & 0 & 0 & 0 \\ 0 & 0 & 0 & 1 \\ 0 & 0 & 1 & 0 \end{pmatrix} = \begin{pmatrix} 0 & 0 & 0 & 1 \\ 0 & 0 & 1 & 0 \\ 0 & 1 & 0 & 0 \\ 1 & 0 & 0 & 0 \end{pmatrix} \tag{7.40}$$

$$\alpha_2 = \rho_1 \sigma_2 = \begin{pmatrix} 0 & 0 & 1 & 0 \\ 0 & 0 & 0 & 1 \\ 1 & 0 & 0 & 0 \\ 0 & 1 & 0 & 0 \end{pmatrix} \begin{pmatrix} 0 & -i & 0 & 0 \\ i & 0 & 0 & 0 \\ 0 & 0 & 0 & -i \\ 0 & 0 & i & 0 \end{pmatrix} = \begin{pmatrix} 0 & 0 & 0 & -i \\ 0 & 0 & i & 0 \\ 0 & -i & 0 & 0 \\ i & 0 & 0 & 0 \end{pmatrix} \tag{7.41}$$

$$\alpha_3 = \rho_1 \sigma_3 = \begin{pmatrix} 0 & 0 & 1 & 0 \\ 0 & 0 & 0 & 1 \\ 1 & 0 & 0 & 0 \\ 0 & 1 & 0 & 0 \end{pmatrix} \begin{pmatrix} 1 & 0 & 0 & 0 \\ 0 & -1 & 0 & 0 \\ 0 & 0 & 1 & 0 \\ 0 & 0 & 0 & -1 \end{pmatrix} = \begin{pmatrix} 0 & 0 & 1 & 0 \\ 0 & 0 & 0 & -1 \\ 1 & 0 & 0 & 0 \\ 0 & -1 & 0 & 0 \end{pmatrix} \tag{7.42}$$

式 (7.40)–(7.42)，(7.8)，(7.12) から，次の計算結果が得られる．

$$\alpha_1{}^2 = \begin{pmatrix} 0 & 0 & 0 & 1 \\ 0 & 0 & 1 & 0 \\ 0 & 1 & 0 & 0 \\ 1 & 0 & 0 & 0 \end{pmatrix} \begin{pmatrix} 0 & 0 & 0 & 1 \\ 0 & 0 & 1 & 0 \\ 0 & 1 & 0 & 0 \\ 1 & 0 & 0 & 0 \end{pmatrix} = \begin{pmatrix} 1 & 0 & 0 & 0 \\ 0 & 1 & 0 & 0 \\ 0 & 0 & 1 & 0 \\ 0 & 0 & 0 & 1 \end{pmatrix} \equiv 1 \quad (7.43)$$

$$\alpha_1\alpha_2 = \begin{pmatrix} 0 & 0 & 0 & 1 \\ 0 & 0 & 1 & 0 \\ 0 & 1 & 0 & 0 \\ 1 & 0 & 0 & 0 \end{pmatrix} \begin{pmatrix} 0 & 0 & 0 & -i \\ 0 & 0 & i & 0 \\ 0 & -i & 0 & 0 \\ i & 0 & 0 & 0 \end{pmatrix} = \begin{pmatrix} i & 0 & 0 & 0 \\ 0 & -i & 0 & 0 \\ 0 & 0 & i & 0 \\ 0 & 0 & 0 & -i \end{pmatrix} \quad (7.44)$$

$$\alpha_1\alpha_3 = \begin{pmatrix} 0 & 0 & 0 & 1 \\ 0 & 0 & 1 & 0 \\ 0 & 1 & 0 & 0 \\ 1 & 0 & 0 & 0 \end{pmatrix} \begin{pmatrix} 0 & 0 & 1 & 0 \\ 0 & 0 & 0 & -1 \\ 1 & 0 & 0 & 0 \\ 0 & -1 & 0 & 0 \end{pmatrix} = \begin{pmatrix} 0 & -1 & 0 & 0 \\ 1 & 0 & 0 & 0 \\ 0 & 0 & 0 & -1 \\ 0 & 0 & 1 & 0 \end{pmatrix} \quad (7.45)$$

$$\alpha_2\alpha_1 = \begin{pmatrix} 0 & 0 & 0 & -i \\ 0 & 0 & i & 0 \\ 0 & -i & 0 & 0 \\ i & 0 & 0 & 0 \end{pmatrix} \begin{pmatrix} 0 & 0 & 0 & 1 \\ 0 & 0 & 1 & 0 \\ 0 & 1 & 0 & 0 \\ 1 & 0 & 0 & 0 \end{pmatrix} = \begin{pmatrix} -i & 0 & 0 & 0 \\ 0 & i & 0 & 0 \\ 0 & 0 & -i & 0 \\ 0 & 0 & 0 & i \end{pmatrix} \quad (7.46)$$

$$\alpha_2{}^2 = \begin{pmatrix} 0 & 0 & 0 & -i \\ 0 & 0 & i & 0 \\ 0 & -i & 0 & 0 \\ i & 0 & 0 & 0 \end{pmatrix} \begin{pmatrix} 0 & 0 & 0 & -i \\ 0 & 0 & i & 0 \\ 0 & -i & 0 & 0 \\ i & 0 & 0 & 0 \end{pmatrix} = \begin{pmatrix} 1 & 0 & 0 & 0 \\ 0 & 1 & 0 & 0 \\ 0 & 0 & 1 & 0 \\ 0 & 0 & 0 & 1 \end{pmatrix} \equiv 1 \quad (7.47)$$

$$\alpha_2\alpha_3 = \begin{pmatrix} 0 & 0 & 0 & -i \\ 0 & 0 & i & 0 \\ 0 & -i & 0 & 0 \\ i & 0 & 0 & 0 \end{pmatrix} \begin{pmatrix} 0 & 0 & 1 & 0 \\ 0 & 0 & 0 & -1 \\ 1 & 0 & 0 & 0 \\ 0 & -1 & 0 & 0 \end{pmatrix} = \begin{pmatrix} 0 & i & 0 & 0 \\ i & 0 & 0 & 0 \\ 0 & 0 & 0 & i \\ 0 & 0 & i & 0 \end{pmatrix} \quad (7.48)$$

$$\alpha_3\alpha_1 = \begin{pmatrix} 0 & 0 & 1 & 0 \\ 0 & 0 & 0 & -1 \\ 1 & 0 & 0 & 0 \\ 0 & -1 & 0 & 0 \end{pmatrix} \begin{pmatrix} 0 & 0 & 0 & 1 \\ 0 & 0 & 1 & 0 \\ 0 & 1 & 0 & 0 \\ 1 & 0 & 0 & 0 \end{pmatrix} = \begin{pmatrix} 0 & 1 & 0 & 0 \\ -1 & 0 & 0 & 0 \\ 0 & 0 & 0 & 1 \\ 0 & 0 & -1 & 0 \end{pmatrix} \quad (7.49)$$

$$\alpha_3\alpha_2 = \begin{pmatrix} 0 & 0 & 1 & 0 \\ 0 & 0 & 0 & -1 \\ 1 & 0 & 0 & 0 \\ 0 & -1 & 0 & 0 \end{pmatrix} \begin{pmatrix} 0 & 0 & 0 & -i \\ 0 & 0 & i & 0 \\ 0 & -i & 0 & 0 \\ i & 0 & 0 & 0 \end{pmatrix} = \begin{pmatrix} 0 & -i & 0 & 0 \\ -i & 0 & 0 & 0 \\ 0 & 0 & 0 & -i \\ 0 & 0 & -i & 0 \end{pmatrix} \quad (7.50)$$

$$\alpha_3{}^2 = \begin{pmatrix} 0 & 0 & 1 & 0 \\ 0 & 0 & 0 & -1 \\ 1 & 0 & 0 & 0 \\ 0 & -1 & 0 & 0 \end{pmatrix} \begin{pmatrix} 0 & 0 & 1 & 0 \\ 0 & 0 & 0 & -1 \\ 1 & 0 & 0 & 0 \\ 0 & -1 & 0 & 0 \end{pmatrix} = \begin{pmatrix} 1 & 0 & 0 & 0 \\ 0 & 1 & 0 & 0 \\ 0 & 0 & 1 & 0 \\ 0 & 0 & 0 & 1 \end{pmatrix} \equiv 1 \quad (7.51)$$

$$\beta^2 = m^2c^2\rho_3{}^2 = m^2c^2 \begin{pmatrix} 1 & 0 & 0 & 0 \\ 0 & 1 & 0 & 0 \\ 0 & 0 & -1 & 0 \\ 0 & 0 & 0 & -1 \end{pmatrix} \begin{pmatrix} 1 & 0 & 0 & 0 \\ 0 & 1 & 0 & 0 \\ 0 & 0 & -1 & 0 \\ 0 & 0 & 0 & -1 \end{pmatrix}$$

$$= m^2c^2 \begin{pmatrix} 1 & 0 & 0 & 0 \\ 0 & 1 & 0 & 0 \\ 0 & 0 & 1 & 0 \\ 0 & 0 & 0 & 1 \end{pmatrix} \equiv m^2c^2 \quad (7.52)$$

$$\alpha_1\beta = mc\alpha_1\rho_3 = \begin{pmatrix} 0 & 0 & 0 & 1 \\ 0 & 0 & 1 & 0 \\ 0 & 1 & 0 & 0 \\ 1 & 0 & 0 & 0 \end{pmatrix} \begin{pmatrix} 1 & 0 & 0 & 0 \\ 0 & 1 & 0 & 0 \\ 0 & 0 & -1 & 0 \\ 0 & 0 & 0 & -1 \end{pmatrix}$$

$$= mc \begin{pmatrix} 0 & 0 & 0 & -1 \\ 0 & 0 & -1 & 0 \\ 0 & 1 & 0 & 0 \\ 1 & 0 & 0 & 0 \end{pmatrix} \tag{7.53}$$

$$\beta\alpha_1 = mc\rho_3\alpha_1 = mc \begin{pmatrix} 1 & 0 & 0 & 0 \\ 0 & 1 & 0 & 0 \\ 0 & 0 & -1 & 0 \\ 0 & 0 & 0 & -1 \end{pmatrix} \begin{pmatrix} 0 & 0 & 0 & 1 \\ 0 & 0 & 1 & 0 \\ 0 & 1 & 0 & 0 \\ 1 & 0 & 0 & 0 \end{pmatrix}$$

$$= mc \begin{pmatrix} 0 & 0 & 0 & 1 \\ 0 & 0 & 1 & 0 \\ 0 & -1 & 0 & 0 \\ -1 & 0 & 0 & 0 \end{pmatrix} \tag{7.54}$$

$$\alpha_2\beta = mc\alpha_2\rho_3 = mc \begin{pmatrix} 0 & 0 & 0 & -i \\ 0 & 0 & i & 0 \\ 0 & -i & 0 & 0 \\ i & 0 & 0 & 0 \end{pmatrix} \begin{pmatrix} 1 & 0 & 0 & 0 \\ 0 & 1 & 0 & 0 \\ 0 & 0 & -1 & 0 \\ 0 & 0 & 0 & -1 \end{pmatrix}$$

$$= mc \begin{pmatrix} 0 & 0 & 0 & i \\ 0 & 0 & -i & 0 \\ 0 & -i & 0 & 0 \\ i & 0 & 0 & 0 \end{pmatrix} \tag{7.55}$$

$$\beta\alpha_2 = mc\rho_3\alpha_2 = mc \begin{pmatrix} 1 & 0 & 0 & 0 \\ 0 & 1 & 0 & 0 \\ 0 & 0 & -1 & 0 \\ 0 & 0 & 0 & -1 \end{pmatrix} \begin{pmatrix} 0 & 0 & 0 & -i \\ 0 & 0 & i & 0 \\ 0 & -i & 0 & 0 \\ i & 0 & 0 & 0 \end{pmatrix}$$

$$= mc \begin{pmatrix} 0 & 0 & 0 & -i \\ 0 & 0 & i & 0 \\ 0 & i & 0 & 0 \\ -i & 0 & 0 & 0 \end{pmatrix} \tag{7.56}$$

$$\alpha_3\beta = mc\alpha_3\rho_3 = \begin{pmatrix} 0 & 0 & 1 & 0 \\ 0 & 0 & 0 & -1 \\ 1 & 0 & 0 & 0 \\ 0 & -1 & 0 & 0 \end{pmatrix} \begin{pmatrix} 1 & 0 & 0 & 0 \\ 0 & 1 & 0 & 0 \\ 0 & 0 & -1 & 0 \\ 0 & 0 & 0 & -1 \end{pmatrix}$$

$$= mc \begin{pmatrix} 0 & 0 & -1 & 0 \\ 0 & 0 & 0 & 1 \\ 1 & 0 & 0 & 0 \\ 0 & -1 & 0 & 0 \end{pmatrix} \tag{7.57}$$

$$\beta\alpha_3 = mc\rho_3\alpha_3 = mc \begin{pmatrix} 1 & 0 & 0 & 0 \\ 0 & 1 & 0 & 0 \\ 0 & 0 & -1 & 0 \\ 0 & 0 & 0 & -1 \end{pmatrix} \begin{pmatrix} 0 & 0 & 1 & 0 \\ 0 & 0 & 0 & -1 \\ 1 & 0 & 0 & 0 \\ 0 & -1 & 0 & 0 \end{pmatrix}$$

$$= mc \begin{pmatrix} 0 & 0 & 1 & 0 \\ 0 & 0 & 0 & -1 \\ -1 & 0 & 0 & 0 \\ 0 & 1 & 0 & 0 \end{pmatrix} \tag{7.58}$$

式 (7.43)–(7.58) から，次のような行列が得られる．

$$\alpha_1\alpha_2 + \alpha_2\alpha_1 = \begin{pmatrix} i & 0 & 0 & 0 \\ 0 & -i & 0 & 0 \\ 0 & 0 & i & 0 \\ 0 & 0 & 0 & -i \end{pmatrix} + \begin{pmatrix} -i & 0 & 0 & 0 \\ 0 & i & 0 & 0 \\ 0 & 0 & -i & 0 \\ 0 & 0 & 0 & i \end{pmatrix}$$

$$= \begin{pmatrix} 0 & 0 & 0 & 0 \\ 0 & 0 & 0 & 0 \\ 0 & 0 & 0 & 0 \\ 0 & 0 & 0 & 0 \end{pmatrix} \equiv 0 \tag{7.59}$$

$$\alpha_2\alpha_3 + \alpha_3\alpha_2 = \begin{pmatrix} 0 & i & 0 & 0 \\ i & 0 & 0 & 0 \\ 0 & 0 & 0 & i \\ 0 & 0 & i & 0 \end{pmatrix} + \begin{pmatrix} 0 & -i & 0 & 0 \\ -i & 0 & 0 & 0 \\ 0 & 0 & 0 & -i \\ 0 & 0 & -i & 0 \end{pmatrix}$$

$$= \begin{pmatrix} 0 & 0 & 0 & 0 \\ 0 & 0 & 0 & 0 \\ 0 & 0 & 0 & 0 \\ 0 & 0 & 0 & 0 \end{pmatrix} \equiv 0 \tag{7.60}$$

$$\alpha_3\alpha_1 + \alpha_1\alpha_3 = \begin{pmatrix} 0 & 1 & 0 & 0 \\ -1 & 0 & 0 & 0 \\ 0 & 0 & 0 & 1 \\ 0 & 0 & -1 & 0 \end{pmatrix} + \begin{pmatrix} 0 & -1 & 0 & 0 \\ 1 & 0 & 0 & 0 \\ 0 & 0 & 0 & -1 \\ 0 & 0 & 1 & 0 \end{pmatrix}$$

$$= \begin{pmatrix} 0 & 0 & 0 & 0 \\ 0 & 0 & 0 & 0 \\ 0 & 0 & 0 & 0 \\ 0 & 0 & 0 & 0 \end{pmatrix} \equiv 0 \tag{7.61}$$

$$\alpha_1\beta + \beta\alpha_1 = mc\begin{pmatrix} 0 & 0 & 0 & -1 \\ 0 & 0 & -1 & 0 \\ 0 & 1 & 0 & 0 \\ 1 & 0 & 0 & 0 \end{pmatrix} + mc\begin{pmatrix} 0 & 0 & 0 & 1 \\ 0 & 0 & 1 & 0 \\ 0 & -1 & 0 & 0 \\ -1 & 0 & 0 & 0 \end{pmatrix}$$

$$= \begin{pmatrix} 0 & 0 & 0 & 0 \\ 0 & 0 & 0 & 0 \\ 0 & 0 & 0 & 0 \\ 0 & 0 & 0 & 0 \end{pmatrix} \equiv 0 \tag{7.62}$$

$$\alpha_2\beta + \beta\alpha_2 = mc\begin{pmatrix} 0 & 0 & 0 & \mathrm{i} \\ 0 & 0 & -\mathrm{i} & 0 \\ 0 & -\mathrm{i} & 0 & 0 \\ \mathrm{i} & 0 & 0 & 0 \end{pmatrix} + mc\begin{pmatrix} 0 & 0 & 0 & -\mathrm{i} \\ 0 & 0 & \mathrm{i} & 0 \\ 0 & \mathrm{i} & 0 & 0 \\ -\mathrm{i} & 0 & 0 & 0 \end{pmatrix}$$

$$= \begin{pmatrix} 0 & 0 & 0 & 0 \\ 0 & 0 & 0 & 0 \\ 0 & 0 & 0 & 0 \\ 0 & 0 & 0 & 0 \end{pmatrix} \equiv 0 \tag{7.63}$$

$$\alpha_3\beta + \beta\alpha_3 = mc\begin{pmatrix} 0 & 0 & -1 & 0 \\ 0 & 0 & 0 & 1 \\ 1 & 0 & 0 & 0 \\ 0 & -1 & 0 & 0 \end{pmatrix} + mc\begin{pmatrix} 0 & 0 & 1 & 0 \\ 0 & 0 & 0 & -1 \\ -1 & 0 & 0 & 0 \\ 0 & 1 & 0 & 0 \end{pmatrix}$$

$$= \begin{pmatrix} 0 & 0 & 0 & 0 \\ 0 & 0 & 0 & 0 \\ 0 & 0 & 0 & 0 \\ 0 & 0 & 0 & 0 \end{pmatrix} \equiv 0 \tag{7.64}$$

式 (7.43), (7.47), (7.51), (7.52), (7.59)–(7.64) から, 式 (7.4)–(7.7) が成り立っていることがわかる.

問題 7.4 ディラック方程式 (3)

式 (7.10), (7.12), (7.13) を用いて, $\rho_1\psi$, $\rho_3\psi$ を計算せよ.

✳✳✳ ヒ ン ト

- 行列の積を計算する.

解　答

式 (7.10), (7.12), (7.13) を用いて行列の積を計算すると, $\rho_1\psi$, $\rho_3\psi$ は, それぞれ次のようになる.

$$\rho_1\psi = \begin{pmatrix} 0 & 0 & 1 & 0 \\ 0 & 0 & 0 & 1 \\ 1 & 0 & 0 & 0 \\ 0 & 1 & 0 & 0 \end{pmatrix} \begin{pmatrix} \psi_1 \\ \psi_2 \\ \psi_3 \\ \psi_4 \end{pmatrix}$$

$$= \begin{pmatrix} \psi_3 \\ \psi_4 \\ \psi_1 \\ \psi_2 \end{pmatrix} = \begin{pmatrix} \psi_b \\ \psi_a \end{pmatrix} \tag{7.65}$$

$$\rho_3\psi = \begin{pmatrix} 1 & 0 & 0 & 0 \\ 0 & 1 & 0 & 0 \\ 0 & 0 & -1 & 0 \\ 0 & 0 & 0 & -1 \end{pmatrix} \begin{pmatrix} \psi_1 \\ \psi_2 \\ \psi_3 \\ \psi_4 \end{pmatrix}$$

$$= \begin{pmatrix} \psi_1 \\ \psi_2 \\ -\psi_3 \\ -\psi_4 \end{pmatrix} = \begin{pmatrix} \psi_a \\ -\psi_b \end{pmatrix} \tag{7.66}$$

問題 7.5　スピンの状態

スピンの上向きの状態 χ_u, 下向きの状態 χ_d を次のような行列で表す.

$$\chi_\mathrm{u} = \begin{pmatrix} 1 \\ 0 \end{pmatrix}, \quad \chi_\mathrm{d} = \begin{pmatrix} 0 \\ 1 \end{pmatrix} \tag{7.67}$$

スピンの上向きの状態 χ_u, 下向きの状態 χ_d それぞれに対して, 式 (7.9) のパウリのスピン行列を作用させるとどうなるか.

✷✷✷ ヒント

- 行列の積を計算する.

解　答

式 (7.9) の行列と式 (7.67) の行列の積を計算すると, 次のようになる.

$$\sigma_x \chi_\mathrm{u} = \begin{pmatrix} 0 & 1 \\ 1 & 0 \end{pmatrix} \begin{pmatrix} 1 \\ 0 \end{pmatrix} = \begin{pmatrix} 0 \\ 1 \end{pmatrix} = \chi_\mathrm{d} \tag{7.68}$$

$$\sigma_x \chi_\mathrm{d} = \begin{pmatrix} 0 & 1 \\ 1 & 0 \end{pmatrix} \begin{pmatrix} 0 \\ 1 \end{pmatrix} = \begin{pmatrix} 1 \\ 0 \end{pmatrix} = \chi_\mathrm{u} \tag{7.69}$$

$$\sigma_y \chi_\mathrm{u} = \begin{pmatrix} 0 & -\mathrm{i} \\ \mathrm{i} & 0 \end{pmatrix} \begin{pmatrix} 1 \\ 0 \end{pmatrix} = \begin{pmatrix} 0 \\ \mathrm{i} \end{pmatrix} = \mathrm{i} \begin{pmatrix} 0 \\ 1 \end{pmatrix} = \mathrm{i} \chi_\mathrm{d} \tag{7.70}$$

$$\sigma_y \chi_\mathrm{d} = \begin{pmatrix} 0 & -\mathrm{i} \\ \mathrm{i} & 0 \end{pmatrix} \begin{pmatrix} 0 \\ 1 \end{pmatrix} = \begin{pmatrix} -\mathrm{i} \\ 0 \end{pmatrix} = -\mathrm{i} \begin{pmatrix} 1 \\ 0 \end{pmatrix} = -\mathrm{i} \chi_\mathrm{u} \tag{7.71}$$

$$\sigma_z \chi_\mathrm{u} = \begin{pmatrix} 1 & 0 \\ 0 & -1 \end{pmatrix} \begin{pmatrix} 1 \\ 0 \end{pmatrix} = \begin{pmatrix} 1 \\ 0 \end{pmatrix} = \chi_\mathrm{u} \tag{7.72}$$

$$\sigma_z \chi_\mathrm{d} = \begin{pmatrix} 1 & 0 \\ 0 & -1 \end{pmatrix} \begin{pmatrix} 0 \\ 1 \end{pmatrix} = \begin{pmatrix} 0 \\ -1 \end{pmatrix} = -\begin{pmatrix} 0 \\ 1 \end{pmatrix} = -\chi_\mathrm{d} \tag{7.73}$$

問題 7.6 ランデの g 因子

全軌道角運動量を L, 全スピンを S とするとき, 全角運動量は $J = L+S$ と表される. 真空中の電子の静止質量を m_0, 電気素量を e とすると, 全角運動量 J による磁気モーメント m_J は, 次のように表される.

$$m_J = -\frac{e}{2m_0}L + \left(-\frac{e}{m_0}S\right) = -\frac{e}{2m_0}(L+2S) \tag{7.74}$$

全角運動量 J による磁気モーメント m_J の時間平均 $\langle m_J \rangle$ は, 次のように表される.

$$\langle m_J \rangle = -\frac{e}{2m_0}(L+2S)_J \frac{J}{|J|} = -\frac{e}{2m_0}g_J J \tag{7.75}$$

ここで, $(L+2S)_J$ は $L+2S$ の J 方向成分の大きさであり, g_J はランデの g 因子 (Landé's g-factor) とよばれている. このランデの g 因子 g_J を求めよ.

✱✱✱ ヒント

- L, S, J を各辺とする三角形に第 2 余弦定理を適用する.
- $\tilde{J}^2$, $\tilde{L}^2$, $\tilde{S}^2$ に対する固有値を用いる.

解　答

$(L+2S)_J$ は, $L+2S$ の J 方向への射影成分だから, J 方向の単位ベクトル $J/|J|$ を用いて, 次のように表すことができる.

$$(L+2S)_J = (L+2S) \cdot \frac{J}{|J|} \tag{7.76}$$

式 (7.75), 式 (7.76) から, ランデの g 因子 g_J は, 次のように表される.

$$
\begin{aligned}
g_J &= (\bm{L}+2\bm{S})_J \frac{1}{|\bm{J}|} = (\bm{L}+2\bm{S})\cdot\frac{\bm{J}}{|\bm{J}|}\frac{1}{|\bm{J}|} \\
&= \frac{(\bm{L}+2\bm{S})\cdot\bm{J}}{|\bm{J}|^2} = \frac{(\bm{L}+2\bm{S})\cdot\bm{J}}{\bm{J}^2} \\
&= \frac{(\bm{L}+\bm{S}+\bm{S})\cdot\bm{J}}{\bm{J}^2} = \frac{(\bm{J}+\bm{S})\cdot\bm{J}}{\bm{J}^2} \\
&= \frac{\bm{J}^2+\bm{S}\cdot\bm{J}}{\bm{J}^2} = 1 + \frac{\bm{S}\cdot\bm{J}}{\bm{J}^2}
\end{aligned}
\tag{7.77}
$$

ここで，$|\bm{J}|^2 = \bm{J}\cdot\bm{J} = \bm{J}^2$ と $\bm{J}=\bm{L}+\bm{S}$ を用いた．

さて，$\bm{L}$, $\bm{S}$, $\bm{J}$ を各辺とする三角形に第 2 余弦定理を適用すると，次の関係が成り立つ．

$$\bm{L}^2 = \bm{J}^2 + \bm{S}^2 - 2\bm{S}\cdot\bm{J} \tag{7.78}$$

式 (7.78) から，$\bm{S}\cdot\bm{J}$ は次のように表される．

$$\bm{S}\cdot\bm{J} = \frac{\bm{J}^2+\bm{S}^2-\bm{L}^2}{2} \tag{7.79}$$

式 (7.79) を式 (7.77) に代入し，さらに，$\tilde{\bm{J}}^2$, $\tilde{\bm{S}}^2$, $\tilde{\bm{L}}^2$ それぞれに対する固有値 $J(J+1)\hbar^2$, $S(S+1)\hbar^2$, $L(L+1)\hbar^2$ を用いると，次のようにランデの g 因子 g_J が求められる．

$$
\begin{aligned}
g_J &= 1 + \frac{\bm{J}^2+\bm{S}^2-\bm{L}^2}{2\bm{J}^2} \\
&= 1 + \frac{J(J+1)\hbar^2 + S(S+1)\hbar^2 - L(L+1)\hbar^2}{2J(J+1)\hbar^2} \\
&= 1 + \frac{J(J+1)+S(S+1)-L(L+1)}{2J(J+1)}
\end{aligned}
\tag{7.80}
$$

問題 7.7 スピン-軌道相互作用 (1)

次式が成り立つことを示せ.

$$[\boldsymbol{\sigma}\cdot(\nabla U)](\boldsymbol{\sigma}\cdot\tilde{\boldsymbol{p}}) = (\nabla U)\cdot\tilde{\boldsymbol{p}} + \mathrm{i}\boldsymbol{\sigma}\cdot[(\nabla U)\times\tilde{\boldsymbol{p}}] \tag{7.81}$$

✦✦✦ ヒント

- 内積を完全な形で書く.
- 行列 σ_n の積を計算する.

解 答

式 (7.81) の左辺に存在する内積を完全な形で書くと，次のようになる.

$$[\boldsymbol{\sigma}\cdot(\nabla U)] = \sigma_1\frac{\partial U}{\partial q_1} + \sigma_2\frac{\partial U}{\partial q_2} + \sigma_3\frac{\partial U}{\partial q_3} \tag{7.82}$$

$$(\boldsymbol{\sigma}\cdot\tilde{\boldsymbol{p}}) = \sigma_1\tilde{p}_1 + \sigma_2\tilde{p}_2 + \sigma_3\tilde{p}_3 \tag{7.83}$$

式 (7.82), 式 (7.83) を式 (7.81) の左辺に代入すると, 次のようになる.

$$\begin{aligned}(\text{左辺}) &= \left(\sigma_1\frac{\partial U}{\partial q_1} + \sigma_2\frac{\partial U}{\partial q_2} + \sigma_3\frac{\partial U}{\partial q_3}\right)(\sigma_1\tilde{p}_1 + \sigma_2\tilde{p}_2 + \sigma_3\tilde{p}_3) \\ &= \sigma_1{}^2\frac{\partial U}{\partial q_1}\tilde{p}_1 + \sigma_2{}^2\frac{\partial U}{\partial q_2}\tilde{p}_2 + \sigma_3{}^2\frac{\partial U}{\partial q_3}\tilde{p}_3 \\ &\quad + \sigma_1\sigma_2\frac{\partial U}{\partial q_1}\tilde{p}_2 + \sigma_2\sigma_1\frac{\partial U}{\partial q_2}\tilde{p}_1 \\ &\quad + \sigma_2\sigma_3\frac{\partial U}{\partial q_2}\tilde{p}_3 + \sigma_3\sigma_2\frac{\partial U}{\partial q_3}\tilde{p}_2 \\ &\quad + \sigma_3\sigma_1\frac{\partial U}{\partial q_3}\tilde{p}_1 + \sigma_1\sigma_3\frac{\partial U}{\partial q_1}\tilde{p}_3\end{aligned} \tag{7.84}$$

さて, 式 (7.10)-(7.12) から, 次式が成り立つ.

$$\sigma_1{}^2 = \begin{pmatrix} 0 & 1 & 0 & 0 \\ 1 & 0 & 0 & 0 \\ 0 & 0 & 0 & 1 \\ 0 & 0 & 1 & 0 \end{pmatrix}\begin{pmatrix} 0 & 1 & 0 & 0 \\ 1 & 0 & 0 & 0 \\ 0 & 0 & 0 & 1 \\ 0 & 0 & 1 & 0 \end{pmatrix} = \begin{pmatrix} 1 & 0 & 0 & 0 \\ 0 & 1 & 0 & 0 \\ 0 & 0 & 1 & 0 \\ 0 & 0 & 0 & 1 \end{pmatrix} \equiv 1 \tag{7.85}$$

$$\sigma_1\sigma_2 = \begin{pmatrix} 0 & 1 & 0 & 0 \\ 1 & 0 & 0 & 0 \\ 0 & 0 & 0 & 1 \\ 0 & 0 & 1 & 0 \end{pmatrix} \begin{pmatrix} 0 & -i & 0 & 0 \\ i & 0 & 0 & 0 \\ 0 & 0 & 0 & -i \\ 0 & 0 & i & 0 \end{pmatrix} = \begin{pmatrix} i & 0 & 0 & 0 \\ 0 & -i & 0 & 0 \\ 0 & 0 & i & 0 \\ 0 & 0 & 0 & -i \end{pmatrix} \quad (7.86)$$

$$\sigma_1\sigma_3 = \begin{pmatrix} 0 & 1 & 0 & 0 \\ 1 & 0 & 0 & 0 \\ 0 & 0 & 0 & 1 \\ 0 & 0 & 1 & 0 \end{pmatrix} \begin{pmatrix} 1 & 0 & 0 & 0 \\ 0 & -1 & 0 & 0 \\ 0 & 0 & 1 & 0 \\ 0 & 0 & 0 & -1 \end{pmatrix} = \begin{pmatrix} 0 & -1 & 0 & 0 \\ 1 & 0 & 0 & 0 \\ 0 & 0 & 0 & -1 \\ 0 & 0 & 1 & 0 \end{pmatrix} \quad (7.87)$$

$$\sigma_2\sigma_1 = \begin{pmatrix} 0 & -i & 0 & 0 \\ i & 0 & 0 & 0 \\ 0 & 0 & 0 & -i \\ 0 & 0 & i & 0 \end{pmatrix} \begin{pmatrix} 0 & 1 & 0 & 0 \\ 1 & 0 & 0 & 0 \\ 0 & 0 & 0 & 1 \\ 0 & 0 & 1 & 0 \end{pmatrix} = \begin{pmatrix} -i & 0 & 0 & 0 \\ 0 & i & 0 & 0 \\ 0 & 0 & -i & 0 \\ 0 & 0 & 0 & i \end{pmatrix} \quad (7.88)$$

$$\sigma_2{}^2 = \begin{pmatrix} 0 & -i & 0 & 0 \\ i & 0 & 0 & 0 \\ 0 & 0 & 0 & -i \\ 0 & 0 & i & 0 \end{pmatrix} \begin{pmatrix} 0 & -i & 0 & 0 \\ i & 0 & 0 & 0 \\ 0 & 0 & 0 & -i \\ 0 & 0 & i & 0 \end{pmatrix} = \begin{pmatrix} 1 & 0 & 0 & 0 \\ 0 & 1 & 0 & 0 \\ 0 & 0 & 1 & 0 \\ 0 & 0 & 0 & 1 \end{pmatrix} \equiv 1 \quad (7.89)$$

$$\sigma_2\sigma_3 = \begin{pmatrix} 0 & -i & 0 & 0 \\ i & 0 & 0 & 0 \\ 0 & 0 & 0 & -i \\ 0 & 0 & i & 0 \end{pmatrix} \begin{pmatrix} 1 & 0 & 0 & 0 \\ 0 & -1 & 0 & 0 \\ 0 & 0 & 1 & 0 \\ 0 & 0 & 0 & -1 \end{pmatrix} = \begin{pmatrix} 0 & i & 0 & 0 \\ i & 0 & 0 & 0 \\ 0 & 0 & 0 & i \\ 0 & 0 & i & 0 \end{pmatrix} \quad (7.90)$$

$$\sigma_3\sigma_1 = \begin{pmatrix} 1 & 0 & 0 & 0 \\ 0 & -1 & 0 & 0 \\ 0 & 0 & 1 & 0 \\ 0 & 0 & 0 & -1 \end{pmatrix} \begin{pmatrix} 0 & 1 & 0 & 0 \\ 1 & 0 & 0 & 0 \\ 0 & 0 & 0 & 1 \\ 0 & 0 & 1 & 0 \end{pmatrix} = \begin{pmatrix} 0 & 1 & 0 & 0 \\ -1 & 0 & 0 & 0 \\ 0 & 0 & 0 & 1 \\ 0 & 0 & -1 & 0 \end{pmatrix} \quad (7.91)$$

$$\sigma_3\sigma_2 = \begin{pmatrix} 1 & 0 & 0 & 0 \\ 0 & -1 & 0 & 0 \\ 0 & 0 & 1 & 0 \\ 0 & 0 & 0 & -1 \end{pmatrix} \begin{pmatrix} 0 & -i & 0 & 0 \\ i & 0 & 0 & 0 \\ 0 & 0 & 0 & -i \\ 0 & 0 & i & 0 \end{pmatrix} = \begin{pmatrix} 0 & -i & 0 & 0 \\ -i & 0 & 0 & 0 \\ 0 & 0 & 0 & -i \\ 0 & 0 & -i & 0 \end{pmatrix}$$
(7.92)

$$\sigma_3{}^2 = \begin{pmatrix} 1 & 0 & 0 & 0 \\ 0 & -1 & 0 & 0 \\ 0 & 0 & 1 & 0 \\ 0 & 0 & 0 & -1 \end{pmatrix} \begin{pmatrix} 1 & 0 & 0 & 0 \\ 0 & -1 & 0 & 0 \\ 0 & 0 & 1 & 0 \\ 0 & 0 & 0 & -1 \end{pmatrix} = \begin{pmatrix} 1 & 0 & 0 & 0 \\ 0 & 1 & 0 & 0 \\ 0 & 0 & 1 & 0 \\ 0 & 0 & 0 & 1 \end{pmatrix} \equiv 1 \quad (7.93)$$

式 (7.86)–(7.88), (7.90)–(7.92), (7.10)–(7.12) から，次のように表される.

$$\sigma_1\sigma_2 \frac{\partial U}{\partial q_1}\tilde{p}_2 + \sigma_2\sigma_1 \frac{\partial U}{\partial q_2}\tilde{p}_1 = i\left(\frac{\partial U}{\partial q_1}\tilde{p}_2 - \frac{\partial U}{\partial q_2}\tilde{p}_1\right) \begin{pmatrix} 1 & 0 & 0 & 0 \\ 0 & -1 & 0 & 0 \\ 0 & 0 & 1 & 0 \\ 0 & 0 & 0 & -1 \end{pmatrix}$$

$$= i\left(\frac{\partial U}{\partial q_1}\tilde{p}_2 - \frac{\partial U}{\partial q_2}\tilde{p}_1\right)\sigma_3$$

$$= i\sigma_3 \left(\frac{\partial U}{\partial q_1}\tilde{p}_2 - \frac{\partial U}{\partial q_2}\tilde{p}_1\right) \quad (7.94)$$

$$\sigma_2\sigma_3 \frac{\partial U}{\partial q_2}\tilde{p}_3 + \sigma_3\sigma_2 \frac{\partial U}{\partial q_3}\tilde{p}_2 = i\left(\frac{\partial U}{\partial q_2}\tilde{p}_3 - \frac{\partial U}{\partial q_3}\tilde{p}_2\right) \begin{pmatrix} 0 & 1 & 0 & 0 \\ 1 & 0 & 0 & 0 \\ 0 & 0 & 0 & 1 \\ 0 & 0 & 1 & 0 \end{pmatrix}$$

$$= i\left(\frac{\partial U}{\partial q_2}\tilde{p}_3 - \frac{\partial U}{\partial q_3}\tilde{p}_2\right)\sigma_1$$

$$= i\sigma_1 \left(\frac{\partial U}{\partial q_2}\tilde{p}_3 - \frac{\partial U}{\partial q_3}\tilde{p}_2\right) \quad (7.95)$$

$$\sigma_3\sigma_1\frac{\partial U}{\partial q_3}\tilde{p}_1 + \sigma_1\sigma_3\frac{\partial U}{\partial q_1}\tilde{p}_3 = \mathrm{i}\left(\frac{\partial U}{\partial q_3}\tilde{p}_1 - \frac{\partial U}{\partial q_1}\tilde{p}_3\right)\begin{pmatrix} 0 & -\mathrm{i} & 0 & 0 \\ \mathrm{i} & 0 & 0 & 0 \\ 0 & 0 & 0 & -\mathrm{i} \\ 0 & 0 & \mathrm{i} & 0 \end{pmatrix}$$

$$= \mathrm{i}\left(\frac{\partial U}{\partial q_3}\tilde{p}_1 - \frac{\partial U}{\partial q_1}\tilde{p}_3\right)\sigma_2$$

$$= \mathrm{i}\,\sigma_2\left(\frac{\partial U}{\partial q_3}\tilde{p}_1 - \frac{\partial U}{\partial q_1}\tilde{p}_3\right) \tag{7.96}$$

式 (7.84) に式 (7.85), (7.89), (7.93), (7.94)–(7.96) を代入すると，次のようになり，式 (7.81) が成り立つことが示される．

$$\begin{aligned}
(\text{左辺}) &= \frac{\partial U}{\partial q_1}\tilde{p}_1 + \frac{\partial U}{\partial q_2}\tilde{p}_2 + \frac{\partial U}{\partial q_3}\tilde{p}_3 \\
&\quad + \mathrm{i}\,\sigma_1\left(\frac{\partial U}{\partial q_2}\tilde{p}_3 - \frac{\partial U}{\partial q_3}\tilde{p}_2\right) \\
&\quad + \mathrm{i}\,\sigma_2\left(\frac{\partial U}{\partial q_3}\tilde{p}_1 - \frac{\partial U}{\partial q_1}\tilde{p}_3\right) \\
&\quad + \mathrm{i}\,\sigma_3\left(\frac{\partial U}{\partial q_1}\tilde{p}_2 - \frac{\partial U}{\partial q_2}\tilde{p}_1\right) \\
&= (\nabla U)\cdot\tilde{\boldsymbol{p}} + \mathrm{i}\,\boldsymbol{\sigma}\cdot[(\nabla U)\times\tilde{\boldsymbol{p}}] \\
&= (\text{右辺})
\end{aligned} \tag{7.97}$$

問題 7.8 スピン-軌道相互作用 (2)

問題 7.7 の式 (7.81) と次の関係を用いて,式 (7.21) を簡単化せよ.

$$\left(1 + \frac{\tilde{\mathcal{H}}_1 - U}{2mc^2}\right)^{-1} \simeq 1 - \frac{\tilde{\mathcal{H}}_1 - U}{2mc^2} \tag{7.98}$$

$$\tilde{\bm{p}} U = U \tilde{\bm{p}} - \mathrm{i}\hbar \nabla U \tag{7.99}$$

❖❖❖ ヒント

- 交換関係 $\tilde{\mathcal{H}}_1 \tilde{\bm{p}} = \tilde{\bm{p}} \tilde{\mathcal{H}}_1$ を用いる.

解 答

式 (7.98) を式 (7.21) に代入すると,次のようになる.

$$\begin{aligned}
\tilde{\mathcal{H}}_1 \psi_a &\simeq \frac{1}{2m} (\bm{\sigma} \cdot \tilde{\bm{p}}) \left(1 - \frac{\tilde{\mathcal{H}}_1 - U}{2mc^2}\right) (\bm{\sigma} \cdot \tilde{\bm{p}}) \psi_a + U \psi_a \\
&= \frac{1}{2m} (\bm{\sigma} \cdot \tilde{\bm{p}}) (\bm{\sigma} \cdot \tilde{\bm{p}}) \psi_a - \frac{1}{2m} (\bm{\sigma} \cdot \tilde{\bm{p}}) \frac{\tilde{\mathcal{H}}_1}{2mc^2} (\bm{\sigma} \cdot \tilde{\bm{p}}) \psi_a \\
&\quad + \frac{1}{2m} (\bm{\sigma} \cdot \tilde{\bm{p}}) \frac{U}{2mc^2} (\bm{\sigma} \cdot \tilde{\bm{p}}) \psi_a + U \psi_a \\
&= \frac{1}{2m} (\bm{\sigma} \cdot \tilde{\bm{p}})^2 \psi_a - \frac{1}{2m} \frac{\tilde{\mathcal{H}}_1}{2mc^2} (\bm{\sigma} \cdot \tilde{\bm{p}})^2 \psi_a \\
&\quad + (\bm{\sigma} \cdot \tilde{\bm{p}}) \frac{U}{4m^2c^2} (\bm{\sigma} \cdot \tilde{\bm{p}}) \psi_a + U \psi_a \\
&= \frac{1}{2m} \left(1 - \frac{\tilde{\mathcal{H}}_1}{2mc^2}\right) (\bm{\sigma} \cdot \tilde{\bm{p}})^2 \psi_a + (\bm{\sigma} \cdot \tilde{\bm{p}}) \frac{U}{4m^2c^2} (\bm{\sigma} \cdot \tilde{\bm{p}}) \psi_a + U \psi_a
\end{aligned} \tag{7.100}$$

ここで,交換関係 $\tilde{\mathcal{H}}_1 \tilde{\bm{p}} = \tilde{\bm{p}} \tilde{\mathcal{H}}_1$ を用いた.

問題 7.7 の解答における式 (7.83), (7.85)–(7.93) から,$(\bm{\sigma} \cdot \tilde{\bm{p}})^2 = \tilde{\bm{p}}^2$ である.さらに,式 (7.99) を式 (7.100) に代入すると,式 (7.100) は次のようになる.

$$\begin{aligned}
\tilde{\mathcal{H}}_1 \psi_a &= \frac{1}{2m}\left(1 - \frac{\tilde{\mathcal{H}}_1}{2mc^2}\right)\tilde{\boldsymbol{p}}^2\psi_a + \frac{\boldsymbol{\sigma}}{4m^2c^2}\cdot(U\tilde{\boldsymbol{p}} - \mathrm{i}\hbar\nabla U)(\boldsymbol{\sigma}\cdot\tilde{\boldsymbol{p}})\psi_a + U\psi_a \\
&= \frac{1}{2m}\left(1 - \frac{\tilde{\mathcal{H}}_1}{2mc^2}\right)\tilde{\boldsymbol{p}}^2\psi_a + \frac{U}{4m^2c^2}(\boldsymbol{\sigma}\cdot\tilde{\boldsymbol{p}})^2\psi_a \\
&\qquad\qquad - \frac{\mathrm{i}\hbar}{4m^2c^2}(\boldsymbol{\sigma}\cdot\nabla U)(\boldsymbol{\sigma}\cdot\tilde{\boldsymbol{p}})\psi_a + U\psi_a \\
&= \frac{1}{2m}\left(1 - \frac{\tilde{\mathcal{H}}_1}{2mc^2}\right)\tilde{\boldsymbol{p}}^2\psi_a + \frac{U}{4m^2c^2}\tilde{\boldsymbol{p}}^2\psi_a \\
&\qquad\qquad - \frac{\mathrm{i}\hbar}{4m^2c^2}(\boldsymbol{\sigma}\cdot\nabla U)(\boldsymbol{\sigma}\cdot\tilde{\boldsymbol{p}})\psi_a + U\psi_a \\
&= \left[\left(1 - \frac{\tilde{\mathcal{H}}_1 - U}{2mc^2}\right)\frac{\tilde{\boldsymbol{p}}^2}{2m} + U\right]\psi_a - \frac{\mathrm{i}\hbar}{4m^2c^2}(\boldsymbol{\sigma}\cdot\nabla U)(\boldsymbol{\sigma}\cdot\tilde{\boldsymbol{p}})\psi_a \quad (7.101)
\end{aligned}$$

問題 7.7 の式 (7.81) を式 (7.101) の最終行の第 2 項に代入すると，次の結果が得られる．

$$\begin{aligned}
\tilde{\mathcal{H}}_1\psi_a &= \left[\left(1 - \frac{\tilde{\mathcal{H}}_1 - U}{2mc^2}\right)\frac{\tilde{\boldsymbol{p}}^2}{2m} + U\right]\psi_a - \frac{\mathrm{i}\hbar}{4m^2c^2}(\nabla U)\cdot\tilde{\boldsymbol{p}}\psi_a \\
&\qquad\qquad - \frac{\mathrm{i}\hbar}{4m^2c^2}\times\mathrm{i}\boldsymbol{\sigma}\cdot[(\nabla U)\times\tilde{\boldsymbol{p}}]\psi_a \\
&= \left[\left(1 - \frac{\tilde{\mathcal{H}}_1 - U}{2mc^2}\right)\frac{\tilde{\boldsymbol{p}}^2}{2m} + U\right]\psi_a - \frac{\mathrm{i}\hbar}{4m^2c^2}(\nabla U)\cdot(-\mathrm{i}\hbar\nabla)\psi_a \\
&\qquad\qquad + \frac{\hbar}{4m^2c^2}\boldsymbol{\sigma}\cdot[(\nabla U)\times\tilde{\boldsymbol{p}}]\psi_a \\
&= \left[\left(1 - \frac{\tilde{\mathcal{H}}_1 - U}{2mc^2}\right)\frac{\tilde{\boldsymbol{p}}^2}{2m} + U\right]\psi_a - \frac{\hbar^2}{4m^2c^2}(\nabla U)\cdot(\nabla\psi_a) \\
&\qquad\qquad + \frac{\hbar}{4m^2c^2}\boldsymbol{\sigma}\cdot[(\nabla U)\times(\tilde{\boldsymbol{p}}\psi_a)] \quad (7.102)
\end{aligned}$$

問題 7.9 スピン-軌道相互作用 (3)

ポテンシャル U が球対称の場合，問題 7.8 の式 (7.102) を簡単化せよ．

✳✳✳ ヒント

- $\tilde{\mathcal{H}}_1 \tilde{\bm{p}}^2 = \tilde{\bm{p}}^2 \tilde{\mathcal{H}}_1$ と $\tilde{\mathcal{H}}_1 \psi_a \simeq [(\hbar^2 \tilde{\bm{p}}^2 / 2m) + U]\psi_a$ を用いる．

解答

極座標を用いると，式 (6.35), (6.38) から次の関係が成り立つ．

$$(\nabla U) \cdot \nabla = \frac{dU}{dr} \frac{\partial}{\partial r}, \quad \nabla U = \frac{dU}{dr} \frac{\bm{r}}{r} = \frac{1}{r} \frac{dU}{dr} \bm{r} \tag{7.103}$$

ここで，ポテンシャル U が球対称だから，$\partial U/\partial \theta = \partial U/\partial \phi = 0$ を用いた．

式 (7.103) を式 (7.102) に代入し，$\tilde{\bm{l}} = \bm{r} \times \tilde{\bm{p}}$ を用いると，次式が得られる．

$$\begin{aligned}
\tilde{\mathcal{H}}_1 \psi_a &= \left[\left(1 - \frac{\tilde{\mathcal{H}}_1 - U}{2mc^2}\right) \frac{\tilde{\bm{p}}^2}{2m} + U\right] \psi_a - \frac{\hbar^2}{4m^2c^2} \frac{dU}{dr} \frac{\partial}{\partial r} \psi_a \\
&\quad + \frac{\hbar}{4m^2c^2} \bm{\sigma} \cdot \left[\frac{1}{r} \frac{dU}{dr} \bm{r} \times \tilde{\bm{p}} \psi_a\right] \\
&= \left[\left(1 - \frac{\tilde{\mathcal{H}}_1 - U}{2mc^2}\right) \frac{\tilde{\bm{p}}^2}{2m} + U\right] \psi_a - \frac{\hbar^2}{4m^2c^2} \frac{dU}{dr} \frac{\partial}{\partial r} \psi_a \\
&\quad + \frac{1}{2m^2c^2} \left[\frac{1}{r} \frac{dU}{dr} \frac{\hbar \bm{\sigma}}{2} \cdot \tilde{\bm{l}} \psi_a\right]
\end{aligned} \tag{7.104}$$

式 (7.104) の右辺において，$\tilde{\mathcal{H}}_1 \psi_a \simeq [(\hbar^2 \tilde{\bm{p}}^2/2m) + U]\psi_a$ という近似を用いると，式 (7.104) は，次のように簡単化される．

$$\begin{aligned}
\tilde{\mathcal{H}}_1 \psi_a &= \left(\frac{\tilde{\bm{p}}^2}{2m} + U\right) \psi_a - \left(\frac{\tilde{\bm{p}}^4}{8m^3c^2} + \frac{\hbar^2}{4m^2c^2} \frac{dU}{dr} \frac{\partial}{\partial r}\right) \psi_a \\
&\quad + \frac{1}{2m^2c^2} \frac{1}{r} \frac{dU}{dr} \bm{s} \cdot \tilde{\bm{l}} \psi_a
\end{aligned} \tag{7.105}$$

ここで，$\bm{s} = \hbar \bm{\sigma}/2$ である．式 (7.105) の右辺において，第 1 項は非相対論的ハミルトニアン，第 2 項は相対論的補正，第 3 項はスピン-軌道相互作用を表している．

問題 7.10　スピン-軌道相互作用（非相対論）

図 7.1 に示すように，電荷 Ze をもつ原子核の周りを電子が速度 $\boldsymbol{v}$ で円運動しているとき，非相対論を用いてスピン-軌道相互作用を考察せよ．

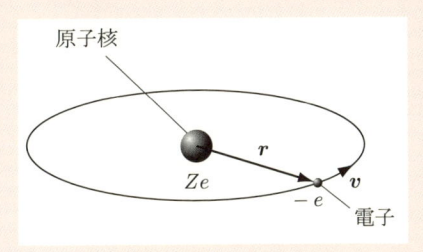

図 7.1　電子の円運動

✳✳✳ ヒント

- 電磁気学を用いて考える．

解　答

真空の透磁率 μ_0 を用いると，ビオ-サヴァールの法則 (Biot-Savart's law) によって，電子の位置に生じる磁束密度 $\boldsymbol{B}$ は，次のようになる．

$$\boldsymbol{B} = \frac{\mu_0}{4\pi} Ze \frac{\boldsymbol{r} \times \boldsymbol{v}}{r^3} = \frac{\mu_0}{4\pi} \frac{Ze}{m_0} \frac{1}{r^3} \boldsymbol{l} \tag{7.106}$$

ここで，$\boldsymbol{l}$ は電子の軌道角運動量であって，次のように表される．

$$\boldsymbol{l} = \boldsymbol{r} \times \boldsymbol{p} = \boldsymbol{r} \times m_0 \boldsymbol{v} \tag{7.107}$$

したがって，電子のスピン磁気モーメント $\boldsymbol{m}_\mathrm{s} = -e\boldsymbol{s}/m_0$ と磁束密度 $\boldsymbol{B}$ との相互作用エネルギー $\mathcal{H}_\mathrm{SO}$ は，次のように求められる．

$$\mathcal{H}_\mathrm{SO} = -\boldsymbol{m}_\mathrm{s} \cdot \boldsymbol{B} = \frac{\mu_0}{4\pi} \frac{Ze^2}{m_0^2} \frac{1}{r^3} \boldsymbol{l} \cdot \boldsymbol{s} \tag{7.108}$$

問題 7.9 の式 (7.105) の右辺第 3 項において $m = m_0$, $U = -Ze^2/4\pi\varepsilon_0 r$ とおき，$c^{-2} = \varepsilon_0 \mu_0$ を用いると，式 (7.108) に示した非相対論による結果が，相対論的量子力学による結果の 2 倍になっていることがわかる．

第 8 章

確率の流れ

8.1 確率密度
8.2 無限幅の有限大ポテンシャル
8.3 有限幅の有限大ポテンシャル

問題 8.1 確率密度の流束
問題 8.2 確率密度に対する連続の式
問題 8.3 無限幅の有限大ポテンシャル (1)
問題 8.4 無限幅の有限大ポテンシャル (2)
問題 8.5 無限幅の有限大ポテンシャル (3)
問題 8.6 有限幅の有限大ポテンシャル (1)
問題 8.7 有限幅の有限大ポテンシャル (2)
問題 8.8 有限幅の有限大ポテンシャル (3)
問題 8.9 共鳴トンネル効果
問題 8.10 古典論

8.1 確率密度

規格化された波動関数 ψ を用いて，**確率密度** (probability density) ρ は，次のように定義される．

$$\rho \equiv \psi^*\psi \tag{8.1}$$

粒子が見出される確率 P は，微小体積を $\mathrm{d}V$ として次式によって与えられる．

$$P = \int \rho\, \mathrm{d}V = \int \psi^*\psi\, \mathrm{d}V \tag{8.2}$$

式 (8.1)，(8.2) から，確率 P の時間変化 $\partial P/\partial t$ は，次のように表される．

$$\frac{\partial P}{\partial t} = \int \frac{\partial \rho}{\partial t}\, \mathrm{d}V = \int \left[\left(\frac{\partial \psi^*}{\partial t}\right)\psi + \psi^*\left(\frac{\partial \psi}{\partial t}\right)\right] \mathrm{d}V \tag{8.3}$$

さて，粒子の質量を m，ポテンシャルエネルギーを $U(\boldsymbol{r})$ とすると，シュレーディンガー方程式は，式 (3.8) に示したように，次式によって与えられる．

$$\left[-\frac{\hbar^2}{2m}\nabla^2 + U(\boldsymbol{r})\right]\psi = \mathrm{i}\hbar\frac{\partial \psi}{\partial t} \tag{8.4}$$

式 (8.4) の複素共役は，次のようになる．

$$\left[-\frac{\hbar^2}{2m}\nabla^2 + U(\boldsymbol{r})\right]\psi^* = -\mathrm{i}\hbar\frac{\partial \psi^*}{\partial t} \tag{8.5}$$

ここで，ポテンシャルエネルギー $U(\boldsymbol{r})$ が実数であることを用いた．

式 (8.3)–(8.5) から，**確率密度の流束** (flux of probability density) $\boldsymbol{j}$ を次のように導くことができる．問題 8.1 でこの導出に取り組んでみよう．

$$\boldsymbol{j} \equiv -\frac{\mathrm{i}\hbar}{2m}\left(\psi^*\nabla\psi - \psi\nabla\psi^*\right) \tag{8.6}$$

8.2 無限幅の有限大ポテンシャル

無限幅の有限大ポテンシャルエネルギーをもつエネルギー障壁を考えよう．簡単のために，1 次元のエネルギー障壁を取り上げ，ポテンシャルエネルギーの差を $U_0 (> 0)$ とする．そして，粒子の質量を m とおく．

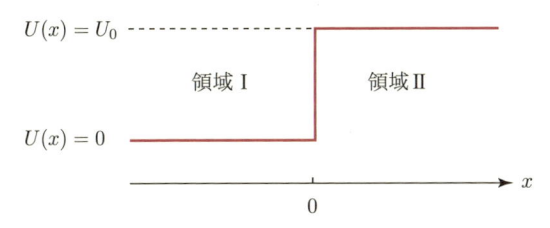

図8.1のように領域を二つに分け,エネルギー障壁の位置を x 軸の原点とする.また,次のように,ポテンシャルエネルギー $U(x)$ は,領域 I ($x<0$) において 0,領域 II ($x\geq 0$) において U_0 とする.

$$U(x) = \begin{cases} 0 & : x < 0 \\ U_0 & : x \geq 0 \end{cases} \tag{8.7}$$

領域 I では $U(x)=0$ だから,領域 I における波動関数 $\varphi_\mathrm{I}(x)$ に対して,定常状態におけるシュレーディンガー方程式は,次のように表される.

$$-\frac{\hbar^2}{2m}\frac{\mathrm{d}^2}{\mathrm{d}x^2}\varphi_\mathrm{I}(x) = E\,\varphi_\mathrm{I}(x) \tag{8.8}$$

領域 II では $U(x)=U_0$ だから,領域 II における波動関数 $\varphi_\mathrm{II}(x)$ に対して,定常状態におけるシュレーディンガー方程式は,次のように表される.

$$-\frac{\hbar^2}{2m}\frac{\mathrm{d}^2}{\mathrm{d}x^2}\varphi_\mathrm{II}(x) + U_0\varphi_\mathrm{II}(x) = E\,\varphi_\mathrm{II}(x) \tag{8.9}$$

有限大の箱型ポテンシャルにおける境界条件と同様に,境界条件として波動関数が領域 I と領域 II の境界で滑らかにつながることを要請しよう.この境界条件を満たすためには,波動関数 $\varphi_\mathrm{I}(x)$ と $\varphi_\mathrm{II}(x)$ が境界で等しいだけではなく,波動関数の勾配 $\partial\varphi_\mathrm{I}(x)/\partial x$ と $\partial\varphi_\mathrm{II}(x)/\partial x$ も境界で等しくなければならない.図8.1の場合,境界条件は次のように表される.

$$\varphi_\mathrm{I}(0) = \varphi_\mathrm{II}(0) \tag{8.10}$$

$$\left[\frac{\partial\varphi_\mathrm{I}(x)}{\partial x}\right]_{x=0} = \left[\frac{\partial\varphi_\mathrm{II}(x)}{\partial x}\right]_{x=0} \tag{8.11}$$

領域 I では $U(x) = 0$ だから，領域 I における粒子は，x 軸に沿って運動している自由粒子としてふるまう．この粒子のエネルギー E がエネルギー障壁 U_0 よりも小さく，ポテンシャルの幅が無限の場合，領域 II では，エネルギー障壁の境界付近のみに波動関数が存在し，境界から十分離れた所では波動関数は 0 になると考えられる．

8.3 有限幅の有限大ポテンシャル

古典論では，粒子のエネルギーがエネルギー障壁の高さよりも低ければ，粒子はエネルギー障壁を通り抜けることはできない．しかし，量子力学では，有限幅，有限大のエネルギー障壁を粒子が通り抜けることが示される．このような効果は，トンネル効果 (tunneling effect) とよばれている．

図 8.2 のような有限幅の有限大ポテンシャルエネルギーをもつエネルギー障壁を考えよう．簡単のために，1 次元のエネルギー障壁を取り上げ，ポテンシャルエネルギーの差を $U_0 (> 0)$ とする．そして，粒子の質量を m とおく．

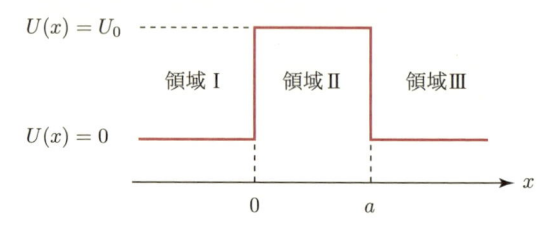

図 8.2 有限幅の有限大ポテンシャル

図 8.2 のように領域を三つに分け，エネルギー障壁の幅を a とする．エネルギー障壁の左端の位置を x 軸の原点とし，ポテンシャルエネルギー $U(x)$ を領域 I $(x < 0)$ において 0，領域 II $(0 \leq x \leq a)$ において U_0，領域 III $(x > a)$ において 0 とすると，次のように表される．

$$U(x) = \begin{cases} 0 & : x < 0,\ a < x \\ U_0 & : 0 \leq x \leq a \end{cases} \tag{8.12}$$

領域 I では $U(x) = 0$ だから，領域 I における波動関数 $\varphi_\text{I}(x)$ に対して，定常状態におけるシュレーディンガー方程式は，次のように表される．

$$-\frac{\hbar^2}{2m}\frac{\mathrm{d}^2}{\mathrm{d}x^2}\varphi_\text{I}(x) = E\,\varphi_\text{I}(x) \tag{8.13}$$

領域 II では $U(x) = U_0$ だから，領域 II における波動関数 $\varphi_\text{II}(x)$ に対して，定常状態におけるシュレーディンガー方程式は，次のように表される．

$$-\frac{\hbar^2}{2m}\frac{\mathrm{d}^2}{\mathrm{d}x^2}\varphi_\text{II}(x) + U_0\varphi_\text{II}(x) = E\,\varphi_\text{II}(x) \tag{8.14}$$

領域 III では $U(x) = 0$ だから，領域 III における波動関数 $\varphi_\text{III}(x)$ に対して，定常状態におけるシュレーディンガー方程式は，次のように表される．

$$-\frac{\hbar^2}{2m}\frac{\mathrm{d}^2}{\mathrm{d}x^2}\varphi_\text{III}(x) = E\,\varphi_\text{III}(x) \tag{8.15}$$

ここでも，境界条件として波動関数が各境界で滑らかにつながることを要請しよう．この境界条件を満たすためには，$x = 0$ において，波動関数 $\varphi_\text{I}(x)$ と $\varphi_\text{II}(x)$ が等しいとともに，波動関数の勾配 $\partial\varphi_\text{I}(x)/\partial x$ と $\partial\varphi_\text{II}(x)/\partial x$ も境界で等しくなければならない．また，$x = a$ において，波動関数 $\varphi_\text{II}(x)$ と $\varphi_\text{III}(x)$ が等しいとともに，波動関数の勾配 $\partial\varphi_\text{II}(x)/\partial x$ と $\partial\varphi_\text{III}(x)/\partial x$ も境界で等しくなければならない．これらの境界条件は次のように表される．

$$\varphi_\text{I}(0) = \varphi_\text{II}(0) \tag{8.16}$$

$$\left[\frac{\partial\varphi_\text{I}(x)}{\partial x}\right]_{x=0} = \left[\frac{\partial\varphi_\text{II}(x)}{\partial x}\right]_{x=0} \tag{8.17}$$

$$\varphi_\text{II}(a) = \varphi_\text{III}(a) \tag{8.18}$$

$$\left[\frac{\partial\varphi_\text{II}(x)}{\partial x}\right]_{x=a} = \left[\frac{\partial\varphi_\text{III}(x)}{\partial x}\right]_{x=a} \tag{8.19}$$

領域 I では $U(x) = 0$ だから，領域 I における粒子は，x 軸に沿って運動している自由粒子としてふるまう．この粒子のエネルギー E がエネルギー障壁 U_0 よりも小さくても，ポテンシャルの幅が有限の場合，波動関数は領域 II を透過して領域 III に達することができ，その後は領域 III を伝搬すると考えられる．

問題 8.1 確率密度の流束

式 (8.6) の確率密度の流束を導出せよ.

❋❋❋ ヒント

- ポテンシャルエネルギー $U(\boldsymbol{r})$ は実数である.

解 答

式 (8.4), (8.5) から, 次式が成り立つ.

$$\frac{\partial \psi}{\partial t} = \frac{\mathrm{i}\hbar}{2m} \nabla^2 \psi - \frac{\mathrm{i} U(\boldsymbol{r})}{\hbar} \psi, \quad \frac{\partial \psi^*}{\partial t} = -\frac{\mathrm{i}\hbar}{2m} \nabla^2 \psi^* + \frac{\mathrm{i} U(\boldsymbol{r})}{\hbar} \psi^* \tag{8.20}$$

式 (8.20) を式 (8.3) の右辺に代入すると, 次のようになる.

$$\begin{aligned}
\int \frac{\partial \rho}{\partial t} \, \mathrm{d}V &= \frac{\mathrm{i}\hbar}{2m} \int \left[-\left(\nabla^2 \psi^*\right) \psi + \psi^* \left(\nabla^2 \psi\right) \right] \mathrm{d}V \\
&= \frac{\mathrm{i}\hbar}{2m} \int \left[-\left(\nabla \cdot \nabla \psi^*\right) \psi + \psi^* \left(\nabla \cdot \nabla \psi\right) \right] \mathrm{d}V \\
&= \frac{\mathrm{i}\hbar}{2m} \int \left[\left(\nabla \cdot \nabla \psi\right) \psi^* - \left(\nabla \cdot \nabla \psi^*\right) \psi \right] \mathrm{d}V
\end{aligned} \tag{8.21}$$

式 (8.21) を共通のベクトル演算子 ∇ でくくると, 次のように変形できる.

$$\begin{aligned}
\int \frac{\partial \rho}{\partial t} \, \mathrm{d}V &= \frac{\mathrm{i}\hbar}{2m} \int \nabla \cdot \left[(\nabla \psi) \psi^* - (\nabla \psi^*) \psi \right] \mathrm{d}V \\
&= \frac{\mathrm{i}\hbar}{2m} \int \nabla \cdot \left[\psi^* (\nabla \psi) - \psi (\nabla \psi^*) \right] \mathrm{d}V \\
&= -\int \nabla \cdot \left[-\frac{\mathrm{i}\hbar}{2m} (\psi^* \nabla \psi - \psi \nabla \psi^*) \right] \mathrm{d}V
\end{aligned} \tag{8.22}$$

式 (8.22) の 3 行目から, 確率密度の流束 $\boldsymbol{j}$ を次のように表すことができる.

$$\boldsymbol{j} = -\frac{\mathrm{i}\hbar}{2m} \left(\psi^* \nabla \psi - \psi \nabla \psi^* \right) \tag{8.23}$$

問題 8.2 確率密度に対する連続の式

確率密度に対する連続の式 (equation of continuity for probability density) を導出せよ．

✳✳✳ ヒント

- 確率密度 ρ と確率密度の流束 j との関係を考える．

解　答

問題 8.1 の結果の式 (8.23) を式 (8.22) に代入すると，次のように表される．

$$\int \frac{\partial \rho}{\partial t} \, dV = -\int \nabla \cdot j \, dV \tag{8.24}$$

式 (8.24) の右辺を左辺に移項すると，次のようになる．

$$\int \left(\frac{\partial \rho}{\partial t} + \nabla \cdot j \right) dV = \int \left(\frac{\partial \rho}{\partial t} + \mathrm{div}\, j \right) dV = 0 \tag{8.25}$$

式 (8.25) が任意の閉曲面に対して成り立つためには，次式を満たす必要がある．

$$\frac{\partial \rho}{\partial t} + \nabla \cdot j = \frac{\partial \rho}{\partial t} + \mathrm{div}\, j = 0 \tag{8.26}$$

式 (8.26) は，粒子の確率密度 ρ の時間変化と，確率密度の流束 j の発散が等しいことを示している．つまり，式 (8.26) は，粒子の確率密度が保存することを表しており，確率密度に対する連続の式とよばれている．

復　習

境界条件：波動関数が滑らかに接続

- 波動関数 φ：連続
- 波動関数の勾配 $\nabla \varphi$：連続

問題 8.3 無限幅の有限大ポテンシャル (1)

図 8.1 において，仮定解とエネルギー固有値について議論せよ．

✸✸✸ ヒント
- 伝搬する波動関数と進行にともなって減衰する波動関数を考える．

解答

領域 I における粒子は，x 軸に沿って運動している自由粒子としてふるまう．したがって，領域 I における波動関数 $\psi_\mathrm{I}(x,t)$ を次のような形に書くことができる．

$$\psi_\mathrm{I}(x,t) \propto \exp[-\mathrm{i}(\omega t \pm kx)] \tag{8.27}$$

ここで，$\mathrm{i} = \sqrt{-1}$ は虚数単位，ω は角周波数，t は時間，k は波数，x は位置である．式 (8.27) の $\pm$ のうち，$-$ は x 軸の正の方向に進む進行波，$+$ は x 軸の負の方向に進む後退波をそれぞれ示している．

定常状態では，波動関数 $\psi_\mathrm{I}(x,t)$ を次のように変数分離する．

$$\psi_\mathrm{I}(x,t) = \varphi_\mathrm{I}(x) T_\mathrm{I}(t) \tag{8.28}$$

ここで，$\varphi_\mathrm{I}(x)$ は位置 x のみの関数であって時間 t には依存しない．一方，$T_\mathrm{I}(t)$ は時間 t のみの関数であって位置 x には依存しない．

粒子がエネルギー障壁に衝突する前に，領域 I において，x 軸の正の方向に運動していると仮定すると，衝突前の波動関数 $\varphi_\mathrm{Ib}(x)$ は進行波型の波動関数となるから，A と $k(>0)$ を定数として，次のようにおくことができる．

$$\varphi_\mathrm{Ib}(x) = A\exp(\mathrm{i}kx) \tag{8.29}$$

粒子がエネルギー障壁に衝突した後は，粒子は領域 I において x 軸の負の方向に運動するから，衝突後の波動関数 $\varphi_\mathrm{Ia}(x)$ は後退波型の波動関数となる．そこで，B と k を定数として，次のようにおくことができる．

$$\varphi_\mathrm{Ia}(x) = B\exp(-\mathrm{i}kx) \tag{8.30}$$

定常状態では，領域 I において，エネルギー障壁に衝突する前の進行波型の波動関数 $\varphi_{\mathrm{Ib}}(x)$ と，エネルギー障壁に衝突した後の後退波型の波動関数 $\varphi_{\mathrm{Ia}}(x)$ が共存している．この結果，領域 I における波動関数は，進行波型の波動関数と後退波型の波動関数の重ね合せで与えられる．したがって，式 (8.29)，(8.30) から，式 (8.8) の仮定解は，次のように表される．

$$\varphi_{\mathrm{I}}(x) = \varphi_{\mathrm{Ib}}(x) + \varphi_{\mathrm{Ia}}(x) = A\exp(\mathrm{i}kx) + B\exp(-\mathrm{i}kx) \tag{8.31}$$

式 (8.31) を式 (8.8) に代入すると，エネルギー固有値 E は，次のようになる．

$$E = \frac{\hbar^2}{2m}k^2 \tag{8.32}$$

領域 II では，粒子がエネルギー障壁に衝突する前に粒子は存在しないから，衝突前の波動関数 $\varphi_{\mathrm{IIb}}(x)$ は，次のように 0 となる．

$$\varphi_{\mathrm{IIb}}(x) = 0 \tag{8.33}$$

粒子がエネルギー障壁に衝突した後は，粒子は領域 II において x 軸の正の方向に運動する．ただし，ポテンシャルの幅が無限大なので，$E < U_0$ のとき，領域 II では，エネルギー障壁の境界付近のみに波動関数が存在し，境界から十分離れた所では波動関数は 0 になるはずである．したがって，衝突後の波動関数 $\varphi_{\mathrm{IIa}}(x)$ の絶対値が減衰関数となるように，C と $\alpha(>0)$ を定数として，次のようにおくことができる．

$$\varphi_{\mathrm{IIa}}(x) = C\exp(-\alpha x) \tag{8.34}$$

式 (8.33)，(8.34) から，式 (8.9) の仮定解は，次のように表される．

$$\varphi_{\mathrm{II}}(x) = \varphi_{\mathrm{IIb}}(x) + \varphi_{\mathrm{IIa}}(x) = C\exp(-\alpha x) \tag{8.35}$$

式 (8.35) を式 (8.9) に代入すると，エネルギー固有値 E は，次のようになる．

$$E = -\frac{\hbar^2}{2m}\alpha^2 + U_0 \tag{8.36}$$

一方，$E > U_0$ のときは，$\varphi_{\mathrm{IIa}}(x)$ は進行波型の波動関数となる．

問題 8.4 無限幅の有限大ポテンシャル (2)

図 8.1 において $E < U_0$ のとき,透過率 T と反射率 R を計算せよ.

✻✻✻ ヒント
- 波動関数が領域 I と領域 II の境界で滑らかにつながる.

解 答

問題 8.3 の解答の式 (8.36) から,$\alpha (> 0)$ は次のように表される.

$$\alpha = \sqrt{\frac{2m}{\hbar^2}(U_0 - E)} \tag{8.37}$$

式 (8.10) と問題 8.3 の解答の式 (8.31),(8.35) から,波動関数 $\varphi_\mathrm{I}(x) = A\exp(\mathrm{i}kx) + B\exp(-\mathrm{i}kx)$ と $\varphi_\mathrm{II}(x) = C\exp(-\alpha x)$ が境界 $x = 0$ において等しいという条件は,次のように表される.

$$A + B = C \tag{8.38}$$

式 (8.11),(8.31),(8.35) から,波動関数の勾配 $\partial \varphi_\mathrm{I}(x)/\partial x = \mathrm{i}kA\exp(\mathrm{i}kx) - \mathrm{i}kB\exp(-\mathrm{i}kx)$ と $\partial \varphi_\mathrm{II}(x)/\partial x = -\alpha C\exp(-\alpha x)$ が境界 $x = 0$ において等しいという条件は,次のように表される.

$$\mathrm{i}k(A - B) = -\alpha C \tag{8.39}$$

図 8.1 の領域 I における波動関数 $\psi_\mathrm{I}(x, t)$ は,式 (8.31) の $\varphi_\mathrm{I}(x)$ を用いて,次のように表すことができる.

$$\begin{aligned}
\psi_\mathrm{I}(x, t) &= \varphi_\mathrm{I}(x)\exp\left(-\mathrm{i}\frac{E}{\hbar}t\right) \\
&= [A\exp(\mathrm{i}kx) + B\exp(-\mathrm{i}kx)]\exp\left(-\mathrm{i}\frac{E}{\hbar}t\right)
\end{aligned} \tag{8.40}$$

式 (8.40) の $\psi_\mathrm{I}(x, t)$ を式 (8.6) の ψ に代入すると,領域 I における確率密度の流束 j_I が,次のように求められる.

$$\boldsymbol{j}_\mathrm{I} = \frac{\hbar k}{m}\left(|A|^2 - |B|^2\right)\hat{\boldsymbol{x}} = \boldsymbol{j}_\mathrm{in} - \boldsymbol{j}_\mathrm{ref} \tag{8.41}$$

ただし，$\hat{x}$ は x 方向の単位ベクトルである．また，次のようにおいた．

$$j_{\text{in}} = \frac{\hbar k}{m}|A|^2\hat{x}, \quad j_{\text{ref}} = \frac{\hbar k}{m}|B|^2\hat{x} \tag{8.42}$$

ここで，j_{in} はエネルギー障壁に入射する粒子に対する確率密度の流束，j_{ref} はエネルギー障壁において反射された粒子に対する確率密度の流束である．

図 8.1 の領域 II における波動関数 $\psi_{\text{II}}(x,t)$ は，式 (8.35) の $\varphi_{\text{II}}(x)$ を用いて，次のように表すことができる．

$$\psi_{\text{II}}(x,t) = \varphi_{\text{II}}(x)\exp\left(-\mathrm{i}\frac{E}{\hbar}t\right) = C\exp(-\alpha x)\exp\left(-\mathrm{i}\frac{E}{\hbar}t\right) \tag{8.43}$$

式 (8.43) の $\psi_{\text{II}}(x,t)$ を式 (8.6) の ψ に代入すると，領域 II における確率密度の流束 j_{II} は，次のように求められる．

$$j_{\text{II}} = 0 \tag{8.44}$$

式 (8.42)，(8.44) から，透過率 T は次のように 0 となる．

$$T = \frac{|j_{\text{II}}|}{|j_{\text{in}}|} = 0 \tag{8.45}$$

式 (8.42) から，反射率 R は次のように表される．

$$R = \frac{|j_{\text{ref}}|}{|j_{\text{in}}|} = \frac{|B|^2}{|A|^2} \tag{8.46}$$

ここで，式 (8.38)，(8.39) から C を消去すると，次の関係が導かれる．

$$\frac{B}{A} = \frac{\mathrm{i}k + \alpha}{\mathrm{i}k - \alpha} \tag{8.47}$$

式 (8.47) を式 (8.46) に代入すると，反射率 R は次のように 1 となる．つまり，粒子はすべて跳ね返される．ただし，波動関数は領域 II にしみ出している．

$$R = \frac{|B|^2}{|A|^2} = \frac{k^2 + \alpha^2}{k^2 + \alpha^2} = 1 \tag{8.48}$$

式 (8.45)，(8.48) から，反射率 R と透過率 T の間に，次の関係が成り立っていることがわかる．

$$R + T = 1 \tag{8.49}$$

問題 8.5　無限幅の有限大ポテンシャル (3)

図 8.1 において $E > U_0$ のとき，透過率 T と反射率 R を計算せよ．

✱✱✱ ヒント

- $E > U_0$ のとき，領域 II における波動関数は進行波型の波動関数となる．

解　答

図 8.1 において $E > U_0$ のとき，領域 II における波動関数は進行波型の波動関数となると考えられるので，領域 II における $\varphi_\text{II}(x)$ を次のようにおく．

$$\varphi_\text{II}(x) = C \exp(\mathrm{i}\beta x) \tag{8.50}$$

ここで，β は正の実数であり，式 (8.50) を式 (8.9) に代入すると，次のように表される．

$$\beta = \sqrt{\frac{2m}{\hbar^2}(E - U_0)} \tag{8.51}$$

領域 II における波動関数 $\psi_\text{II}(x,t)$ は，式 (8.50) の $\varphi_\text{II}(x)$ を用いて，次のように書くことができる．

$$\psi_\text{II}(x,t) = \varphi_\text{II}(x) \exp\left(-\mathrm{i}\frac{E}{\hbar}t\right) = C \exp(\mathrm{i}\beta x) \exp\left(-\mathrm{i}\frac{E}{\hbar}t\right) \tag{8.52}$$

式 (8.52) の複素共役をとると，次のようになる．

$$\psi_\text{II}^*(x,t) = \varphi_\text{II}^*(x) \exp\left(\mathrm{i}\frac{E}{\hbar}t\right) = C^* \exp(-\mathrm{i}\beta x) \exp\left(\mathrm{i}\frac{E}{\hbar}t\right) \tag{8.53}$$

式 (8.52), (8.53) から，次の結果が得られる．

$$\psi_\text{II}^*(x,t)\nabla\psi_\text{II}(x,t) = \mathrm{i}\beta|C|^2\hat{\boldsymbol{x}},\quad \psi_\text{II}(x,t)\nabla\psi_\text{II}^*(x,t) = -\mathrm{i}\beta|C|^2\hat{\boldsymbol{x}} \tag{8.54}$$

ここで，$\hat{\boldsymbol{x}}$ は x 方向の単位ベクトルである．

式 (8.54) の $\psi_\text{II}(x,t)$ を式 (8.6) の ψ に代入すると，領域 II における確率密度の流束 $\boldsymbol{j}_\text{II}$ が，次のように求められる．

$$\boldsymbol{j}_\text{II} = -\frac{\mathrm{i}\hbar}{2m}\left[\psi_\text{II}^*(x,t)\nabla\psi_\text{II}(x,t) - \psi_\text{II}(x,t)\nabla\psi_\text{II}^*(x,t)\right]\hat{\boldsymbol{x}} = \frac{\hbar\beta}{m}|C|^2\hat{\boldsymbol{x}} \tag{8.55}$$

式 (8.42), (8.55) から, 透過率 T は次のようになる.

$$T = \frac{|j_{\text{II}}|}{|j_{\text{in}}|} = \frac{\beta|C|^2}{k|A|^2} \tag{8.56}$$

さて, 波動関数 $\varphi_{\text{I}}(x)$, $\varphi_{\text{II}}(x)$ が $x = 0$ において滑らかにつながるという境界条件は, 次のように表される.

$$A + B = C, \quad k(A - B) = \beta C \tag{8.57}$$

式 (8.57) から B を消去すると, 次のようになる.

$$\frac{C}{A} = \frac{2k}{k + \beta} \tag{8.58}$$

式 (8.58) を式 (8.56) に代入すると, 透過率 T が次のように求められる.

$$T = \frac{4k\beta}{(k + \beta)^2} \tag{8.59}$$

また, 式 (8.57) から C を消去すると, 次のようになる.

$$\frac{B}{A} = \frac{k - \beta}{k + \beta} \tag{8.60}$$

式 (8.60) から反射率 R が次のように求められる.

$$R = \frac{|B|^2}{|A|^2} = \frac{(k - \beta)^2}{(k + \beta)^2} \tag{8.61}$$

式 (8.59), (8.61) から, 反射率 R と透過率 T の間に次の関係が成り立っていることがわかる.

$$R + T = 1 \tag{8.62}$$

問題 8.6　有限幅の有限大ポテンシャル (1)

図 8.2 において，仮定解とエネルギー固有値について議論せよ．

✱✱✱ ヒント
- 伝搬する波動関数と進行にともなって減衰する波動関数を考える．

解　答

領域 I における粒子は，x 軸に沿って運動している自由粒子としてふるまう．領域 I において，粒子がエネルギー障壁に衝突する前に x 軸の正の方向に運動していると仮定すると，問題 8.3 と同様な考察から，領域 I における式 (8.13) の仮定解 $\varphi_\mathrm{I}(x)$ は，進行波と後退波の重ね合せによって与えられ，A, B, $k\,(>0)$ を定数として，次のように表すことができる．

$$\varphi_\mathrm{I}(x) = A\exp(\mathrm{i}kx) + B\exp(-\mathrm{i}kx) \tag{8.63}$$

式 (8.63) を式 (8.13) に代入すると，エネルギー固有値 E は，次のようになる．

$$E = \frac{\hbar^2}{2m}k^2 \tag{8.64}$$

次に，領域 II における定常状態の波動関数 $\varphi_\mathrm{II}(x)$ について考える．粒子がエネルギー障壁に衝突する前に，領域 II には粒子は存在しないから，衝突前の波動関数は 0 となる．領域 I に存在していた粒子がエネルギー障壁に衝突した後は，領域 II において x 軸の正の方向に運動する．したがって，領域 I から領域 II に入った波動関数として，x 軸の正の方向に進む進行波型の波動関数を仮定する．さらに，領域 II と領域 III の境界で反射した波動関数として，領域 II において x 軸の負の方向に進む後退波型の波動関数を仮定する．これらの仮定のもとでは，式 (8.14) の仮定解 $\varphi_\mathrm{II}(x)$ は，進行波と後退波の重ね合せによって与えられ，C, D, α を定数として，次のように表すことができる．

$$\varphi_\mathrm{II}(x) = C\exp(\mathrm{i}\alpha x) + D\exp(-\mathrm{i}\alpha x) \tag{8.65}$$

式 (8.65) を式 (8.14) に代入すると，エネルギー固有値 E は，次のようになる．

$$E = \frac{\hbar^2}{2m}\alpha^2 + U_0 \tag{8.66}$$

式 (8.66) から，α を次のようにおく．

$$\alpha = \sqrt{\frac{2m}{\hbar^2}(E - U_0)} \tag{8.67}$$

式 (8.67) から，$E > U_0$ のとき α は実数となる．このとき，領域 II における波動関数は，前述のように進行波型の波動関数と後退波型の波動関数の重ね合せによって表される．

一方，$E < U_0$ のとき $\alpha = \mathrm{i}\sqrt{2m(U_0 - E)/\hbar^2}$ であり，α は虚数となる．ここで，$\mathrm{i} = \sqrt{-1}$ は虚数単位である．このとき，領域 II における波動関数は，x に対する増加関数と減衰関数の重ね合せによって表される．ただし，増加関数，減衰関数の両方とも，波動関数の進行にともなって振幅が減衰することを示している．

領域 III における波動関数は，領域 I で x 軸の正の方向に進行していた波動関数が領域 II のエネルギー障壁を透過して領域 III に侵入した波動関数である．つまり，領域 III における波動関数は，x 軸の正の方向に進む進行波型の波動関数によって表される．したがって，領域 III における式 (8.15) の仮定解 $\varphi_{\mathrm{III}}(x)$ は，F, $k(>0)$ を定数として，次のように書くことができる．

$$\varphi_{\mathrm{III}}(x) = F\exp(\mathrm{i}kx) \tag{8.68}$$

式 (8.68) を式 (8.15) に代入すると，エネルギー固有値 E は，次のようになる．

$$E = \frac{\hbar^2}{2m}k^2 \tag{8.69}$$

問題 8.7　有限幅の有限大ポテンシャル (2)

図 8.2 において $E > U_0$ のとき，透過率 T と反射率 R を計算せよ．

✷✷✷ ヒント

- 波動関数が，領域 I と領域 II の境界，および領域 II と領域 III の境界において滑らかにつながる．

解答

式 (8.67) から，$E > U_0$ の場合，α は実数である．式 (8.16) と問題 8.6 の解答における式 (8.63)，(8.65) から，波動関数 $\varphi_\mathrm{I}(x) = A\exp(\mathrm{i}kx) + B\exp(-\mathrm{i}kx)$ と $\varphi_\mathrm{II}(x) = C\exp(\mathrm{i}\alpha x) + D\exp(-\mathrm{i}\alpha x)$ が境界 $x = 0$ において等しいという条件は，次のように表される．

$$A + B = C + D \tag{8.70}$$

式 (8.17)，(8.63)，(8.65) から，波動関数の勾配 $\partial \varphi_\mathrm{I}(x)/\partial x = \mathrm{i}kA\exp(\mathrm{i}kx) - \mathrm{i}kB\exp(-\mathrm{i}kx)$ と $\partial \varphi_\mathrm{II}(x)/\partial x = \mathrm{i}\alpha C\exp(\mathrm{i}\alpha x) - \mathrm{i}\alpha D\exp(-\mathrm{i}\alpha x)$ が境界 $x = 0$ において等しいという条件は，次のように表される．

$$k(A - B) = \alpha(C - D) \tag{8.71}$$

式 (8.18) と問題 8.6 の解答における式 (8.65)，(8.68) から，波動関数 $\varphi_\mathrm{II}(x)$ と $\varphi_\mathrm{III}(x) = F\exp(\mathrm{i}kx)$ が境界 $x = a$ において等しいという条件は，次のように表される．

$$C\exp(\mathrm{i}\alpha a) + D\exp(-\mathrm{i}\alpha a) = F\exp(\mathrm{i}ka) \tag{8.72}$$

式 (8.19) と問題 8.6 の解答における式 (8.65)，(8.68) から，波動関数の勾配 $\partial \varphi_\mathrm{II}(x)/\partial x$ と $\partial \varphi_\mathrm{III}(x)/\partial x = \mathrm{i}kF\exp(\mathrm{i}kx)$ が境界 $x = a$ において等しいという条件は，次のように表される．

$$\alpha\left[C\exp(\mathrm{i}\alpha a) - D\exp(-\mathrm{i}\alpha a)\right] = kF\exp(\mathrm{i}ka) \tag{8.73}$$

図 8.2 の領域 I における波動関数 $\psi_\mathrm{I}(x,t)$ は，式 (8.63) の $\varphi_\mathrm{I}(x)$ を用いて，次のように表すことができる．

$$\psi_\mathrm{I}(x,t) = \varphi_\mathrm{I}(x)\exp\left(-\mathrm{i}\frac{E}{\hbar}t\right)$$
$$= [A\exp(\mathrm{i}kx) + B\exp(-\mathrm{i}kx)]\exp\left(-\mathrm{i}\frac{E}{\hbar}t\right) \tag{8.74}$$

式 (8.74) の $\psi_\mathrm{I}(x,t)$ を式 (8.6) の ψ に代入すると，領域 I における確率密度の流束 $\boldsymbol{j}_\mathrm{I}$ が，次のように求められる．

$$\boldsymbol{j}_\mathrm{I} = \frac{\hbar k}{m}\left(|A|^2 - |B|^2\right)\hat{\boldsymbol{x}} = \boldsymbol{j}_\mathrm{in} - \boldsymbol{j}_\mathrm{ref} \tag{8.75}$$

ただし，$\hat{\boldsymbol{x}}$ は x 方向の単位ベクトルである．また，次のようにおいた．

$$\boldsymbol{j}_\mathrm{in} = \frac{\hbar k}{m}|A|^2\hat{\boldsymbol{x}}, \quad \boldsymbol{j}_\mathrm{ref} = \frac{\hbar k}{m}|B|^2\hat{\boldsymbol{x}} \tag{8.76}$$

ここで，$\boldsymbol{j}_\mathrm{in}$ はエネルギー障壁に入射する粒子に対する確率密度の流束，$\boldsymbol{j}_\mathrm{ref}$ はエネルギー障壁において反射された粒子に対する確率密度の流束である．

図 8.2 の領域 III における波動関数 $\psi_\mathrm{III}(x,t)$ は，式 (8.68) の $\varphi_\mathrm{III}(x)$ を用いて，次のように表すことができる．

$$\psi_\mathrm{III}(x,t) = \varphi_\mathrm{III}(x)\exp\left(-\mathrm{i}\frac{E}{\hbar}t\right) = F\exp(\mathrm{i}kx)\exp\left(-\mathrm{i}\frac{E}{\hbar}t\right) \tag{8.77}$$

式 (8.77) の $\psi_\mathrm{III}(x,t)$ を式 (8.6) の ψ に代入すると，領域 III における確率密度の流束 $\boldsymbol{j}_\mathrm{III}$ は，次のように求められる．

$$\boldsymbol{j}_\mathrm{III} = \frac{\hbar k}{m}|F|^2\hat{\boldsymbol{x}} \tag{8.78}$$

透過率 T は，式 (8.76)，(8.78) から，次式によって与えられる．

$$T = \frac{|\boldsymbol{j}_\mathrm{III}|}{|\boldsymbol{j}_\mathrm{in}|} = \frac{|F|^2}{|A|^2} \tag{8.79}$$

式 (8.70)，(8.71) から，A と B は，C と D を用いて，次のように表される．

$$A = \frac{(k+\alpha)C + (k-\alpha)D}{2k} \tag{8.80}$$

$$B = \frac{(k-\alpha)C + (k+\alpha)D}{2k} \tag{8.81}$$

また，式 (8.72), (8.73) から，C と D は，F を用いて，次のように表される．

$$C = \frac{(k+\alpha)}{2\alpha} F \exp[\mathrm{i}(k-\alpha)a] \tag{8.82}$$

$$D = -\frac{(k-\alpha)}{2\alpha} F \exp[\mathrm{i}(k+\alpha)a] \tag{8.83}$$

式 (8.82), (8.83) を式 (8.80), (8.81) に代入すると，A と B は，F を用いて，次のように表される．

$$A = \frac{F}{4k\alpha} \left[(k+\alpha)^2 \exp(-\mathrm{i}\alpha a) - (k-\alpha)^2 \exp(\mathrm{i}\alpha a)\right] \exp(\mathrm{i}ka) \tag{8.84}$$

$$\begin{aligned} B &= \frac{F}{4k\alpha} \left(k^2 - \alpha^2\right) \left[\exp(-\mathrm{i}\alpha a) - \exp(\mathrm{i}\alpha a)\right] \exp(\mathrm{i}ka) \\ &= -\mathrm{i}\frac{F}{2k\alpha} \left(k^2 - \alpha^2\right) \sin(\alpha a) \exp(\mathrm{i}ka) \end{aligned} \tag{8.85}$$

式 (8.84) を式 (8.79) に代入すると，次のように透過率 T が求められる．

$$T = \frac{|F|^2}{|A|^2} = \frac{4k^2\alpha^2}{4k^2\alpha^2 + (k^2-\alpha^2)^2 \sin^2(\alpha a)} \tag{8.86}$$

式 (8.76) から，反射率 R は次のように表される．

$$R = \frac{|j_{\mathrm{ref}}|}{|j_{\mathrm{in}}|} = \frac{|B|^2}{|A|^2} \tag{8.87}$$

式 (8.84), (8.85) を式 (8.87) に代入すると，図 8.2 の $x=0$ における反射率 R は，次のようになる．

$$R = \frac{|B|^2}{|A|^2} = \frac{\left(k^2-\alpha^2\right)^2 \sin^2(\alpha a)}{4k^2\alpha^2 + (k^2-\alpha^2)^2 \sin^2(\alpha a)} \tag{8.88}$$

式 (8.86), (8.88) から，反射率 R と透過率 T の間に次の関係が成り立っていることがわかる．

$$R + T = 1 \tag{8.89}$$

問題 8.8 有限幅の有限大ポテンシャル (3)

図 8.2 において $E < U_0$ のとき,透過率 T と反射率 R を計算せよ.

✳✳✳ ヒント

- $E < U_0$ のとき領域 II における波動関数は,増加関数と減衰関数の重ね合せになる.

解 答

図 8.2 において $E < U_0$ のとき,式 (8.67) から次のようにおく.

$$\alpha = \sqrt{\frac{2m}{\hbar^2}(E - U_0)} = \mathrm{i}\sqrt{\frac{2m}{\hbar^2}(U_0 - E)} = \mathrm{i}\beta \tag{8.90}$$

ここで,$\beta = \sqrt{2m(U_0 - E)/\hbar^2}$ が正の実数であることに注意してほしい.

式 (8.90) を式 (8.84), (8.85) に代入すると,それぞれ次のようになる.

$$A = \frac{F}{4\mathrm{i}\,k\beta}\left[(k + \mathrm{i}\beta)^2 \exp(\beta a) - (k - \mathrm{i}\beta)^2 \exp(-\beta a)\right]\exp(\mathrm{i}ka) \tag{8.91}$$

$$B = -\mathrm{i}\frac{F}{2k\beta}(k^2 + \beta^2)\sinh(\beta a)\exp(\mathrm{i}ka) \tag{8.92}$$

式 (8.91) を式 (8.79) に代入すると,次のように透過率 T が導かれる.

$$T = \frac{|F|^2}{|A|^2} = \frac{4k^2\beta^2}{4k^2\beta^2 + (k^2 + \beta^2)^2 \sinh^2(\beta a)} \tag{8.93}$$

式 (8.91), (8.92) を式 (8.87) に代入すると,図 8.2 の $x = 0$ における反射率 R は,次のようになる.

$$R = \frac{|B|^2}{|A|^2} = \frac{(k^2 + \beta^2)^2 \sinh^2(\beta a)}{4k^2\beta^2 + (k^2 + \beta^2)^2 \sinh^2(\beta a)} \tag{8.94}$$

式 (8.93), (8.94) から,反射率 R と透過率 T の間に次の関係が成り立っていることがわかる.

$$R + T = 1 \tag{8.95}$$

問題 8.9　共鳴トンネル効果

図 8.3 のように，距離 L だけ隔てて二つのポテンシャル障壁が直列に並んでいる．そして，それぞれのポテンシャル障壁において，波動関数に対する振幅反射率 r_j，振幅透過率 t_j $(j=1,2)$ を次のようにおく．

$$r_j = |r_j|\exp\left(\mathrm{i}\varphi_{rj}\right), \ t_j = |t_j|\exp\left(\mathrm{i}\varphi_{rj}\right) \tag{8.96}$$

図 8.3 に示したように，波動関数の振幅を A, B, C, D とするとき，電子が図 8.3 の二つのポテンシャル障壁を透過する確率 $T = D^*D/A^*A$ を計算せよ．

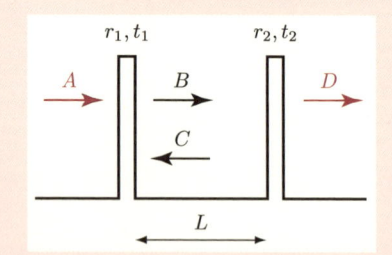

図 8.3　直列に配置された二つのポテンシャル障壁

✳✳✳ ヒント

- 伝搬にともなう位相の変化も考慮する．

解　答

左側からポテンシャル障壁に入射する波動関数の振幅 A と，波動関数の振幅 B, C, D の間には，次のような関係が成り立つ．

$$B = t_1 A + r_1 C \tag{8.97}$$

$$C = r_2 B \exp\left(\mathrm{i}\varphi\right) \tag{8.98}$$

$$D = t_2 B \exp\left(\mathrm{i}\frac{\varphi}{2}\right) \tag{8.99}$$

ここで，
$$\varphi = 2kL \tag{8.100}$$
は，電子が二つのポテンシャル障壁の間を 1 往復するときに，電子の波動関数が受ける位相変化である.

式 (8.97)–(8.99) から，振幅 B, C を消去すると，振幅 D は次のように表される.
$$D = \frac{t_1 t_2}{1 - r_1 r_2 \exp(\mathrm{i}\varphi)} \exp\left(\mathrm{i}\frac{\varphi}{2}\right) A \tag{8.101}$$

式 (8.101) から，電子が図 8.3 の二つのポテンシャル障壁を透過する確率 T は，次のように求められる.

$$\begin{aligned}
T &= \frac{D^* D}{A^* A} \\
&= \frac{t_1^* t_2^*}{1 - r_1^* r_2^* \exp(-\mathrm{i}\varphi)} \exp\left(-\mathrm{i}\frac{\varphi}{2}\right) \frac{t_1 t_2}{1 - r_1 r_2 \exp(\mathrm{i}\varphi)} \exp\left(\mathrm{i}\frac{\varphi}{2}\right) \\
&= \frac{|t_1||t_2|\exp[-\mathrm{i}(\varphi_{r1}+\varphi_{r2})]}{1 - |r_1||r_2|\exp[-\mathrm{i}(\varphi_{r1}+\varphi_{r2}+\varphi)]} \\
&\quad \times \frac{|t_1||t_2|\exp[\mathrm{i}(\varphi_{r1}+\varphi_{r2})]}{1 - |r_1||r_2|\exp[\mathrm{i}(\varphi_{r1}+\varphi_{r2}+\varphi)]} \\
&= \frac{|t_1|^2 |t_2|^2}{1 + |r_1|^2 |r_2|^2 - |r_1||r_2|\left[\exp(\mathrm{i}\varphi^*) + \exp(-\mathrm{i}\varphi^*)\right]} \\
&= \frac{|t_1|^2 |t_2|^2}{1 + |r_1|^2 |r_2|^2 - 2|r_1||r_2|\cos\varphi^*} \tag{8.102}
\end{aligned}$$

ただし，次のようにおいた.
$$\varphi^* = \varphi_{r1} + \varphi_{r2} + \varphi \tag{8.103}$$

式 (8.102) から，二つのポテンシャル障壁を透過する確率 T は，$\varphi^* = 2\pi n$ (n は整数) のときに共鳴して，最大値をとることがわかる．このようなトンネル効果を 共鳴トンネル効果 (resonant tunneling effect) という．

問題 8.10 古典論

図 8.1 を用いて，古典論では，エネルギー障壁よりも小さいエネルギーをもつ粒子は障壁内に存在できないことを説明せよ．

✱✱✱ ヒント

- 粒子の全エネルギーは，運動エネルギーとポテンシャルエネルギーの和によって与えられる．
- 観測可能な物理量は実数である．

解　答

粒子の質量を m，領域 I における粒子の速さを v_1，領域 II における粒子の速さを v_2 とする．

粒子の全エネルギーは，運動エネルギーとポテンシャルエネルギーの和によって与えられる．したがって，領域 I における粒子の全エネルギー E_1 と領域 II における粒子の全エネルギー E_2 は，それぞれ次のように表される．

$$E_1 = \frac{1}{2}m{v_1}^2, \quad E_2 = \frac{1}{2}m{v_2}^2 + U_0 \tag{8.104}$$

エネルギー保存則から，$E_1 = E_2$ である．したがって，式 (8.104) から次式が成り立つ．

$$\frac{1}{2}m{v_2}^2 = \frac{1}{2}m{v_1}^2 - U_0 \tag{8.105}$$

エネルギー障壁 U_0 が領域 I における粒子の運動エネルギー ${m{v_1}^2}/{2}$ よりも大きいときは，式 (8.105) から，次のようになる．

$$\frac{1}{2}m{v_2}^2 < 0 \tag{8.106}$$

この結果，領域 II における粒子の速さ v_2 は虚数となる．観測可能な物理量は実数であることから，領域 II における粒子の速さ v_2 が虚数ということは，領域 II に粒子が存在しないことを意味している．

第9章

時間を含まない摂動法

9.1 基礎方程式
9.2 縮退がない場合
9.3 縮退がある場合
9.4 ほとんど自由な電子モデル

問題 9.1 摂動パラメータ
問題 9.2 縮退がない場合の1次の摂動波動関数の展開係数 (1)
問題 9.3 縮退がない場合の1次の摂動波動関数の展開係数 (2)
問題 9.4 縮退がない場合の2次の摂動エネルギー
問題 9.5 縮退がない場合の2次の摂動波動関数の展開係数
問題 9.6 縮退がある場合の1次の摂動エネルギー
問題 9.7 周期的ポテンシャル
問題 9.8 縮退がある場合のほとんど自由な電子モデル (1)
問題 9.9 縮退がある場合のほとんど自由な電子モデル (2)
問題 9.10 ほとんど自由な電子のエネルギーバンド

9.1 基礎方程式

系をわずかに乱すような外部からの働きかけを摂動 (perturbation) という．時間を含まない摂動法では，非摂動ハミルトニアン (unperturbed Hamiltonian) $\tilde{\mathcal{H}}_0$ と摂動ハミルトニアン (perturbation Hamiltonian) $\tilde{\mathcal{H}}'$ を用いて，定常状態におけるシュレーディンガー方程式は，次のように表される．

$$\tilde{\mathcal{H}}\varphi = \left(\tilde{\mathcal{H}}_0 + \tilde{\mathcal{H}}'\right)\varphi = W\varphi \tag{9.1}$$

ここで，$\tilde{\mathcal{H}}_0$ と $\tilde{\mathcal{H}}'$ は，どちらも時間に依存せず，$\tilde{\mathcal{H}}_0\varphi \gg \tilde{\mathcal{H}}'\varphi$ である．

非摂動ハミルトニアン $\tilde{\mathcal{H}}_0$ に対して，波動関数 u_n とエネルギー固有値 E_n がすでに求められており，次のように表されると仮定する．

$$\tilde{\mathcal{H}}_0 u_n = E_n u_n \tag{9.2}$$

ただし，非摂動波動関数 u_n は，規格直交関数 (orthonormalized function) とし，次の条件を満たす．

$$\int_0^\infty u_m{}^* u_n \, \mathrm{d}V = \langle m|n\rangle = \delta_{mn} = \begin{cases} 0 & : m \neq n \\ 1 & : m = n \end{cases} \tag{9.3}$$

ここで，δ_{mn} はクロネッカーの δ 記号 (Kronecker's δ) である．

9.2 縮退がない場合

縮退がない場合 (nondegenerate case) つまり $u_k \neq u_l$ に対して $E_k \neq E_l$ となる場合を考える．摂動パラメータ (perturbation parameter) λ を導入し，摂動を受けた波動関数 φ とエネルギー固有値 W が，次のように展開できると仮定する．

$$\varphi = \varphi_0 + \lambda\varphi_1 + \lambda^2\varphi_2 + \lambda^3\varphi_3 + \cdots \tag{9.4}$$

$$W = W_0 + \lambda W_1 + \lambda^2 W_2 + \lambda^3 W_3 + \cdots \tag{9.5}$$

ここで，$\varphi_n\,(n=0,1,2,\cdots)$ を n 次の摂動波動関数，$W_n\,(n=0,1,2,\cdots)$ を n 次の摂動エネルギーという．

次に，摂動パラメータ λ を用いて，摂動ハミルトニアン $\tilde{\mathcal{H}}'$ を $\lambda\tilde{\mathcal{H}}'$ で置き換えると，式 (9.1) は次のように表される．

$$\left(\tilde{\mathcal{H}}_0 + \lambda\tilde{\mathcal{H}}'\right)\varphi = W\varphi \tag{9.6}$$

さて，縮退がない場合，0 次の摂動波動関数（非摂動波動関数）φ_0 と，0 次の摂動エネルギー（非摂動エネルギー）W_0 をそれぞれ次のようにおく．

$$\varphi_0 = u_m, \quad W_0 = E_m \tag{9.7}$$

そして，次の関係を満たす波動関数 φ_s $(s>0)$ を考える．

$$\int_0^\infty \varphi_0{}^* \varphi_s \, \mathrm{d}V = 0 \tag{9.8}$$

このとき，高次の摂動エネルギー W_s は，次のように表される．

$$W_s = \int_0^\infty u_m{}^* \tilde{\mathcal{H}}' \varphi_{s-1} \, \mathrm{d}V \tag{9.9}$$

また，次の関係が成り立つ．

$$\int_0^\infty u_k{}^* \left(\tilde{\mathcal{H}}_0 - W_0\right) \varphi_s \, \mathrm{d}V$$
$$= \int_0^\infty u_k{}^* \left[\left(W_1 - \tilde{\mathcal{H}}'\right) \varphi_{s-1} + \sum_{n=2}^s W_n \varphi_{s-n}\right] \mathrm{d}V \tag{9.10}$$

1 次の摂動までの範囲では，エネルギー固有値 W は，$\lambda = 1$ とおいて，次のように表される．

$$W = W_0 + W_1 = E_m + \langle m|\tilde{\mathcal{H}}'|m\rangle \tag{9.11}$$

1 次の摂動までの範囲では，波動関数 φ は，$\lambda = 1$ とおいて，次のように表される．

$$\varphi = \varphi_0 + \varphi_1 = u_m + \sum_{n(\neq m)} \frac{\langle n|\tilde{\mathcal{H}}'|m\rangle}{E_m - E_n} u_n \tag{9.12}$$

2 次の摂動までの範囲では，エネルギー固有値 W は，$\lambda = 1$ とおいて，次のように表される．

$$W = W_0 + W_1 + W_2 = E_m + \langle m|\tilde{\mathcal{H}}'|m\rangle + \sum_{n(\neq m)} \frac{\langle m|\tilde{\mathcal{H}}'|n\rangle\langle n|\tilde{\mathcal{H}}'|m\rangle}{E_m - E_n} \tag{9.13}$$

9.3 縮退がある場合

縮退がある場合 (degenerate case) と縮退がない場合とでは，0 次の波動関数 φ_0 の選び方だけが異なる．

非摂動波動関数 u_l と非摂動波動関数 u_m が同じエネルギー固有値をもつ場合，0 次の波動関数 φ_0 とエネルギー固有値 W_0 を次のようにおく．

$$\varphi_0 = a_l u_l + a_m u_m, \quad W_0 = E_l = E_m \tag{9.14}$$

9.4 ほとんど自由な電子モデル

ほとんど自由な電子モデル (nearly free electron model) では，伝導電子は結晶中を自由に動き回ろうとするが，イオン殻の**周期的ポテンシャル** (periodic potential) による摂動を受けていると考える．

自由電子に対するハミルトニアンを**非摂動ハミルトニアン** $\tilde{\mathcal{H}}_0$，**摂動ハミルトニアン** $\tilde{\mathcal{H}}'$ を周期的ポテンシャル $U(\boldsymbol{r})$ とすると，ほとんど自由な電子に対するシュレーディンガー方程式は，次のように表される．

$$\left(\tilde{\mathcal{H}}_0 + \tilde{\mathcal{H}}'\right) \varphi(\boldsymbol{k}, \boldsymbol{r}) = E(\boldsymbol{k}) \varphi(\boldsymbol{k}, \boldsymbol{r}) \tag{9.15}$$

$$\tilde{\mathcal{H}}_0 = -\frac{\hbar^2}{2m_0} \nabla^2, \quad \tilde{\mathcal{H}}' = U(\boldsymbol{r}) \tag{9.16}$$

ここで，$\varphi(\boldsymbol{k}, \boldsymbol{r})$ は波動関数，$E(\boldsymbol{k})$ はエネルギー固有値，$\hbar = h/2\pi$ はディラック定数，h はプランク定数，m_0 は真空中の電子の質量である．

自由電子に対して，波動関数を $\varphi_0(\boldsymbol{k}, \boldsymbol{r})$，エネルギー固有値を $E_0(\boldsymbol{k})$ とすると，**非摂動ハミルトニアン** $\tilde{\mathcal{H}}_0$ を用いて，自由電子に対するシュレーディンガー方程式は，次のように書くことができる．

$$\tilde{\mathcal{H}}_0 \varphi_0(\boldsymbol{k}, \boldsymbol{r}) = E_0(\boldsymbol{k}) \varphi_0(\boldsymbol{k}, \boldsymbol{r}) \tag{9.17}$$

ここで，波動関数 $\varphi_0(\boldsymbol{k}, \boldsymbol{r})$ と，エネルギー固有値 $E_0(\boldsymbol{k})$ は，それぞれ次のように表される．

$$\varphi_0(\boldsymbol{k}, \boldsymbol{r}) = \frac{1}{\sqrt{V}} \exp(\mathrm{i} \boldsymbol{k} \cdot \boldsymbol{r}), \quad E_0(\boldsymbol{k}) = \frac{\hbar^2}{2m_0} \boldsymbol{k}^2 \tag{9.18}$$

ただし，V は結晶の体積であって，$1/\sqrt{V}$ は規格化因子である．

ここで，解析を容易にするために，摂動ハミルトニアン $\tilde{\mathcal{H}}' = U(\bm{r})$ を次のようにフーリエ級数展開する．

$$\tilde{\mathcal{H}}' = U(\bm{r}) = \sum_{\bm{K}} V_{\bm{K}} \exp(\mathrm{i}\bm{K}\cdot\bm{r}) \tag{9.19}$$

ここで，$V_{\bm{K}}$ はフーリエ係数，$\bm{K}$ は波数ベクトルである．

縮退がある場合，$\bm{k}$ と $\bm{k}+\bm{K}$ においてエネルギー固有値が等しいとし，$E_0(\bm{k}) = E_0(\bm{k}+\bm{K})$ とすると，波動関数 $\varphi(\bm{k},\bm{r})$ は，$\varphi_0(\bm{k},\bm{r})$ の線形結合として，次のように表すことができる．

$$\varphi(\bm{k},\bm{r}) = \sum_{\bm{k}'} a_{\bm{k}'} \varphi_0(\bm{k}',\bm{r}) \equiv \sum_{\bm{K}'} A_{\bm{K}'} \exp[\mathrm{i}(\bm{k}+\bm{K}')\cdot\bm{r}] \tag{9.20}$$

ただし，$\bm{k}' = \bm{k}+\bm{K}'$ とおいた．また，$a_{\bm{k}'}$ と $A_{\bm{K}'}$ は，非摂動波動関数の線形結合をつくるための係数である．

式 (9.19)，(9.20) を式 (9.15) に代入すると，次のようになる．

$$\sum_{\bm{K}'} \left[E_0(\bm{k}+\bm{K}') - E(\bm{k}) + \sum_{\bm{K}''} V_{\bm{K}''} \exp(\mathrm{i}\bm{K}''\cdot\bm{r}) \right] \\ \times A_{\bm{K}'} \exp[\mathrm{i}(\bm{k}+\bm{K}')\cdot\bm{r}] = 0 \tag{9.21}$$

ただし，式 (9.18) から，次のようにおいた．

$$E_0(\bm{k}+\bm{K}') = \frac{\hbar^2}{2m_0}(\bm{k}+\bm{K}')^2 \tag{9.22}$$

ここで，$\exp[\mathrm{i}(\bm{k}+\bm{K}')\cdot\bm{r}]/V$ と式 (9.21) の内積を計算すると，次式が得られる．

$$\left[E_0(\bm{k}+\bm{K}') - E(\bm{k}) \right] A_{\bm{K}'} + \sum_{\bm{K}''} V_{\bm{K}'-\bm{K}''} A_{\bm{K}''} = 0 \tag{9.23}$$

問題 9.1　摂動パラメータ

式 (9.4), (9.5) を式 (9.6) に代入すると，次式が得られる．

$$\left(\tilde{\mathcal{H}}_0 + \lambda \tilde{\mathcal{H}}'\right)\left(\varphi_0 + \lambda\varphi_1 + \lambda^2\varphi_2 + \lambda^3\varphi_3 + \cdots\right)$$
$$= \left(W_0 + \lambda W_1 + \lambda^2 W_2 + \lambda^3 W_3 + \cdots\right)$$
$$\left(\varphi_0 + \lambda\varphi_1 + \lambda^2\varphi_2 + \lambda^3\varphi_3 + \cdots\right) \tag{9.24}$$

式 (9.24) の両辺をそれぞれ展開し，λ のべき乗の係数が満たすべき条件を求めよ．

✳✳✳ ヒント

- 摂動パラメータ λ の次数ごとに整理する．

解　答

式 (9.24) の左辺を展開し，λ の次数ごとに整理すると，次のようになる．

$$\begin{aligned}
(\text{左辺}) &= \left(\tilde{\mathcal{H}}_0 + \lambda\tilde{\mathcal{H}}'\right)\left(\varphi_0 + \lambda\varphi_1 + \lambda^2\varphi_2 + \lambda^3\varphi_3 + \cdots\right) \\
&= \tilde{\mathcal{H}}_0\varphi_0 + \lambda\left(\tilde{\mathcal{H}}_0\varphi_1 + \tilde{\mathcal{H}}'\varphi_0\right) \\
&\quad + \lambda^2\left(\tilde{\mathcal{H}}_0\varphi_2 + \tilde{\mathcal{H}}'\varphi_1\right) \\
&\quad + \lambda^3\left(\tilde{\mathcal{H}}_0\varphi_3 + \tilde{\mathcal{H}}'\varphi_2\right) \\
&\quad + \lambda^4\left(\tilde{\mathcal{H}}_0\varphi_4 + \tilde{\mathcal{H}}'\varphi_3\right) \\
&\quad + \cdots \\
&= \tilde{\mathcal{H}}_0\varphi_0 + \sum_{n=1}\lambda^n\left(\tilde{\mathcal{H}}_0\varphi_n + \tilde{\mathcal{H}}'\varphi_{n-1}\right)
\end{aligned} \tag{9.25}$$

式 (9.24) の右辺を展開し，λ の次数ごとに整理すると，次のようになる．

$$
\begin{aligned}
(\text{右辺}) &= \left(W_0 + \lambda W_1 + \lambda^2 W_2 + \lambda^3 W_3 + \cdots\right) \\
&\quad \left(\varphi_0 + \lambda \varphi_1 + \lambda^2 \varphi_2 + \lambda^3 \varphi_3 + \cdots\right) \\
&= W_0 \varphi_0 + \lambda \left(W_0 \varphi_1 + W_1 \varphi_0\right) \\
&\quad + \lambda^2 \left(W_0 \varphi_2 + W_1 \varphi_1 + W_2 \varphi_0\right) \\
&\quad + \lambda^3 \left(W_0 \varphi_3 + W_1 \varphi_2 + W_2 \varphi_1 + W_3 \varphi_0\right) \\
&\quad + \lambda^4 \left(W_0 \varphi_4 + W_1 \varphi_3 + W_2 \varphi_2 + W_3 \varphi_1 + W_4 \varphi_0\right) \\
&\quad + \cdots \\
&= W_0 \varphi_0 + \sum_{n=1} \lambda^n \sum_{m=0}^{n} W_m \varphi_{n-m} \quad (9.26)
\end{aligned}
$$

式 (9.24) は，任意の λ に対して成り立つ必要がある．このためには，各辺における λ の同一次数項に対して，係数が等しいことが要求される．この条件を λ の次数ごとに示すと，式 (9.25)，(9.26) から，次のようになる．

$$
\begin{aligned}
\lambda^0 &: \left(\tilde{\mathcal{H}}_0 - W_0\right) \varphi_0 = 0 \\
\lambda^1 &: \left(\tilde{\mathcal{H}}_0 - W_0\right) \varphi_1 = \left(W_1 - \tilde{\mathcal{H}}'\right) \varphi_0 \\
\lambda^2 &: \left(\tilde{\mathcal{H}}_0 - W_0\right) \varphi_2 = \left(W_1 - \tilde{\mathcal{H}}'\right) \varphi_1 + W_2 \varphi_0 \\
\lambda^3 &: \left(\tilde{\mathcal{H}}_0 - W_0\right) \varphi_3 = \left(W_1 - \tilde{\mathcal{H}}'\right) \varphi_2 + W_2 \varphi_1 + W_3 \varphi_0 \\
\lambda^4 &: \left(\tilde{\mathcal{H}}_0 - W_0\right) \varphi_4 = \left(W_1 - \tilde{\mathcal{H}}'\right) \varphi_3 + W_2 \varphi_2 + W_3 \varphi_1 + W_4 \varphi_0 \\
&\quad \vdots \\
\lambda^s &: \left(\tilde{\mathcal{H}}_0 - W_0\right) \varphi_s = \left(W_1 - \tilde{\mathcal{H}}'\right) \varphi_{s-1} + \sum_{n=2}^{s} W_n \varphi_{s-n} \quad (9.27)
\end{aligned}
$$

問題 9.2　縮退がない場合の 1 次の摂動波動関数の展開係数 (1)

縮退がない場合，規格化された非摂動波動関数 u_n を用いて，1 次の摂動波動関数 φ_1 を次のように展開する．

$$\varphi_1 = \sum_n a_n^{(1)} u_n \tag{9.28}$$

このとき，$a_m^{(1)} = 0$ であることを示せ．

✱✱✱ ヒント

- 総和記号 $\sum$ を使わないで和を示す．
- 非摂動関数 φ_0 と 1 次の摂動波動関数 φ_1 の内積は 0 である．

解　答

式 (9.28) の右辺を総和記号 $\sum$ を使わないで示すと，次のようになる．

$$\varphi_1 = \cdots + a_{m-1}^{(1)} u_{m-1} + a_m^{(1)} u_m + a_{m+1}^{(1)} u_{m+1} \cdots \tag{9.29}$$

式 (9.3)，(9.8)，(9.29) から，$\varphi_0 = u_m$ と φ_1 の内積は次のように表される．

$$\begin{aligned}
\int_0^\infty {\varphi_0}^* \varphi_1 \, dV &= \cdots + \int_0^\infty {\varphi_0}^* a_{m-1}^{(1)} u_{m-1} \, dV + \int_0^\infty {\varphi_0}^* a_m^{(1)} u_m \, dV \\
&\quad + \int_0^\infty {\varphi_0}^* a_{m+1}^{(1)} u_{m+1} \, dV + \cdots \\
&= \cdots + \int_0^\infty u_m^* a_{m-1}^{(1)} u_{m-1} \, dV + \int_0^\infty u_m^* a_m^{(1)} u_m \, dV \\
&\quad + \int_0^\infty u_m^* a_{m+1}^{(1)} u_{m+1} \, dV + \cdots \\
&= \cdots + \int_0^\infty a_{m-1}^{(1)} u_m^* u_{m-1} \, dV + \int_0^\infty a_m^{(1)} u_m^* u_m \, dV \\
&\quad + \int_0^\infty a_{m+1}^{(1)} u_m^* u_{m+1} \, dV + \cdots \\
&= a_m^{(1)} = 0 \tag{9.30}
\end{aligned}$$

問題 9.3　縮退がない場合の 1 次の摂動波動関数の展開係数 (2)

縮退がない場合，1 次の摂動波動関数の展開係数 $a_k^{(1)}$ を求めよ．ただし，非摂動波動関数は $\varphi_0 = u_m$ であり，$k \neq m$ とする．さらに，$m \neq k$ のとき，u_m と u_k は直交しているとする．

✱✱✱ ヒント

- 総和記号 $\sum$ を使わないで和を示す．
- 非摂動関数 φ_0 と 1 次の摂動波動関数 φ_1 の内積は 0 である．

解　答

問題 9.2 の式 (9.28) を式 (9.27) の 2 行目に代入し，さらに式 (9.2) と式 (9.7) を用いて非摂動波動関数 u_k との内積を計算すると，次のようになる．

$$
\begin{aligned}
(\text{左辺}) &= \cdots + \int_0^\infty u_k{}^* \left(\tilde{\mathcal{H}}_0 - E_m\right) a_{k-1}^{(1)} u_{k-1} \, dV \\
&\quad + \int_0^\infty u_k{}^* \left(\tilde{\mathcal{H}}_0 - E_m\right) a_k^{(1)} u_k \, dV \\
&\quad + \int_0^\infty u_k{}^* \left(\tilde{\mathcal{H}}_0 - E_m\right) a_{k+1}^{(1)} u_{k+1} \, dV + \cdots \\
&= a_k^{(1)} \left(E_k - E_m\right) \tag{9.31}
\end{aligned}
$$

$$
\begin{aligned}
(\text{右辺}) &= \int_0^\infty u_k{}^* \left(W_1 - \tilde{\mathcal{H}}'\right) u_m \, dV \\
&= -\int_0^\infty u_k{}^* \tilde{\mathcal{H}}' u_m \, dV \\
&= -\langle k|\tilde{\mathcal{H}}'|m\rangle \tag{9.32}
\end{aligned}
$$

式 (9.31)，(9.32) から，1 次の展開係数 $a_k^{(1)}$ は，次のように求められる．

$$
a_k^{(1)} = -\frac{\langle k|\tilde{\mathcal{H}}'|m\rangle}{E_k - E_m} = \frac{\langle k|\tilde{\mathcal{H}}'|m\rangle}{E_m - E_k} \tag{9.33}
$$

問題 9.4 縮退がない場合の2次の摂動エネルギー

縮退がない場合，2次の摂動までの範囲で，エネルギー固有値 W が式 (9.13) で与えられることを示せ．

✱✱✱ ヒント

- 1次の摂動波動関数 φ_1 を用いる．

解　答

まず，式 (9.9) において $s=1$ とすると，1次の摂動エネルギー W_1 が，次のように求められる．

$$\begin{aligned} W_1 &= \int_0^\infty u_m{}^* \tilde{\mathcal{H}}' \varphi_0 \, dV \\ &= \int_0^\infty u_m{}^* \tilde{\mathcal{H}}' u_m \, dV \\ &= \langle m | \tilde{\mathcal{H}}' | m \rangle \end{aligned} \quad (9.34)$$

ここで，式 (9.7) を用いた．また，表記を簡単にするために，ブラベクトルとケットベクトルを使用した．

式 (9.34) から，1次の摂動エネルギー W_1 は，摂動ハミルトニアン $\tilde{\mathcal{H}}'$ の期待値になっていることがわかる．

次に，問題 9.2 の式 (9.28) に問題 9.3 の結果における式 (9.33) を代入すると，1次の摂動波動関数 φ_1 は次のように表される．

$$\varphi_1 = \sum_{n(\neq m)} \frac{\langle n | \tilde{\mathcal{H}}' | m \rangle}{E_m - E_n} u_n \quad (9.35)$$

2次の摂動エネルギー W_2 は，式 (9.9) において $s=2$ とおき，式 (9.35) を用いると，次のようになる．

$$\begin{aligned}
W_2 &= \int_0^\infty u_m{}^* \tilde{\mathcal{H}}' \varphi_1 \,\mathrm{d}V \\
&= \int_0^\infty u_m{}^* \tilde{\mathcal{H}}' \sum_{n(\neq m)} \frac{\langle n|\tilde{\mathcal{H}}'|m\rangle}{E_m - E_n} u_n \,\mathrm{d}V \\
&= \sum_{n(\neq m)} \int_0^\infty u_m{}^* \tilde{\mathcal{H}}' u_n \,\mathrm{d}V \frac{\langle n|\tilde{\mathcal{H}}'|m\rangle}{E_m - E_n} \\
&= \sum_{n(\neq m)} \langle m|\tilde{\mathcal{H}}'|n\rangle \frac{\langle n|\tilde{\mathcal{H}}'|m\rangle}{E_m - E_n} \\
&= \sum_{n(\neq m)} \frac{\langle m|\tilde{\mathcal{H}}'|n\rangle \langle n|\tilde{\mathcal{H}}'|m\rangle}{E_m - E_n}
\end{aligned} \tag{9.36}$$

ここで，次の表記を用いた．

$$\int_0^\infty u_m{}^* \tilde{\mathcal{H}}' u_n \,\mathrm{d}V = \langle m|\tilde{\mathcal{H}}'|n\rangle \tag{9.37}$$

式 (9.7), (9.34), (9.36) から，2 次の摂動までの範囲では，$\lambda = 1$ とおくと，エネルギー固有値 W は次のように表される．

$$\begin{aligned}
W &= W_0 + W_1 + W_2 \\
&= E_m + \langle m|\tilde{\mathcal{H}}'|m\rangle + \sum_{n(\neq m)} \frac{\langle m|\tilde{\mathcal{H}}'|n\rangle \langle n|\tilde{\mathcal{H}}'|m\rangle}{E_m - E_n}
\end{aligned} \tag{9.38}$$

問題 9.5　縮退がない場合の 2 次の摂動波動関数の展開係数

縮退がない場合，規格化された非摂動波動関数 u_n を用いて，2 次の摂動波動関数 φ_2 を次のように展開する．

$$\varphi_2 = \sum_n a_n^{(2)} u_n \tag{9.39}$$

このとき，$a_m^{(2)} = 0$ であることを示し，$a_k^{(2)}$ を求めよ．

✿✿✿ ヒント

- 総和記号 $\sum$ を使わないで和を示す．
- 非摂動関数 φ_0 と 1 次の摂動波動関数 φ_1 の内積は 0 である．

解　答

式 (9.39) の右辺を総和記号 $\sum$ を使わないで示すと，次のようになる．

$$\varphi_2 = \cdots + a_{m-1}^{(2)} u_{m-1} + a_m^{(2)} u_m + a_{m+1}^{(2)} u_{m+1} \cdots \tag{9.40}$$

式 (9.3)，(9.8)，(9.40) から，$\varphi_0 = u_m$ と φ_2 の内積は次のように表される．

$$\begin{aligned}
\int_0^\infty \varphi_0{}^* \varphi_2 \, dV &= \cdots + \int_0^\infty \varphi_0{}^* a_{m-1}^{(2)} u_{m-1} \, dV + \int_0^\infty \varphi_0{}^* a_m^{(2)} u_m \, dV \\
&\quad + \int_0^\infty \varphi_0{}^* a_{m+1}^{(2)} u_{m+1} \, dV + \cdots \\
&= \cdots + \int_0^\infty u_m^* a_{m-1}^{(2)} u_{m-1} \, dV + \int_0^\infty u_m^* a_m^{(2)} u_m \, dV \\
&\quad + \int_0^\infty u_m^* a_{m+1}^{(2)} u_{m+1} \, dV + \cdots \\
&= \cdots + \int_0^\infty a_{m-1}^{(2)} u_m^* u_{m-1} \, dV + \int_0^\infty a_m^{(2)} u_m^* u_m \, dV \\
&\quad + \int_0^\infty a_{m+1}^{(2)} u_m^* u_{m+1} \, dV + \cdots \\
&= a_m^{(2)} = 0 \tag{9.41}
\end{aligned}$$

式 (9.10) において $s=2$ とし，式 (9.7), (9.28), (9.39) を代入すると，次のようになる．

$$
\begin{aligned}
(\text{左辺}) &= \int_0^\infty u_k{}^* \left(\tilde{\mathcal{H}}_0 - W_0\right) \sum_n a_n^{(2)} u_n \, dV \\
&= \cdots + \int_0^\infty u_k{}^* \left(\tilde{\mathcal{H}}_0 - E_m\right) a_{k-1}^{(2)} u_{k-1} \, dV \\
&\quad + \int_0^\infty u_k{}^* \left(\tilde{\mathcal{H}}_0 - E_m\right) a_k^{(2)} u_k \, dV \\
&\quad + \int_0^\infty u_k{}^* \left(\tilde{\mathcal{H}}_0 - E_m\right) a_{k+1}^{(2)} u_{k+1} \, dV + \cdots \\
&= a_k^{(2)} \left(E_k - E_m\right) = -a_k^{(2)} \left(E_m - E_k\right)
\end{aligned}
\tag{9.42}
$$

$$
\begin{aligned}
(\text{右辺}) &= \int_0^\infty u_k{}^* \left[\sum_n \left(W_1 - \tilde{\mathcal{H}}'\right) a_n^{(1)} u_n + W_2 \varphi_0 \right] dV \\
&= \sum_n a_n^{(1)} \int_0^\infty u_k{}^* W_1 u_n \, dV - \sum_n \int_0^\infty u_k{}^* \tilde{\mathcal{H}}' u_n \, dV \, a_n^{(1)} \\
&\quad + \int_0^\infty u_k{}^* W_2 u_m \, dV \\
&= a_k^{(1)} W_1 - \sum_n \langle k | \tilde{\mathcal{H}}' | n \rangle a_n^{(1)}
\end{aligned}
\tag{9.43}
$$

ここで，$\varphi_0 = u_m$ と式 (9.2) を用いた．

式 (9.42), (9.43) から，2 次の展開係数 $a_k^{(2)}$ は次のようになる．ただし，$k \neq m$ である．

$$
a_k^{(2)} = -a_k^{(1)} \frac{W_1}{E_m - E_k} + \sum_n \frac{\langle k | \tilde{\mathcal{H}}' | n \rangle}{E_m - E_k} a_n^{(1)}
\tag{9.44}
$$

式 (9.44) に式 (9.33), (9.34) を代入すると，2 次の展開係数 $a_k^{(2)}$ は次のように表される．

$$
a_k^{(2)} = -\frac{\langle k | \tilde{\mathcal{H}}' | m \rangle \langle m | \tilde{\mathcal{H}}' | m \rangle}{(E_m - E_k)^2} + \sum_{n(\neq m)} \frac{\langle k | \tilde{\mathcal{H}}' | n \rangle \langle n | \tilde{\mathcal{H}}' | m \rangle}{(E_m - E_k)(E_m - E_n)}
\tag{9.45}
$$

問題 9.6　縮退がある場合の 1 次の摂動エネルギー
縮退がある場合の 1 次の摂動エネルギーを求めよ．

✳✳✳ ヒント
- 0 次の波動関数 φ_0 が存在する条件を求める．

解　答
式 (9.14) を式 (9.27) の 2 行目に代入して，それぞれ非摂動波動関数 u_l, u_m と内積をとると，次のような連立方程式が導かれる．

$$\left(\langle l|\tilde{\mathcal{H}}'|l\rangle - W_1\right) a_l + \langle l|\tilde{\mathcal{H}}'|m\rangle a_m = 0 \tag{9.46}$$

$$\langle m|\tilde{\mathcal{H}}'|l\rangle a_l + \left(\langle m|\tilde{\mathcal{H}}'|m\rangle - W_1\right) a_m = 0 \tag{9.47}$$

連立方程式 (9.46), (9.47) が $a_l = a_m = 0$ 以外の解をもつ条件は，a_l, a_m の係数に対する行列式が，次のように 0 となることが必要である．

$$\begin{vmatrix} \langle l|\tilde{\mathcal{H}}'|l\rangle - W_1 & \langle l|\tilde{\mathcal{H}}'|m\rangle \\ \langle m|\tilde{\mathcal{H}}'|l\rangle & \langle m|\tilde{\mathcal{H}}'|m\rangle - W_1 \end{vmatrix} = 0 \tag{9.48}$$

式 (9.48) を展開すると，次のようになる．

$$\left(\langle l|\tilde{\mathcal{H}}'|l\rangle - W_1\right)\left(\langle m|\tilde{\mathcal{H}}'|m\rangle - W_1\right) - \langle l|\tilde{\mathcal{H}}'|m\rangle\langle m|\tilde{\mathcal{H}}'|l\rangle = 0 \tag{9.49}$$

式 (9.49) を W_1 について整理すると，次のようになる．

$$W_1{}^2 - \left(\langle l|\tilde{\mathcal{H}}'|l\rangle + \langle m|\tilde{\mathcal{H}}'|m\rangle\right) W_1$$
$$+ \langle l|\tilde{\mathcal{H}}'|l\rangle\langle m|\tilde{\mathcal{H}}'|m\rangle - \langle l|\tilde{\mathcal{H}}'|m\rangle\langle m|\tilde{\mathcal{H}}'|l\rangle = 0 \tag{9.50}$$

式 (9.50) は W_1 についての 2 次方程式だから，2 次方程式の解の公式を用いると，次の結果が得られる．

$$W_1 = \frac{1}{2}\left(\langle l|\tilde{\mathcal{H}}'|l\rangle + \langle m|\tilde{\mathcal{H}}'|m\rangle\right)$$
$$\pm \frac{1}{2}\left[\left(\langle l|\tilde{\mathcal{H}}'|l\rangle - \langle m|\tilde{\mathcal{H}}'|m\rangle\right)^2 + 4\langle l|\tilde{\mathcal{H}}'|m\rangle\langle m|\tilde{\mathcal{H}}'|l\rangle\right]^{1/2} \tag{9.51}$$

問題 9.7 周期的ポテンシャル

摂動ハミルトニアン $\tilde{\mathcal{H}}' = U(\boldsymbol{r})$ を次のようにフーリエ級数展開する.

$$\tilde{\mathcal{H}}' = U(\boldsymbol{r}) = \sum_{\boldsymbol{K}} V_{\boldsymbol{K}} \exp(\mathrm{i}\boldsymbol{K} \cdot \boldsymbol{r}) \tag{9.52}$$

ここで, $V_{\boldsymbol{K}}$ はフーリエ係数, $\boldsymbol{K}$ はポテンシャルの周期に対応した波数ベクトルである. このとき, $V_{\boldsymbol{K}}^* = V_{-\boldsymbol{K}}$ が成り立つことを示せ.

✳✳✳ ヒント

- 周期的ポテンシャル $U(\boldsymbol{r})$ は実数である.

解 答

周期的ポテンシャル $U(\boldsymbol{r})$ が実数であることに着目すると, 式 (9.52) の複素共役 $U^*(\boldsymbol{r})$ に対して次の関係が成り立つ.

$$U^*(\boldsymbol{r}) = \sum_{\boldsymbol{K}} V_{\boldsymbol{K}}^* \exp(-\mathrm{i}\boldsymbol{K} \cdot \boldsymbol{r}) = U(\boldsymbol{r}) \tag{9.53}$$

また, $\boldsymbol{K}$ の符号を変えて, 次のように周期的ポテンシャル $U(\boldsymbol{r})$ をフーリエ級数展開することもできる.

$$U(\boldsymbol{r}) = \sum_{\boldsymbol{K}} V_{-\boldsymbol{K}} \exp(-\mathrm{i}\boldsymbol{K} \cdot \boldsymbol{r}) \tag{9.54}$$

式 (9.53), (9.54) を比較すると, フーリエ係数に対して次の関係が得られる.

$$V_{\boldsymbol{K}}^* = V_{-\boldsymbol{K}} \tag{9.55}$$

問題 9.8 縮退がある場合のほとんど自由な電子モデル (1)

式 (9.23) において，周期的ポテンシャルのフーリエ係数 $V_{K'-K''}$ に対して，$V_0 = 0$ とする．さらに，A_0, A_K だけが支配的な場合を考える．このとき，A_0, A_K の関係を表す式を求めよ．

❋❋❋ ヒント

- K' について場合分けする．

解 答

A_0 と A_K だけが支配的だから，式 (9.23) おいて $A_{K'}$ と $A_{K''}$ が取りうる値は，A_0 と A_K だけである．つまり，K' と K'' が取りうる値は，0 か K である．したがって，次のように場合分けする．

i) $K' = 0$ のとき

式 (9.23) は次のようになる．

$$[E_0(\boldsymbol{k}) - E(\boldsymbol{k})] A_0 + V_0 A_0 + V_{-\boldsymbol{K}} A_{\boldsymbol{K}} = 0 \tag{9.56}$$

ここで，$V_0 = 0$ を用いると，次の結果が得られる．

$$[E_0(\boldsymbol{k}) - E(\boldsymbol{k})] A_0 + V_{-\boldsymbol{K}} A_{\boldsymbol{K}} = 0 \tag{9.57}$$

ii) $K' = K$ のとき

式 (9.23) は次のようになる．

$$[E_0(\boldsymbol{k} + \boldsymbol{K}) - E(\boldsymbol{k})] A_{\boldsymbol{K}} + V_{\boldsymbol{K}} A_0 + V_0 A_{\boldsymbol{K}} = 0 \tag{9.58}$$

ここで，$V_0 = 0$ を用いると，次の結果が得られる．

$$[E_0(\boldsymbol{k} + \boldsymbol{K}) - E(\boldsymbol{k})] A_{\boldsymbol{K}} + V_{\boldsymbol{K}} A_0 = 0 \tag{9.59}$$

なお，式 (9.57), (9.59) が $A_0 = A_{\boldsymbol{K}} = 0$ 以外の解をもつ条件は，次式で与えられる．

$$E(\boldsymbol{k}) = \frac{1}{2} \left[E_0(\boldsymbol{k}) + E_0(\boldsymbol{k} + \boldsymbol{K}) \pm \sqrt{[E_0(\boldsymbol{k} + \boldsymbol{K}) - E_0(\boldsymbol{k})]^2 + 4 V_{\boldsymbol{K}} V_{-\boldsymbol{K}}} \right] \tag{9.60}$$

問題 9.9 縮退がある場合のほとんど自由な電子モデル (2)

式 (9.23) において，周期的ポテンシャルのフーリエ係数 $V_{K'-K''}$ に対して，$V_0 = 0$ とする．さらに，A_0, A_K, A_{2K} だけが支配的な場合を考える．このとき，A_0, A_K, A_{2K} の関係を表す式を求めよ．

✽✽✽ ヒント
- K' について場合分けする．

解　答

A_0, A_K, A_{2K} だけが支配的だから，式 (9.23) において，$A_{K'}$ と $A_{K''}$ が取りうる値は，A_0, A_K, A_{2K} だけである．つまり，K' と K'' が取りうる値は，0, K, $2K$ である．したがって，次のように場合分けする．

i) $K' = 0$ のとき

式 (9.23) は次のようになる．

$$[E_0(\boldsymbol{k}) - E(\boldsymbol{k})] A_0 + V_{-\boldsymbol{K}} A_{\boldsymbol{K}} + V_{-2\boldsymbol{K}} A_{2\boldsymbol{K}} = 0 \tag{9.61}$$

ここで，$V_0 = 0$ を用いた．

ii) $K' = K$ のとき

式 (9.23) は次のようになる．

$$[E_0(\boldsymbol{k} + \boldsymbol{K}) - E(\boldsymbol{k})] A_{\boldsymbol{K}} + V_{\boldsymbol{K}} A_0 + V_{-\boldsymbol{K}} A_{2\boldsymbol{K}} = 0 \tag{9.62}$$

ここで，$V_0 = 0$ を用いた．

iii) $K' = 2K$ のとき

式 (9.23) は次のようになる．

$$[E_0(\boldsymbol{k} + 2\boldsymbol{K}) - E(\boldsymbol{k})] A_{2\boldsymbol{K}} + V_{2\boldsymbol{K}} A_0 + V_{\boldsymbol{K}} A_{\boldsymbol{K}} = 0 \tag{9.63}$$

ここで，$V_0 = 0$ を用いた．

問題 9.10 ほとんど自由な電子のエネルギーバンド

問題 9.8 の条件のもとで，$E_0(\boldsymbol{k}+\boldsymbol{K})=E_0(\boldsymbol{k})$ すなわち $\boldsymbol{k}=-\boldsymbol{K}/2$ の場合，周期的ポテンシャルのフーリエ係数 $V_{\boldsymbol{K}}$ が実数ならば，波動関数 $\varphi(\boldsymbol{k},\boldsymbol{r})$ が次式で与えられることを示せ．

$$\varphi(\boldsymbol{k},\boldsymbol{r})=\sqrt{\frac{2}{V}}\cos\left(\frac{\boldsymbol{K}\cdot\boldsymbol{r}}{2}\right) \tag{9.64}$$

$$\varphi(\boldsymbol{k},\boldsymbol{r})=\sqrt{\frac{2}{V}}\sin\left(\frac{\boldsymbol{K}\cdot\boldsymbol{r}}{2}\right) \tag{9.65}$$

✳✳✳ ヒント

- $E(-\boldsymbol{K}/2)$ について**場合分け**する．

解答

フーリエ係数 $V_{\boldsymbol{K}}$ が実数だから，問題 9.7 の解答の式 (9.55) を用いると，次の関係が成り立つ．

$$V_{\boldsymbol{K}}^{*}=V_{\boldsymbol{K}}=V_{-\boldsymbol{K}} \tag{9.66}$$

このとき，式 (9.60) から，$E(-\boldsymbol{K}/2)$ は次のように表される．

$$E(-\boldsymbol{K}/2)=E_0(-\boldsymbol{K}/2)\pm|V_{\boldsymbol{K}}| \tag{9.67}$$

i) $E(-\boldsymbol{K}/2)=E_0(-\boldsymbol{K}/2)+|V_{\boldsymbol{K}}|$ のとき

式 (9.57), (9.59), (9.66) から，次の連立方程式が得られる．

$$-|V_{\boldsymbol{K}}|A_0+V_{\boldsymbol{K}}A_{\boldsymbol{K}}=0 \tag{9.68}$$

$$V_{\boldsymbol{K}}A_0-|V_{\boldsymbol{K}}|A_{\boldsymbol{K}}=0 \tag{9.69}$$

式 (9.68), (9.69) から，次の結果が導かれる．

$$A_0=\begin{cases}A_{\boldsymbol{K}} & :V_{\boldsymbol{K}}>0 \\ -A_{\boldsymbol{K}} & :V_{\boldsymbol{K}}<0\end{cases} \tag{9.70}$$

式 (9.20), (9.70) から, 波動関数 $\varphi(\boldsymbol{k}, \boldsymbol{r})$ は, 次のように表される.

$$\varphi(\boldsymbol{k}, \boldsymbol{r}) = A_{\boldsymbol{K}} \left[\exp\left(\mathrm{i} \frac{\boldsymbol{K} \cdot \boldsymbol{r}}{2} \right) \pm \exp\left(-\mathrm{i} \frac{\boldsymbol{K} \cdot \boldsymbol{r}}{2} \right) \right] \tag{9.71}$$

ここで, $\pm$ のうち $+$ は $V_{\boldsymbol{K}} > 0$ に対応し, $-$ は $V_{\boldsymbol{K}} < 0$ に対応している.

式 (9.71) をもとにして, 規格化によって波動関数の係数を決定すると, 波動関数 $\varphi(\boldsymbol{k}, \boldsymbol{r})$ は, 次のように求められる.

$$\varphi(\boldsymbol{k}, \boldsymbol{r}) = \begin{cases} \sqrt{\dfrac{2}{V}} \cos\left(\dfrac{\boldsymbol{K} \cdot \boldsymbol{r}}{2} \right) & : V_{\boldsymbol{K}} > 0 \\ \sqrt{\dfrac{2}{V}} \sin\left(\dfrac{\boldsymbol{K} \cdot \boldsymbol{r}}{2} \right) & : V_{\boldsymbol{K}} < 0 \end{cases} \tag{9.72}$$

ii) $E(-\boldsymbol{K}/2) = E_0(-\boldsymbol{K}/2) - |V_{\boldsymbol{K}}|$ のとき

式 (9.57), 式 (9.59), (9.66) から, 次の連立方程式が得られる.

$$|V_{\boldsymbol{K}}| A_0 + V_{\boldsymbol{K}} A_{\boldsymbol{K}} = 0 \tag{9.73}$$

$$V_{\boldsymbol{K}} A_0 + |V_{\boldsymbol{K}}| A_{\boldsymbol{K}} = 0 \tag{9.74}$$

式 (9.74) から, 次の結果が導かれる.

$$A_0 = \begin{cases} -A_{\boldsymbol{K}} & : V_{\boldsymbol{K}} > 0 \\ A_{\boldsymbol{K}} & : V_{\boldsymbol{K}} < 0 \end{cases} \tag{9.75}$$

式 (9.20), (9.75) から, 波動関数 $\varphi(\boldsymbol{k}, \boldsymbol{r})$ は, 次のように表される.

$$\varphi(\boldsymbol{k}, \boldsymbol{r}) = A_{\boldsymbol{K}} \left[\exp\left(\mathrm{i} \frac{\boldsymbol{K} \cdot \boldsymbol{r}}{2} \right) \mp \exp\left(-\mathrm{i} \frac{\boldsymbol{K} \cdot \boldsymbol{r}}{2} \right) \right] \tag{9.76}$$

ここで, $\mp$ のうち $-$ は $V_{\boldsymbol{K}} > 0$ に対応し, $+$ は $V_{\boldsymbol{K}} < 0$ に対応している.

式 (9.76) をもとにして, 規格化によって波動関数の係数を決定すると, 波動関数 $\varphi(\boldsymbol{k}, \boldsymbol{r})$ は, 次のように求められる.

$$\varphi(\boldsymbol{k}, \boldsymbol{r}) = \begin{cases} \sqrt{\dfrac{2}{V}} \sin\left(\dfrac{\boldsymbol{K} \cdot \boldsymbol{r}}{2} \right) & : V_{\boldsymbol{K}} > 0 \\ \sqrt{\dfrac{2}{V}} \cos\left(\dfrac{\boldsymbol{K} \cdot \boldsymbol{r}}{2} \right) & : V_{\boldsymbol{K}} < 0 \end{cases} \tag{9.77}$$

第10章

時間を含む摂動法

10.1 基礎方程式
10.2 遷移確率
10.3 半古典論

問題 10.1　定常状態における波動関数の重ね合せ
問題 10.2　内積
問題 10.3　調和振動的な摂動による吸収と放出
問題 10.4　単位時間あたりの遷移確率
問題 10.5　電磁場中の荷電粒子に対するラグランジアン
問題 10.6　電磁場中の荷電粒子に対する古典的ハミルトニアン
問題 10.7　電磁場中の荷電粒子に対する摂動ハミルトニアン
問題 10.8　電気双極子相互作用
問題 10.9　電気双極子遷移に対する行列要素
問題 10.10　状態間の遷移

10.1 基礎方程式

次のような時間に依存するシュレーディンガー方程式を考える.

$$\tilde{\mathcal{H}}\psi = \left[\tilde{\mathcal{H}}_0 + \tilde{\mathcal{H}}'(t)\right]\psi = i\hbar \frac{\partial \psi}{\partial t} \tag{10.1}$$

ここで, $\tilde{\mathcal{H}}_0$ は定常状態における非摂動ハミルトニアン, $\tilde{\mathcal{H}}'(t)$ は時間に依存する摂動ハミルトニアン (time-dependent perturbation Hamiltonian) である. そして, 時間に対して独立で規格直交化された波動関数 φ_n とエネルギー固有値 E_n がすでに求められており, 次のように表されると仮定する.

$$\tilde{\mathcal{H}}_0 \varphi_n = E_n \varphi_n \tag{10.2}$$

定常状態における波動関数 $\varphi_n \exp(-iE_n t/\hbar)$ を用いて, 式 (10.1) の解 ψ を次のように展開 (expand) する.

$$\psi = \sum_n a_n(t)\, \varphi_n \exp\left(-i\frac{E_n}{\hbar}t\right) \tag{10.3}$$

ここで, $a_n(t)$ は時間 t に依存する展開係数である.

式 (10.3) は, 定常状態における波動関数 $\varphi_n \exp(-iE_n t/\hbar)$ の重ね合せによって, 波動関数 ψ を表していると解釈することができる.

ボーア角周波数 (Bohr angular frequency) ω_{kn} を

$$\omega_{kn} \equiv \frac{E_k - E_n}{\hbar} \tag{10.4}$$

で定義すると, 1 次の摂動を示す展開係数 $a_k^{(1)}(t)$ は, 次のように表される.

$$a_k^{(1)}(t) = \frac{1}{i\hbar} \int_{-\infty}^{t} \langle k|\tilde{\mathcal{H}}'(t)|m\rangle \exp(i\omega_{km}t)\, dt \tag{10.5}$$

ただし, ここでは時刻が $-\infty$ から t までの間ずっと摂動が加わっているとし, 積分区間を $[-\infty, t]$ とした.

10.2 遷移確率

時間に依存する摂動ハミルトニアン $\tilde{\mathcal{H}}'(t)$ によって, $\tilde{\mathcal{H}}_0$ の固有状態の間で遷

移 (transition) が生じる．摂動が時刻 $t=0$ から $t=t_0$ まで加わり，$E_k > E_m$ とする．そして，終状態のエネルギー E_k が $E_m + \hbar\omega$ にほぼ等しい複数の終状態 $|k\rangle$ が存在し，終状態 $|k\rangle$ に対して $\langle k|\tilde{\mathcal{H}}'|m\rangle$ がほぼ独立であると仮定する．この場合，系が終状態 $|k\rangle$ のどれかの状態にある確率は，図 10.1 の網掛部の面積として与えられる．

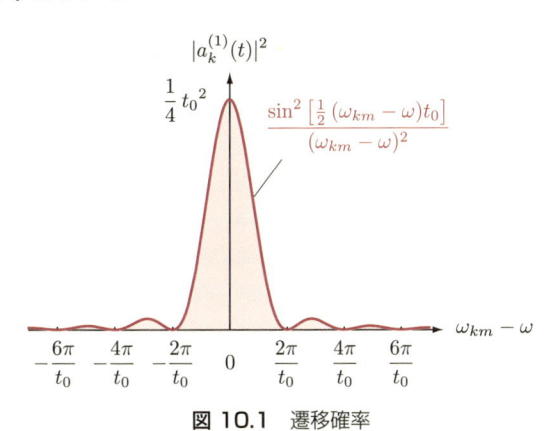

図 10.1 遷移確率

単位時間あたりの状態間の遷移確率 (transition probability) w は，次のように表される．

$$w = \frac{1}{t_0} \int |a_k^{(1)}(t)|^2 \rho(k)\,\mathrm{d}E_k \tag{10.6}$$

ここで，$\rho(k)$ は状態密度，$\rho(k)\,\mathrm{d}E_k$ は，エネルギーが E_k と $E_k + \mathrm{d}E_k$ との間にある終状態の数である．

10.3 半古典論

質量 m，電荷 Q をもつ荷電粒子が電磁場中に存在するとき，古典論におけるハミルトニアン H は，次式によって与えられる．

$$H = \frac{1}{2m}(\boldsymbol{p} - Q\boldsymbol{A})^2 + Q\phi \tag{10.7}$$

ここで，$\boldsymbol{A}$ はベクトルポテンシャル (vector potential)，ϕ はスカラーポテン

シャル (scalar potential) である．

また，観測系が静止しているとき，電界 $\boldsymbol{E}$ は，ベクトルポテンシャル $\boldsymbol{A}$ とスカラーポテンシャル ϕ を用いて，次のように表される．

$$\boldsymbol{E} = -\nabla\phi - \frac{\partial \boldsymbol{A}}{\partial t} \tag{10.8}$$

なお，ベクトルポテンシャル $\boldsymbol{A}$ とスカラーポテンシャル ϕ が存在する空間では，質量 m，電荷 Q の粒子に対するラグランジアン L は，一般化座標 $\boldsymbol{q}$ に対して $\dot{\boldsymbol{q}} = \mathrm{d}\boldsymbol{q}/\mathrm{d}t$ を用いて，次のように表される．

$$L = \frac{1}{2}m\dot{\boldsymbol{q}}^2 - Q\phi + Q\dot{\boldsymbol{q}}\cdot\boldsymbol{A} \tag{10.9}$$

さて，光が z 軸の正の方向に進む平面波であるとし，光の電界 $\boldsymbol{E}$ が x 軸に沿って振動していると仮定する．このとき，x 軸方向の単位ベクトルを $\hat{\boldsymbol{x}}$ として，時刻 t，位置 z における電界 $\boldsymbol{E}$ が，古典論において次のように表されると仮定する．

$$\boldsymbol{E} = E_0 \exp[\mathrm{i}(\omega t - kz)]\hat{\boldsymbol{x}} \tag{10.10}$$

ここで，E_0 は振幅，ω は光の角周波数，k は光の波数である．

スカラーポテンシャル ϕ が 0 のとき，式 (10.8)，(10.10) から，ベクトルポテンシャル $\boldsymbol{A}$ を次のように書くことができる．

$$\boldsymbol{A} = \frac{\mathrm{i}E_0}{\omega}\exp[\mathrm{i}(\omega t - kz)]\hat{\boldsymbol{x}} \tag{10.11}$$

式 (10.11) から，次式が得られる．

$$\boldsymbol{A}^* \cdot \boldsymbol{A} = |\boldsymbol{A}|^2 = \frac{{E_0}^2}{\omega^2} \tag{10.12}$$

エネルギーの流れを考えるために，ポインティング・ベクトルの時間平均の大きさ $|\boldsymbol{S}|$ を計算すると，次のようになる．

$$|\boldsymbol{S}| = |\boldsymbol{E}\times\boldsymbol{H}| = \frac{1}{2}{E_0}^2\frac{k}{\mu_0\omega} = \frac{1}{2}{E_0}^2\frac{n_r}{\mu_0 c} = \frac{1}{2}\varepsilon_0 {E_0}^2 n_r c \tag{10.13}$$

ただし，$\boldsymbol{H}$ は磁界，μ_0 は真空の透磁率，c は真空中の光速，ε_0 は真空の誘電率，n_r は媒質の屈折率である．また，$\boldsymbol{B} = \mathrm{rot}\,\boldsymbol{A} = \mu_0\boldsymbol{H}$ を用いた．

式 (10.13) が 1 個の光子のエネルギーの流れ $\hbar\omega c/n_r$ と等しいから，次の関係が得られる．

$$E_0{}^2 = \frac{2\hbar\omega}{\varepsilon_0 n_r{}^2} \tag{10.14}$$

式 (10.12), (10.14) から，次の結果が導かれる．

$$|\boldsymbol{A}|^2 = \frac{2\hbar}{\varepsilon_0 n_r{}^2 \omega} \tag{10.15}$$

摂動が時刻 $t=0$ で加えられ，時刻 $t=t_0$ で取り除かれたとすると，$t \geq t_0$ において，次の結果が得られる．

$$a_k^{(1)}(t) = -\frac{QE_0}{\hbar\omega m}\langle k|\tilde{p}_x|m\rangle \exp(-\mathrm{i}kz)\frac{\exp\left[\mathrm{i}(\omega_{km}+\omega)t_0\right]-1}{\mathrm{i}(\omega_{km}+\omega)} \tag{10.16}$$

ここで，$\tilde{p}_x$ は $\tilde{\boldsymbol{p}}$ の x 成分である．

1 個の光子の流れがあるとき，単位時間あたりの遷移確率 w は，式 (10.16) を式 (10.6) に代入して，次のように求められる．

$$w = \frac{2Q^2\hbar}{m^2\varepsilon_0 n_r{}^2 |E_{km}|}|\langle k|\tilde{p}_x|m\rangle|^2 \quad (E_{km} \equiv \hbar\omega_{km}) \tag{10.17}$$

ただし，$|\boldsymbol{A}|^2$ のスペクトル線幅は十分狭いと仮定した．式 (10.16) は，$\omega_{km} \simeq -\omega$ すなわち $E_k \simeq E_m - \hbar\omega$ のときだけ大きくなる．つまり，式 (10.10) の電界 $\boldsymbol{E}$ に対して求めた式 (10.17) の w は，系に光が入射したときに，系が単位時間あたりに光を放出する確率を示している．

図 10.2 のように，$E_k < E_m$ のときは，系に光が入射したときに，系から光が放出される．この現象は，誘導放出 (stimulated emission) として知られており，誘導放出による光の増幅を用いた光の発振器が，レーザー (laser) である．つまり，式 (10.17) は，誘導放出の遷移確率を示している．

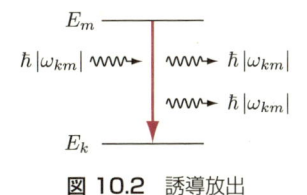

E_m ────
$\hbar|\omega_{km}|$ ⌇⌇→ ⌇⌇ $\hbar|\omega_{km}|$
              ⌇⌇ $\hbar|\omega_{km}|$
E_k ────

図 10.2 誘導放出

問題 10.1　定常状態における波動関数の重ね合せ

式 (10.3) を式 (10.1) に代入して整理せよ.

✸✸✸ ヒント

- 関数 f, g に対して次の関係を用いる.

$$\frac{\partial(fg)}{\partial t} = f\left(\frac{\partial g}{\partial t}\right) + \left(\frac{\partial f}{\partial t}\right)g = f\dot{g} + \dot{f}g$$

解　答

式 (10.3) を式 (10.1) に代入すると，左辺と右辺はそれぞれ次のようになる.

$$\begin{aligned}
(\text{左辺}) &= \sum_n a_n(t) \left[\tilde{\mathcal{H}}_0 + \tilde{\mathcal{H}}'(t)\right] \varphi_n \exp\left(-\mathrm{i}\frac{E_n}{\hbar}t\right) \\
&= \sum_n a_n(t) E_n \varphi_n \exp\left(-\mathrm{i}\frac{E_n}{\hbar}t\right) \\
&\quad + \sum_n a_n(t) \tilde{\mathcal{H}}'(t)\varphi_n \exp\left(-\mathrm{i}\frac{E_n}{\hbar}t\right) \quad (10.18)
\end{aligned}$$

$$\begin{aligned}
(\text{右辺}) &= \mathrm{i}\hbar \sum_n a_n(t)\varphi_n \left[\frac{\partial}{\partial t}\exp\left(-\mathrm{i}\frac{E_n}{\hbar}t\right)\right] \\
&\quad + \mathrm{i}\hbar \sum_n \left[\frac{\partial}{\partial t} a_n(t)\right] \varphi_n \exp\left(-\mathrm{i}\frac{E_n}{\hbar}t\right) \\
&= \sum_n a_n(t) E_n \varphi_n \exp\left(-\mathrm{i}\frac{E_n}{\hbar}t\right) \\
&\quad + \sum_n \mathrm{i}\hbar\, \dot{a}_n(t)\varphi_n \exp\left(-\mathrm{i}\frac{E_n}{\hbar}t\right) \quad (10.19)
\end{aligned}$$

ただし，$\dot{a}_n(t) = \partial a_n(t)/\partial t$ である.

式 (10.18)，式 (10.19) から，次の関係が得られる.

$$\sum_n a_n(t) \tilde{\mathcal{H}}'(t)\varphi_n \exp\left(-\mathrm{i}\frac{E_n}{\hbar}t\right) = \sum_n \mathrm{i}\hbar\, \dot{a}_n(t)\varphi_n \exp\left(-\mathrm{i}\frac{E_n}{\hbar}t\right) \quad (10.20)$$

問題 10.2 内積

波動関数 φ_k と問題 10.1 の式 (10.20) の内積を計算せよ.

✳✳✳ ヒント

- 波動関数 φ_k の複素共役 φ_k^* を式 (10.20) の左側からかけて,全空間にわたって積分する.

解答

波動関数 φ_k と式 (10.20) の左辺との内積は,次のようになる.

$$\int_0^\infty \varphi_k{}^* \sum_n a_n(t)\tilde{\mathcal{H}}'(t)\varphi_n \exp\left(-\mathrm{i}\frac{E_n}{\hbar}t\right) \mathrm{d}V$$

$$= \sum_n \left[\int_0^\infty \varphi_k{}^* \tilde{\mathcal{H}}'(t)\varphi_n \,\mathrm{d}V\right] a_n(t) \exp\left(-\mathrm{i}\frac{E_n}{\hbar}t\right)$$

$$= \sum_n \langle k|\tilde{\mathcal{H}}'(t)|n\rangle \, a_n(t) \exp\left(-\mathrm{i}\frac{E_n}{\hbar}t\right) \tag{10.21}$$

ここで,演算子と波動関数以外を積分の外に出しても結果が変わらないことを用いた.また,$\langle k|\tilde{\mathcal{H}}'(t)|n\rangle$ は,**行列要素** (matrix element) とよばれている.

一方,波動関数 φ_k と式 (10.20) の右辺との内積は,次のようになる.

$$\int_0^\infty \varphi_k{}^* \sum_n \mathrm{i}\hbar \dot{a}_n(t)\varphi_n \exp\left(-\mathrm{i}\frac{E_n}{\hbar}t\right) \mathrm{d}V$$

$$= \sum_n \mathrm{i}\hbar \dot{a}_n(t) \exp\left(-\mathrm{i}\frac{E_n}{\hbar}t\right) \int_0^\infty \varphi_k{}^*\varphi_n \,\mathrm{d}V$$

$$= \sum_n \mathrm{i}\hbar \dot{a}_n(t) \exp\left(-\mathrm{i}\frac{E_n}{\hbar}t\right) \delta_{kn}$$

$$= \mathrm{i}\hbar \dot{a}_k(t) \exp\left(-\mathrm{i}\frac{E_k}{\hbar}t\right) \tag{10.22}$$

ここで,式 (9.3) を用いた.

問題 10.3　調和振動的な摂動による吸収と放出

系に対して，調和振動的な摂動 (harmonic perturbation) が，時刻 $t = 0$ で加えられ，時刻 $t = t_0$ で取り除かれたとする．このとき，行列要素 $\langle k|\tilde{\mathcal{H}}'(t)|m\rangle$ を次のようにおく．

$$\langle k|\tilde{\mathcal{H}}'(t)|m\rangle = 2\langle k|\tilde{\mathcal{H}}'|m\rangle \sin\omega t \tag{10.23}$$

ただし，$\langle k|\tilde{\mathcal{H}}'|m\rangle$ は時間 t に依存しないとする．このとき，プランクの量子エネルギー $\hbar\omega$ の**吸収** (absorption) や**放出**が生じることを示せ．

✳✳✳ ヒント

- **オイラーの公式**を用いて，**行列要素**を変形する．

解　答

オイラーの公式を用いると，式 (10.23) は次のように書き換えられる．

$$\langle k|\tilde{\mathcal{H}}'(t)|m\rangle = \langle k|\tilde{\mathcal{H}}'|m\rangle \frac{\exp(\mathrm{i}\omega t) - \exp(-\mathrm{i}\omega t)}{\mathrm{i}} \tag{10.24}$$

式 (10.24) を式 (10.5) に代入し，積分区間を $[-\infty, t]$ から $[0, t_0]$ に置き換えると，摂動が取り除かれた後 ($t \geq t_0$) では，次のようになる．

$$\begin{aligned}
a_k^{(1)}(t) &= -\frac{\langle k|\tilde{\mathcal{H}}'|m\rangle}{\hbar} \int_0^{t_0} \exp\left[\mathrm{i}\left(\omega_{km} + \omega\right)t\right] \\
&\quad + \frac{\langle k|\tilde{\mathcal{H}}'|m\rangle}{\hbar} \int_0^{t_0} \exp\left[\mathrm{i}\left(\omega_{km} - \omega\right)t\right] \\
&= -\frac{\langle k|\tilde{\mathcal{H}}'|m\rangle}{\hbar} \frac{\exp\left[\mathrm{i}\left(\omega_{km} + \omega\right)t_0\right] - 1}{\mathrm{i}\left(\omega_{km} + \omega\right)} \\
&\quad + \frac{\langle k|\tilde{\mathcal{H}}'|m\rangle}{\hbar} \frac{\exp\left[\mathrm{i}\left(\omega_{km} - \omega\right)t_0\right] - 1}{\mathrm{i}\left(\omega_{km} - \omega\right)}
\end{aligned} \tag{10.25}$$

初期状態を $|m\rangle$，終状態を $|k\rangle$ とし，摂動が取り除かれた後に系が終状態 $|k\rangle$ にある確率を考える．ここで，$\omega > 0$ であることに着目してほしい．

式 (10.4) から $E_k < E_m$ のとき $\omega_{km} < 0$ だから, $|\omega_{km} + \omega| \ll |\omega_{km} - \omega|$ である. したがって, 式 (10.25) の第 1 項が支配的になり, 次のようになる.

$$
\begin{aligned}
|a_k^{(1)}(t)|^2 &= a_k^{(1)}(t)^* a_k^{(1)}(t) \\
&= \frac{-\langle k|\tilde{\mathcal{H}}'|m\rangle}{\hbar} \frac{\exp\left[-\mathrm{i}\left(\omega_{km} + \omega\right) t_0\right] - 1}{-\mathrm{i}\left(\omega_{km} + \omega\right)} \\
&\quad \times \frac{-\langle k|\tilde{\mathcal{H}}'|m\rangle}{\hbar} \frac{\exp\left[\mathrm{i}\left(\omega_{km} + \omega\right) t_0\right] - 1}{\mathrm{i}\left(\omega_{km} + \omega\right)} \\
&= \frac{|\langle k|\tilde{\mathcal{H}}'|m\rangle|^2}{\hbar^2} \frac{2 - \{\exp\left[\mathrm{i}\left(\omega_{km} + \omega\right) t_0\right] + \exp\left[-\mathrm{i}\left(\omega_{km} + \omega\right) t_0\right]\}}{(\omega_{km} + \omega)^2} \\
&= \frac{|\langle k|\tilde{\mathcal{H}}'|m\rangle|^2}{\hbar^2} \frac{2\{1 - \cos\left[(\omega_{km} + \omega) t_0\right]\}}{(\omega_{km} + \omega)^2} \\
&= \frac{4|\langle k|\tilde{\mathcal{H}}'|m\rangle|^2}{\hbar^2(\omega_{km} + \omega)^2} \sin^2\left[\frac{1}{2}(\omega_{km} + \omega)t_0\right]
\end{aligned}
\tag{10.26}
$$

この場合は, 終状態のエネルギー E_k が始状態のエネルギー E_m よりも小さいので, 系は摂動によってプランクの量子エネルギー $\hbar\omega$ を放出する.

式 (10.4) から $E_k > E_m$ のとき $\omega_{km} > 0$ だから, $|\omega_{km} + \omega| \gg |\omega_{km} - \omega|$ である. したがって, 式 (10.25) の第 2 項が支配的になり, 次のようになる.

$$
\begin{aligned}
|a_k^{(1)}(t)|^2 &= a_k^{(1)}(t)^* a_k^{(1)}(t) \\
&= \frac{\langle k|\tilde{\mathcal{H}}'|m\rangle}{\hbar} \frac{\exp\left[-\mathrm{i}\left(\omega_{km} - \omega\right) t_0\right] - 1}{-\mathrm{i}\left(\omega_{km} - \omega\right)} \\
&\quad \times \frac{\langle k|\tilde{\mathcal{H}}'|m\rangle}{\hbar} \frac{\exp\left[\mathrm{i}\left(\omega_{km} - \omega\right) t_0\right] - 1}{\mathrm{i}\left(\omega_{km} - \omega\right)} \\
&= \frac{|\langle k|\tilde{\mathcal{H}}'|m\rangle|^2}{\hbar^2} \frac{2 - \{\exp\left[\mathrm{i}\left(\omega_{km} - \omega\right) t_0\right] + \exp\left[-\mathrm{i}\left(\omega_{km} - \omega\right) t_0\right]\}}{(\omega_{km} - \omega)^2} \\
&= \frac{|\langle k|\tilde{\mathcal{H}}'|m\rangle|^2}{\hbar^2} \frac{2\{1 - \cos\left[(\omega_{km} - \omega) t_0\right]\}}{(\omega_{km} - \omega)^2} \\
&= \frac{4|\langle k|\tilde{\mathcal{H}}'|m\rangle|^2}{\hbar^2(\omega_{km} - \omega)^2} \sin^2\left[\frac{1}{2}(\omega_{km} - \omega)t_0\right]
\end{aligned}
\tag{10.27}
$$

この場合は, 終状態のエネルギー E_k が始状態のエネルギー E_m よりも大きいので, 系は摂動によってプランクの量子エネルギー $\hbar\omega$ を吸収する.

問題 10.4 単位時間あたりの遷移確率

問題 10.3 において,摂動が加えられる時間 t_0 が十分長いとき,単位時間あたりの遷移確率 w を計算せよ.

✳✳✳ ヒント

- 積分に対してほぼ独立な物理量は,積分の外に出すことができる.

解答

図 10.1 からわかるように,t_0 が十分長いとき,$|a_k^{(1)}(t)|^2$ のスペクトル幅は十分狭くなる.このとき,$\rho(k)$ は E_k に対してほぼ独立であると考えられる.したがって,式 (10.6) において,$\rho(k)$ を積分の外に出すことができる.ここで,E_m が一定として,$dE_k = d(E_k - E_m) = \hbar\, d\omega_{km}$ とおく.

式 (10.6),(10.26) から,$E_k < E_m$ のときは,単位時間あたりの遷移確率 w は,次のようになる.

$$\begin{aligned}
w &= \frac{4|\langle k|\tilde{\mathcal{H}}'|m\rangle|^2}{\hbar^2 t_0}\rho(k)\int_{-\infty}^{0}\frac{\sin^2\left[\frac{1}{2}(\omega_{km}+\omega)t_0\right]}{(\omega_{km}+\omega)^2}\hbar\,d\omega_{km} \\
&= \frac{2\pi}{\hbar}\rho(k)\,|\langle k|\tilde{\mathcal{H}}'|m\rangle|^2
\end{aligned} \tag{10.28}$$

式 (10.6),(10.27) から,$E_k > E_m$ のときは,単位時間あたりの遷移確率 w は,次のようになる.

$$\begin{aligned}
w &= \frac{4|\langle k|\tilde{\mathcal{H}}'|m\rangle|^2}{\hbar^2 t_0}\rho(k)\int_{0}^{\infty}\frac{\sin^2\left[\frac{1}{2}(\omega_{km}-\omega)t_0\right]}{(\omega_{km}-\omega)^2}\hbar\,d\omega_{km} \\
&= \frac{2\pi}{\hbar}\rho(k)\,|\langle k|\tilde{\mathcal{H}}'|m\rangle|^2
\end{aligned} \tag{10.29}$$

式 (10.28),(10.29) から,$E_k < E_m$ の場合と $E_k > E_m$ の場合とで単位時間あたりの遷移確率 w が等しいことがわかる.そして,$\langle k|\tilde{\mathcal{H}}'|m\rangle \neq 0$ のときだけ遷移が起き,$\langle k|\tilde{\mathcal{H}}'|m\rangle = 0$ のときには遷移は起きない.このような規則を選択則 (selection rule) という.

問題 10.5　電磁場中の荷電粒子に対するラグランジアン

電磁場中の荷電粒子に対して式 (10.9) が成り立つことを xyz-座標系における x 成分を例にとって確かめよ．

✳✳✳ ヒント

- 第 3 章のラグランジュの運動方程式を用いる．
- ローレンツ力に着目する．

解　答

式 (10.9) から，x 成分について次の関係が得られる．

$$\frac{\partial L}{\partial \dot{x}} = m\dot{x} + QA_x \tag{10.30}$$

$$\frac{\mathrm{d}}{\mathrm{d}t}\frac{\partial L}{\partial \dot{x}} = m\ddot{x} + Q\left(\frac{\partial A_x}{\partial t} + \dot{x}\frac{\partial A_x}{\partial x} + \dot{y}\frac{\partial A_x}{\partial y} + \dot{z}\frac{\partial A_x}{\partial z}\right) \tag{10.31}$$

$$\frac{\partial L}{\partial x} = -Q\frac{\partial \phi}{\partial x} + Q\left(\dot{x}\frac{\partial A_x}{\partial x} + \dot{y}\frac{\partial A_y}{\partial x} + \dot{z}\frac{\partial A_z}{\partial x}\right) \tag{10.32}$$

式 (10.31)，(10.32) を式 (3.3) に代入すると，次式が得られる．

$$m\ddot{x} + Q\left(\frac{\partial \phi}{\partial x} + \frac{\partial A_x}{\partial t}\right) + Q\left[\dot{y}\left(\frac{\partial A_x}{\partial y} - \frac{\partial A_y}{\partial x}\right) + \dot{z}\left(\frac{\partial A_x}{\partial z} - \frac{\partial A_z}{\partial x}\right)\right] = 0 \tag{10.33}$$

ここで，次の関係に着目する．

$$E_x = -\frac{\partial \phi}{\partial x} - \frac{\partial A_x}{\partial t} \tag{10.34}$$

$$\boldsymbol{B} = \mathrm{rot}\,\boldsymbol{A} \tag{10.35}$$

式 (10.34)，(10.35) を用いると，式 (10.33) は，次のように書き換えられる．

$$m\frac{\mathrm{d}^2 x}{\mathrm{d}t^2} = QE_x + Q(\boldsymbol{v} \times \boldsymbol{B})_x \tag{10.36}$$

式 (10.36) の右辺は，ローレンツ力の x 成分を示しており，この結果から式 (10.9) の x 成分について正しいことが確かめられた．

問題 10.6　電磁場中の荷電粒子に対する古典的ハミルトニアン

電磁場中の荷電粒子に対する古典的ハミルトニアン H が式 (10.7) によって与えられることを示せ．

✳✳✳ ヒント

- $H \equiv \bm{p} \cdot \dot{\bm{q}} - L$ を用いる．

解　答

荷電粒子の質量を m，荷電粒子のもつ電気量（電荷）を Q とする．この荷電粒子の運動量 $\bm{p}$ は，式 (3.4)，(10.9) から，ラグランジアン L，一般化座標 $\bm{q}$，ベクトルポテンシャル $\bm{A}$ を用いて，次のように表される．

$$\bm{p} = \frac{\partial L}{\partial \dot{\bm{q}}} = m\dot{\bm{q}} + Q\bm{A} \tag{10.37}$$

ここで，$\dot{\bm{q}} = \mathrm{d}\bm{q}/\mathrm{d}t$ である．

式 (10.9)，(10.37) を式 (3.5) に代入すると，ハミルトニアン H は次のようになる．

$$\begin{aligned}
H &\equiv \bm{p} \cdot \dot{\bm{q}} - L \\
&= m\dot{\bm{q}}^2 + Q\,\dot{\bm{q}} \cdot \bm{A} - \frac{1}{2}m\dot{\bm{q}}^2 + Q\phi - Q\,\dot{\bm{q}} \cdot \bm{A} \\
&= \frac{1}{2}m\dot{\bm{q}}^2 + Q\phi \\
&= \frac{1}{2m}(\bm{p} - Q\bm{A})^2 + Q\phi
\end{aligned} \tag{10.38}$$

なお，式 (10.38) の右辺の最終行を導くときに，式 (10.37) から $\dot{\bm{q}} = (\bm{p} - Q\bm{A})/m$ となることを用いた．

問題 10.7 電磁場中の荷電粒子に対する摂動ハミルトニアン

質量 m, 電荷 Q をもつ荷電粒子が電磁場中に存在するとき, 摂動ハミルトニアン $\tilde{\mathcal{H}}'(t)$ が次式で与えられることを示せ.

$$\tilde{\mathcal{H}}'(t) = \frac{\mathrm{i}Q\hbar}{m}\,\boldsymbol{A}\cdot\nabla \tag{10.39}$$

ただし, スカラーポテンシャル ϕ を 0 とし, $\nabla\cdot\boldsymbol{A}=0$ とする.

✳✳✳ ヒント

- 荷電粒子が電磁場中に存在するときのハミルトニアンを考える.

解答

式 (10.38) において $\phi=0$ とおき, 運動量 $\boldsymbol{p}$ を運動量演算子 $-\mathrm{i}\hbar\nabla$ で置き換えると, 量子力学におけるハミルトニアン $\tilde{\mathcal{H}}$ が得られる. 波動関数 ψ に $\tilde{\mathcal{H}}$ を作用させると, 次のようになる.

$$\begin{aligned}
\tilde{\mathcal{H}}\psi &= \frac{1}{2m}(-\mathrm{i}\hbar\nabla - Q\boldsymbol{A})^2\psi = \frac{1}{2m}(-\mathrm{i}\hbar\nabla - Q\boldsymbol{A})\cdot(-\mathrm{i}\hbar\nabla - Q\boldsymbol{A})\psi \\
&= \frac{1}{2m}(-\mathrm{i}\hbar\nabla - Q\boldsymbol{A})\cdot(-\mathrm{i}\hbar\nabla\psi - Q\boldsymbol{A}\psi) \\
&= \frac{1}{2m}\left[-\hbar^2\nabla^2\psi + \mathrm{i}2\hbar Q\boldsymbol{A}\cdot(\nabla\psi) + \mathrm{i}\hbar Q\psi(\nabla\cdot\boldsymbol{A}) + Q^2\boldsymbol{A}\cdot\boldsymbol{A}\right]\psi \\
&= \frac{1}{2m}\left[-\hbar^2\nabla^2\psi + \mathrm{i}2\hbar Q\boldsymbol{A}\cdot(\nabla\psi) + Q^2\boldsymbol{A}\cdot\boldsymbol{A}\right]\psi \tag{10.40}
\end{aligned}$$

ここで, $\nabla\cdot\boldsymbol{A}=0$ を用いた.

電磁界による相互作用が摂動の場合, $Q^2\boldsymbol{A}\cdot\boldsymbol{A}\psi$ は, 他の項に比べて十分小さい. したがって, $Q^2\boldsymbol{A}\cdot\boldsymbol{A}\psi$ を無視すると, 式 (10.40) は次のようになる.

$$\tilde{\mathcal{H}}\psi = -\frac{\hbar^2}{2m}\nabla^2\psi + \frac{\mathrm{i}Q\hbar}{m}\boldsymbol{A}\cdot\nabla\psi = \left[-\frac{\hbar^2}{2m}\nabla^2 + \frac{\mathrm{i}Q\hbar}{m}\boldsymbol{A}\cdot\nabla\right]\psi \tag{10.41}$$

式 (10.41) の右辺の括弧内において, 第 1 項を $\tilde{\mathcal{H}}_0$, 第 2 項を $\tilde{\mathcal{H}}'(t)$ とすると, 次のように表される.

$$\tilde{\mathcal{H}}_0 = -\frac{\hbar^2}{2m}\nabla^2, \quad \tilde{\mathcal{H}}'(t) = \frac{\mathrm{i}Q\hbar}{m}\boldsymbol{A}\cdot\nabla \tag{10.42}$$

問題 10.8 電気双極子相互作用

問題 10.7 の式 (10.39) で表される摂動ハミルトニアン $\tilde{\mathcal{H}}'(t)$ が電気双極子相互作用 (electric dipole interaction) と対応していることを示せ.

✳✳✳ ヒント

- 演算子を物理量で置き換える.

解　答

式 (10.39) と $-\mathrm{i}\hbar\nabla = \tilde{\boldsymbol{p}}$ を用いると, $\langle k|\tilde{\mathcal{H}}'(t)|m\rangle$ は次のように表される.

$$\langle k|\tilde{\mathcal{H}}'(t)|m\rangle = \frac{\mathrm{i}Q\hbar}{m}\boldsymbol{A}\cdot\langle k|\nabla|m\rangle = -\frac{Q}{m}\boldsymbol{A}\cdot\langle k|-\mathrm{i}\hbar\nabla|m\rangle$$
$$= -\frac{Q}{m}\boldsymbol{A}\cdot\langle k|\tilde{\boldsymbol{p}}|m\rangle \tag{10.43}$$

次に, 運動量演算子 $\tilde{\boldsymbol{p}}$ を運動量 $m\,\mathrm{d}\boldsymbol{r}/\mathrm{d}t$ で置き換えると, 式 (10.43) は次のようになる.

$$\langle k|\tilde{\mathcal{H}}'(t)|m\rangle = -\frac{Q}{m}\boldsymbol{A}\cdot\langle k|m\frac{\mathrm{d}\boldsymbol{r}}{\mathrm{d}t}|m\rangle \tag{10.44}$$

ここで, $\boldsymbol{r}_0$ が時間に依存しないとして, $\boldsymbol{r}$ を次のようにおく.

$$\boldsymbol{r} = \boldsymbol{r}_0\exp\left(\mathrm{i}\omega_{km}t\right) \tag{10.45}$$

式 (10.44) に式 (10.45) を代入すると, 次のように表される.

$$\langle k|\tilde{\mathcal{H}}'(t)|m\rangle = -\boldsymbol{A}\cdot\langle k|Q\mathrm{i}\omega_{km}\boldsymbol{r}_0\exp\left(\mathrm{i}\omega_{km}t\right)|m\rangle$$
$$= -\mathrm{i}\omega_{km}\boldsymbol{A}\cdot\langle k|Q\boldsymbol{r}|m\rangle \tag{10.46}$$

式 (10.46) において, 行列要素 $\langle k|\tilde{\mathcal{H}}'(t)|m\rangle$ が電気双極子モーメント (electric dipole moment) $Q\boldsymbol{r}$ を含んでいる. したがって, $\tilde{\mathcal{H}}'(t)$ は電気双極子相互作用に対応しており, この摂動による遷移は電気双極子遷移 (electric dipole transition) とよばれている.

問題 10.9　電気双極子遷移に対する行列要素

水素原子の 1s 状態 ($n=1$, $l=m=0$) と 2s 状態 ($n=2$, $l=m=0$) の間の電気双極子遷移に対して，行列要素を計算せよ．

✱✱✱ ヒント

- 極座標を用いる．

解　答

式 (6.17), (6.28), (6.29) から，水素原子の 1s 状態の波動関数 φ_{1s} と 2s 状態の波動関数 φ_{2s} は，それぞれ次のように表される．

$$\varphi_{1s} = R_{10}(r) Y_0^0(\theta, \phi) = \frac{1}{\sqrt{\pi} a_0^{3/2}} \exp\left(-\frac{r}{a_0}\right) \tag{10.47}$$

$$\varphi_{2s} = R_{20}(r) Y_0^0(\theta, \phi) = \frac{1}{4\sqrt{2\pi} a_0^{3/2}} \left(2 - \frac{r}{a_0}\right) \exp\left(-\frac{r}{2a_0}\right) \tag{10.48}$$

式 (10.47) に運動量演算子の x 成分 $\tilde{p}_x = -i\hbar \partial/\partial x$，$y$ 成分 $\tilde{p}_y = -i\hbar \partial/\partial y$，$z$ 成分 $\tilde{p}_z = -i\hbar \partial/\partial z$ をそれぞれ作用させると，次のようになる．

$$\tilde{p}_x \varphi_{1s} = \frac{i\hbar}{\sqrt{\pi} a_0^{5/2}} \exp\left(-\frac{r}{a_0}\right) \sin\theta \cos\phi \tag{10.49}$$

$$\tilde{p}_y \varphi_{1s} = \frac{i\hbar}{\sqrt{\pi} a_0^{5/2}} \exp\left(-\frac{r}{a_0}\right) \sin\theta \sin\phi \tag{10.50}$$

$$\tilde{p}_z \varphi_{1s} = \frac{i\hbar}{\sqrt{\pi} a_0^{5/2}} \exp\left(-\frac{r}{a_0}\right) \cos\theta \tag{10.51}$$

式 (10.48)–(10.51) から，水素原子の 1s 状態と 2s 状態の間の，電気双極子遷移に対する行列要素は，次のようにすべて 0 となる．

$$\int \varphi_{2s}^* \tilde{p}_x \varphi_{1s} \, dV = \iiint \varphi_{2s}^* \tilde{p}_x \varphi_{1s} \, r^2 \sin\theta \, dr \, d\theta \, d\phi = 0 \tag{10.52}$$

$$\int \varphi_{2s}^* \tilde{p}_y \varphi_{1s} \, dV = \iiint \varphi_{2s}^* \tilde{p}_y \varphi_{1s} \, r^2 \sin\theta \, dr \, d\theta \, d\phi = 0 \tag{10.53}$$

$$\int \varphi_{2s}^* \tilde{p}_z \varphi_{1s} \, dV = \iiint \varphi_{2s}^* \tilde{p}_z \varphi_{1s} \, r^2 \sin\theta \, dr \, d\theta \, d\phi = 0 \tag{10.54}$$

問題 10.10　状態間の遷移

光の電界 E が，式 (10.10) の代りに次のように表されるとき，状態間の遷移について説明せよ．

$$E = E_0 \exp[-\mathrm{i}(\omega t - kz)]\hat{x} \qquad (10.55)$$

✸✸✸ ヒント

- 光の電界 E をベクトルポテンシャル A を用いて表す．

解　答

スカラーポテンシャル ϕ が 0 のとき，式 (10.8)，(10.55) から，ベクトルポテンシャル A は，次のように表される．

$$A = \frac{-\mathrm{i}E_0}{\omega} \exp[-\mathrm{i}(\omega t - kz)]\hat{x} \qquad (10.56)$$

式 (10.56) から，次式が得られる．

$$A^* \cdot A = |A|^2 = \frac{E_0{}^2}{\omega^2} \qquad (10.57)$$

式 (10.57)，(10.14) から，次の結果が導かれる．

$$|A|^2 = \frac{2\hbar}{\varepsilon_0 n_r{}^2 \omega} \qquad (10.58)$$

摂動が時刻 $t = 0$ で加えられ，時刻 $t = t_0$ で取り除かれたとして，式 (10.56) と式 (10.43) を式 (10.5) に代入し，積分区間を $[-\infty, t]$ から $[0, t_0]$ に置き換えると，$t \geq t_0$ において，次の結果が得られる．

$$a_k^{(1)}(t) = -\frac{QE_0}{\hbar \omega m} \langle k|\tilde{p}_x|m\rangle \exp(\mathrm{i}\,kz) \frac{\exp[\mathrm{i}(\omega_{km} - \omega)t_0] - 1}{\mathrm{i}(\omega_{km} - \omega)} \qquad (10.59)$$

ここで，$\tilde{p}_x$ は $\tilde{p}$ の x 成分である．

1個の光子の流れがあるとき，単位時間あたりの遷移確率 w は，式 (10.59) を式 (10.6) に代入して，次のように求められる．

$$w = \frac{2Q^2 h}{m^2 \varepsilon_0 n_r^2 E_{km}} |\langle k|\tilde{p}_x|m\rangle|^2 \quad (E_{km} \equiv \hbar\omega_{km}) \tag{10.60}$$

ただし，$|a_k^{(1)}(t)|^2$ のスペクトル線幅が十分狭いと仮定した．

式 (10.59) は，$\omega_{km} \simeq \omega$ すなわち $E_k \simeq E_m + \hbar\omega$ のときだけ大きくなる．つまり，式 (10.55) の電界 $\boldsymbol{E}$ に対して求めた式 (10.60) の w は，系に光が入射したときに，系が単位時間あたりに光を吸収する確率を示している．

図 10.3 のように，$E_k > E_m$ のときは，系に光が入射したとき，系が光を吸収する．つまり，式 (10.60) は，吸収の遷移確率を示している．

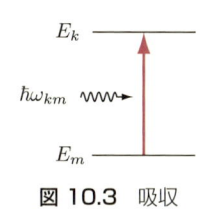

図 10.3 吸収

熱平衡状態では，エネルギーの低い状態を占有している粒子が，エネルギーの高い状態を占有している粒子よりも多いので，吸収が誘導放出を上回る．しかし，励起によって，エネルギーの高い状態を占有している粒子を，エネルギーの低い状態を占有している粒子よりも多くして反転分布 (population inversion) を形成すれば，誘導放出が吸収を上回る．この結果，放射の誘導放出による光増幅 (Light Amplification by Stimulated Emission of Radiation) を実現することができる．この英語の頭文字から，laser という用語が作られた．

参考文献

[1] 沼居貴陽, 「大学生のための電磁気学演習」(共立出版, 2011).

[2] 沼居貴陽, 「大学生のためのエッセンス　電磁気学」(共立出版, 2010).

[3] 沼居貴陽, 「大学生のためのエッセンス　量子力学」(共立出版, 2010).

[4] 朝永振一郎；江沢洋 注, 「スピンはめぐる —成熟期の量子力学—」新版 (みすず書房, 2008).

[5] L. D. ランダウ, E.M. リフシッツ；好村滋洋, 井上健男 訳, 「量子力学 —ランダウ＝リフシッツ物理学小教程—」(筑摩書房, 2008).

[6] 猪木慶治, 川合光, 「基礎量子力学」(講談社, 2007).

[7] 小川哲生, 「量子力学講義」(サイエンス社, 2006).

[8] 清水明, 「量子論の基礎 —その本質のやさしい理解のために—」新版 (サイエンス社, 2004).

[9] S. Gasiorowicz, "*Quantum Physics Third Ed.*" (John Wiley & Sons, 2003).

[10] 江沢洋, 「量子力学 (I)」(裳華房, 2002).

[11] 江沢洋, 「量子力学 (II)」(裳華房, 2002).

[12] 江沢洋, 「大学演習シリーズ　量子力学」(裳華房, 2002).

[13] 高林武彦, 「量子論の発展史」(筑摩書房, 2002).

[14] D. K. Ferry, "*Quantum Mechanics — An Introduction for Device Physicists and Electrical Engineers — Second Ed.*" (Institute of Physics Publishing, 2001)：D. K. フェリー；落合勇一, 打波守, 松田和典, 石橋幸治 訳, 「ナノデバイスへの量子力学」(シュプリンガー・フェアラーク東京, 2006).

[15] 外村彰, 「量子力学への招待」(岩波書店, 2001).

[16] W. グライナー；伊藤伸泰, 早野龍五 監訳, 川島直輝, 河原林透, 野々村禎彦, 羽田野直道, 古川信夫, 「量子力学概論」(シュプリンガー・フェアラーク東京, 2000).

[17] ニールス・ボーア；山本義隆 編訳,「量子力学の誕生」(岩波書店, 2000).

[18] ニールス・ボーア；山本義隆 編訳,「因果性と相補性」(岩波書店, 1999).

[19] 朝永振一郎,「量子力学 II」第 2 版 (みすず書房, 1997).

[20] 霜田光一,「歴史をかえた物理実験」(丸善, 1996).

[21] S. Gasiorowicz, *"Quantum Physics Second Ed."* (John Wiley & Sons, 1996) : S. ガシオロウィッツ；林武美, 北門新作 共訳,「量子力学 I」(丸善, 1998),「量子力学 II」(丸善, 1998).

[22] 外村彰,「量子力学を見る ― 電子線ホログラフィーの挑戦 ―」(岩波書店, 1995).

[23] D. K. Ferry, *"Quantum Mechanics ― An Introduction for Device Physicists and Electrical Engineers ―"* (Institute of Physics Publishing, 1995) : D. K. フェリー；長岡洋介 監訳, 丹慶勝市, 落合勇一, 打波守, 石橋幸治 訳,「デバイス物理のための量子力学」(丸善, 1996).

[24] 猪木慶治, 川合光,「量子力学 I」(講談社, 1994).

[25] 猪木慶治, 川合光,「量子力学 II」(講談社, 1994).

[26] J. J. Sakurai, *"Modern Quantum Mechanics Revised Ed."* (Addison-Wesley, 1994) : J.J. Sakurai；桜井明夫 訳「現代の量子力学」上, 下 (吉岡書店, 1989).

[27] A. Tonomura, *"Electron Holography"* (Springer-Verlag, 1993).

[28] 砂川重信,「量子力学の考え方」(岩波書店, 1993).

[29] 大槻義彦 監修,「演習 現代の量子力学 –J. J. サクライの問題解説–」(吉岡書店, 1992).

[30] 砂川重信,「量子力学」(岩波書店, 1991).

[31] 小出昭一郎,「量子力学 (I)」改訂版 (裳華房, 1990).

[32] 小出昭一郎,「量子力学 (II)」改訂版 (裳華房, 1990).

[33] 小出昭一郎,「量子論」改訂版 (裳華房, 1990).

[34] 朝永振一郎；亀淵迪, 原康夫, 小寺武康 編,「角運動量とスピン ―『量子力学補巻』―」(みすず書房, 1989).

[35] 日本物理学会 編,「量子力学と新技術」(培風館, 1987).

[36] 原島鮮,「初等量子力学」改訂版 (裳華房, 1986).

[37] 外村彰,「電子波で見る世界 ― 電子線ホログラフィー ―」(丸善, 1985).

[38] 外村彰,「電子線ホログラフィー ― ミクロの情報をつかむ新技術 ―」(オーム社, 1985).

[39] 後藤憲一, 西山敏之, 山本邦夫, 望月和子, 神吉健, 興地斐男,「詳解理論応用量子力学演習」(共立出版, 1982).

[40] ア・エス・カンパニエーツ；高見頴郎 監修，中村宏樹 訳，「量子力学1」（東京図書，1980）．

[41] ア・エス・カンパニエーツ；高見頴郎 監修，中村宏樹 訳，「量子力学2」（東京図書，1980）．

[42] 野上茂吉郎，「原子物理学」（サイエンス社，1980）．

[43] A. P. French and E. F. Taylor, "*An Introduction to Quantum Physics*" (MIT, 1978)：A. P. フレンチ，E. F. テイラー；平松惇 監訳，「量子力学入門I」（培風館，1993），「量子力学入門II」（培風館，1994）．

[44] 小出昭一郎，水野幸夫，「量子力学演習」（裳華房，1978）．

[45] 内山龍雄，西山敏之，「量子力学演習」改訂版（共立出版，1975）．

[46] W. パウリ；川口教男，堀節子 訳，「量子力学の一般原理」（講談社，1975）．

[47] 朝永振一郎，「スピンはめぐる ― 成熟期の量子力学 ―」（中央公論社，1974）．

[48] エリ・ランダウ，イェ・リフシッツ；広重徹，水戸巌 訳，「力学」増訂第3版（東京図書，1974）．

[49] 平川浩正，「電気力学」（培風館，1973）．

[50] 村井友和，「原子・分子の物理学」（共立出版，1972）．

[51] メシア；小出昭一郎，田村二郎 訳，「量子力学3」（東京図書，1972）．

[52] メシア；小出昭一郎，田村二郎 訳，「量子力学2」（東京図書，1972）．

[53] メシア；小出昭一郎，田村二郎 訳，「量子力学1」（東京図書，1971）．

[54] 井上健 監修，三枝寿勝，瀬藤憲昭 共著，「量子力学演習 ― シッフの問題解説 ―」（吉岡書店，1971）．

[55] エリ・ランダウ，イェ・リフシッツ；好村滋洋，井上健男 訳，「量子力学2」（東京図書，1970）．

[56] 朝永振一郎，「量子力学I」第2版（みすず書房，1969）．

[57] 小出昭一郎，「量子力学 (I)」（裳華房，1969）．

[58] 小出昭一郎，「量子力学 (II)」（裳華房，1969）．

[59] 小出昭一郎，「量子論」（裳華房，1968）．

[60] L. I. Schiff, "*Quantum Mechanics Third Ed.*" (McGraw-Hill, 1968)：L. I. シッフ；井上健 訳，「量子力学 上」新版（吉岡書店，1970），「量子力学 下」新版（吉岡書店，1972）．

[61] E. H. Wichmann, "*Quantum Physics*" (McGraw-Hill, 1967)：E. H. ウィッチマ

ン；宮澤引成 監訳,「量子物理 上」(丸善,1972),「量子物理 下」(丸善,1972),「量子物理 上」第2版 (丸善,1975),「量子物理 下」第2版 (丸善,1975).

[62] 平川浩正,「電磁気学」(培風館,1968).

[63] エリ・ランダウ, イェ・リフシッツ；佐々木健, 好村滋洋 訳,「量子力学1」(東京図書,1967).

[64] E. V. シュポルスキー；玉木英彦, 細谷資明, 井田幸次郎, 松平升 訳,「原子物理学 I」増訂新版 (東京図書,1966).

[65] R. P. Feynman, R. B. Leighton, and M. Sands, *"The Feynman Lectures on Physics Volume III"* (Addison-Wesley, 1965)：R. P. ファインマン, R. B. レイトン, M. サンズ；砂川重信 訳,「ファインマン物理学 V 量子力学」(岩波書店,1979).

[66] エリ・ランダウ, イェ・リフシッツ；恒藤敏彦, 広重徹 訳,「場の古典論」増訂新版 (東京図書,1964).

[67] P. A. M. Dirac, *"The Principles of Quantum Mechanics Fourth Ed."* (Oxford University Press, 1958)：P. A. M. ディラック,「リプリント 量子力学」第4版 (みすず書房,1963), P. A. M. ディラック；朝永振一郎, 玉木英彦, 木庭二郎, 大塚益比古, 伊藤大介 共譯,「量子力學」原書第4版 (岩波書店,1968).

[68] 小谷正雄, 梅沢博臣 編,「大学演習量子力学」(裳華房,1959).

[69] E. V. シュポルスキー；玉木英彦, 細谷資明, 井田幸次郎, 松平升 訳,「原子物理学 II」(東京図書,1956).

[70] 朝永振一郎,「量子力学 I」第1版 (みすず書房,1952).

[71] 朝永振一郎,「量子力学 II」第1版 (みすず書房,1952).

[72] D. Bohm, *"Quantum Theory"* (Prentice-Hall, 1951; Dover, 1989)：D. ボーム；高林武彦, 後藤邦夫, 河辺六男, 井上健 訳,「量子論」(みすず書房,1964).

[73] G. Herzberg, *"Atomic Spectra and Atomic Structure"* (Prentice-Hall, 1934; Dover, 1944)：G. ヘルベルグ；堀健夫 訳,「原子スペクトルと原子構造」(丸善,1964).

[74] W. Heisenberg, *"Die physikalischen Prinzipien der Quantentheorie"* (Verlag von S. Hirzel, 1930)：W. ハイゼンベルク；玉木英彦, 遠藤真二, 小出昭一郎 共訳,「量子論の物理的基礎」(みすず書房,1954).

[75] P. A. M. Dirac, "The Quantum Theory of the Electron," *Proc. R. Soc. London*, vol.117, 610 (1928).

[76] P. A. M. Dirac, "The Quantum Theory of the Electron. Part II," *Proc. R. Soc.*

London, vol.118, 351 (1928).

[77] W. Pauli, "Zur Quantenmechanik des magnetischen Elektrons," *Z. Phys.*, vol.43, 601 (1927).

[78] E. Schrödinger, "Quantisierung als Eigenwertproblem (Erste Mitteilung.)," *Ann. Phys.*, vol.79, 361 (1926).

[79] E. Schrödinger, "Quantisierung als Eigenwertproblem(Zweite Mitteilung.)," *Ann. Phys.*, vol.79, 489 (1926).

[80] E. Schrödinger, "Über das Verhältnis der Heisenberg-Born-Jordanschen Quantenmechanik zu der meinem," *Ann. Phys.*, vol.79, 734 (1926).

[81] E. Schrödinger, "Quantisierung als Eigenwertproblem (Dritte Mitteilung.)," *Ann. Phys.*, vol.80, 437 (1926).

[82] E. Schrödinger, "Quantisierung als Eigenwertproblem (Vierte Mitteilung.)," *Ann. Phys.*, vol.81, 109 (1926).

[83] M. Born, "Quantenmechanik der Stoßvorgänge," *Z. Phys.*, vol.38, 803 (1926).

[84] M. Born, "Zur Quantenmechanik der Stoßvorgänge," *Z. Phys.*, vol.37, 863 (1926).

[85] M. Born, W. Heisenberg, and P. Jordan, "Zur Quantenmechanik. II," *Z. Phys.*, vol.35, 557 (1926).

[86] M. Born and P. Jordan, "Zur Quantenmechanik," *Z. Phys.*, vol.34, 858 (1925).

[87] W. Heisenberg, "Über quantentheoretische Umdeutung kinematischer und mechanischer Beziehungen," *Z. Phys.*, vol.33, 879 (1925).

[88] L. de Broglie, "Recherches sur la théorie des quanta (Researches on the quantum theory)," *Thesis, Paris* (1924).

[89] A. H. Compton, "A Quantum Theory of the Scattering of X-rays by Light Elements," *Phys. Rev.*, vol.21, 483 (1923).

[90] N. Bohr, "On the Constitution of Atoms and Molecules I," *Philos. Mag.*, vol.26, 1 (1913).

[91] N. Bohr, "On the Constitution of Atoms and Molecules II," *Philos. Mag.*, vol.26, 476 (1913).

[92] N. Bohr, "On the Constitution of Atoms and Molecules III," *Philos. Mag.*, vol.26, 857 (1913).

[93] A. Einstein, "Über einen die Erzeugung und Verwandlung des Lichtes betref-

fenden heuristischen Gesichtspunkt," *Ann. Phys.*, vol.17, 132 (1905).

[94] P. Lenard, "Ueber die lichtelektrische Wirkung," *Ann. Phys.*, vol.8, 149 (1902).

[95] M. Planck, "Über das Gesetz der Energieverteilung im Normalspektrum," *Ann. Phys.*, vol.4, 553 (1901).

[96] M. Planck, "Zur Theorie des Gestzes der Energieverteilung im Normalspektrum," *Verh. Dt. Phys. Ges.*, vol.2, 237 (1900).

[97] M. Planck, "Über eine Verbesserung der Wienschen Spektralgleichung," *Verh. Dt. Phys. Ges.*, vol.2, 202 (1900).

[98] W. Hallwachs, "Ueber den Einfluss des Lichtes auf electrostatisch geladene Körper," *Ann. Phys.*, vol.33, 301 (1888).

[99] H. Hertz, "Ueber einen Einfluss des ultravioletten Lichtes auf die electrische Entladung," *Ann. Phys.*, vol.31, 983 (1887).

索引

■ あ行

位置演算子, 37
一般化座標, 28, 58
井戸, 78, 96

ウィーンの放射法則, 10
運動量演算子, 37

X 線量子, 3
エネルギー演算子, 37
エネルギーギャップ, 104, 105
エネルギー固有値, 61
エネルギー障壁, 79, 176
エネルギー要素, 2
エネルギー量子, 3
エルミート演算子, 38, 46
エルミート関数, 111
エルミート多項式, 111
エーレンフェストの定理, 61
演算子, 37
遠心力, 16

■ か行

解析力学, 58
角運動量演算子, 37
確率密度, 176
確率密度に対する連続の式, 181

確率密度の流束, 176, 180
換算質量, 128

規格化, 36
規格直交関数, 198
期待値, 38
基底状態, 110, 117, 122
軌道, 36
逆格子ベクトル, 81
吸収, 224, 233
球対称ポテンシャル, 126
球面調和関数, 127
境界条件, 78
共鳴トンネル効果, 195
行列要素, 223, 224
極座標, 126, 130, 172

空洞, 2
空洞放射, 2
グリーンの定理, 67, 76
クローニッヒ–ペニーのモデル, 79
クロネッカーの δ 記号, 198
クーロン力, 16

ケットベクトル, 38

交換関係, 43, 109
光子, 3

後退波, 74
光電効果, 3
勾配, 131
黒体, 2
黒体放射, 2, 8, 10
古典量子論, 2
コンプトン効果, 3, 30
コンプトン散乱, 3

■ さ行
最小作用の原理, 27
作用積分, 27, 58, 62
作用量子, 2

時間に依存する摂動ハミルトニアン, 218
事象, 26
尺度係数, 130
シュヴァルツの不等式, 55
周期的境界条件, 72
周期的ポテンシャル, 200
自由粒子, 72
縮退, 61, 74
縮退がある場合, 200
縮退がない場合, 198
シュレーディンガー方程式, 59
消滅演算子, 109
初期条件, 108
進行波, 74

スカラーポテンシャル, 220
スピン, 148
スピン角運動量, 148
スピン–軌道相互作用, 149, 172
スピン磁気モーメント, 149

静止質量エネルギー, 29, 148
生成演算子, 109

世界間隔, 26
摂動, 198, 224
摂動ハミルトニアン, 198, 218
摂動パラメータ, 198
遷移, 219
遷移確率, 219
前期量子論, 2
選択則, 226

相対論的量子力学, 146

■ た行
調和振動的な摂動, 224
直交, 61, 75, 76

定常状態, 61
ディラック定数, 3
ディラック方程式, 148
展開, 218
電気双極子遷移, 230
電気双極子相互作用, 230
電気双極子モーメント, 230
電気素量, 5
電子, 3

動径関数, 128
ド・ブロイ波, 5
トンネル効果, 178

■ な行
内積, 38, 61

2乗平均平方根, 39, 50, 54

■ は行
ハイゼンベルクの不確定性原理, 39, 55
パウリのスピン行列, 147, 150, 163
波束, 48, 59, 60, 65, 66, 68

索 引

243

発散, 131
波動関数, 36
ハミルトニアン, 29, 58
ハミルトンの原理, 58
反転分布, 233

ビオー–サヴァールの法則, 173
光量子, 3
非摂動ハミルトニアン, 198, 218
標準偏差, 39, 54

複素共役, 36
物質波, 5
ブラベクトル, 38
プランク定数, 2
プランクの放射法則, 10
プランク分布関数, 9
ブロッホ関数, 79
ブロッホの定理, 79

並進ベクトル, 79
ベクトルポテンシャル, 219
変数分離, 70, 86, 88, 127, 128

ボーア・モデル, 4, 16, 18, 22
ボーア角周波数, 218
ボーア磁子, 149
ボーア半径, 17, 129, 143
ほとんど自由な電子モデル, 200
ボルツマン定数, 8
ボルツマン分布, 8

■ や行

誘導放出, 221

■ ら行

ラグランジアン, 28, 29, 58, 62
ラグランジュの運動方程式, 58
ラゲールの同伴多項式, 129
ラプラシアン, 130, 131
ランデの g 因子, 164, 165

離散的, 83
リュードベリ定数, 17
量子井戸, 78
量子条件, 4
量子状態, 36
量子数, 73
量子力学, 2

ルジャンドル関数, 127
ルジャンドル多項式, 127
ルジャンドル同伴関数, 128
ルジャンドル同伴多項式, 128
ルジャンドルの微分方程式, 127

レイリー–ジーンズの放射法則, 10
レーザー, 221

ロドリゲスの公式, 127
ローレンツ変換, 27

著者紹介

沼居　貴陽（ぬまい　たかひろ）工学博士

慶應義塾大学工学部電気工学科卒．
同大学院修士課程修了後，日本電気株式会社光エレクトロニクス研究所，北海道大学助教授，キヤノン株式会社中央研究所を経て，立命館大学教授．

著　書　「半導体レーザー工学の基礎」（丸善）
　　　　「固体物理学演習」（丸善）
　　　　「熱物理学・統計物理学演習」（丸善）
　　　　「論理回路入門」（丸善）
　　　　「改訂版　固体物理学演習」（丸善）
　　　　「例題で学ぶ半導体デバイス」（森北出版）
　　　　「固体物性入門」（森北出版）
　　　　「固体物性を理解するための統計物理入門」（森北出版）
　　　　「大学生のためのエッセンス　電磁気学」（共立出版）
　　　　「大学生のためのエッセンス　量子力学」（共立出版）
　　　　「大学生のための電磁気学演習」（共立出版）
　　　　「固体物性工学」（オーム社）
　　　　"Fundamentals of Semiconductor Lasers"（Springer）
　　　　"Laser Diodes and Their Applications to Communications and Information Processing"（John Wiley & Sons）

大学生のための量子力学演習
Problems and Solutions in Quantum Mechanics for College Students

2013 年 10 月 10 日　初版 1 刷発行
2021 年 9 月 1 日　初版 2 刷発行

著　者　沼居　貴陽　　© 2013

発　行　共立出版株式会社／南條光章
東京都文京区小日向 4-6-19
電話　03-3947-2511　（代表）
〒112-8700／振替口座 00110-2-57035
www.kyoritsu-pub.co.jp

印　刷
製　本　錦明印刷

一般社団法人
自然科学書協会
会員

検印廃止
NDC 427.01
ISBN 978-4-320-03496-9

Printed in Japan

JCOPY ＜出版者著作権管理機構委託出版物＞
本書の無断複製は著作権法上での例外を除き禁じられています．複製される場合は，そのつど事前に，出版者著作権管理機構（TEL：03-5244-5088，FAX：03-5244-5089，e-mail：info@jcopy.or.jp）の許諾を得てください．

物理学の諸概念を色彩豊かに図像化！ ≪日本図書館協会選定図書≫

カラー図解 物理学事典

Hans Breuer [著]　　Rosemarie Breuer [図作]

杉原　亮・青野　修・今西文龍・中村快三・浜　満 [訳]

ドイツ Deutscher Taschenbuch Verlag 社の『dtv-Atlas 事典シリーズ』は，見開き2ページで一つのテーマ(項目)が完結するように構成されている。右ページに本文の簡潔で分かり易い解説を記載し，左ページにそのテーマの中心的な話題を図像化して表現し，本文と図解の相乗効果で，より深い理解を得られように工夫されている。これは，類書には見られない『dtv-Atlas 事典シリーズ』に共通する最大の特徴と言える。本書は，この事典シリーズのラインアップ『dtv-Atlas Physik』の日本語翻訳版であり，基礎物理学の要約を提供するものである。内容は，古典物理学から現代物理学まで物理学全般をカバーし，使われている記号，単位，専門用語，定数は国際基準に従っている。

【主要目次】　はじめに(物理学の領域／数学的基礎／物理量，SI単位と記号／物理量相互の関係の表示／測定と測定誤差)／力学／振動と波動／音響／熱力学／光学と放射／電気と磁気／固体物理学／現代物理学／付録(物理学の重要人物／物理学の画期的出来事／ノーベル物理学賞受賞者)／人名索引／事項索引…■菊判・ソフト上製・412頁・定価6,050円(税込)

ケンブリッジ物理公式ハンドブック

Graham Woan [著]／堤　正義 [訳]

『ケンブリッジ物理公式ハンドブック』は，物理科学・工学分野の学生や専門家向けに手早く参照できるように書かれたハンドブックである。数学，古典力学，量子力学，熱・統計力学，固体物理学，電磁気学，光学，天体物理学など学部の物理コースで扱われる2,000以上の最も役に立つ公式と方程式が掲載されている。
詳細な索引により，素早く簡単に欲しい公式を発見することができ，独特の表形式により式に含まれているすべての変数を簡明に識別することが可能である。オリジナルのB5判に加えて，日々の学習や復習，仕事などに最適な，コンパクトで携帯に便利なポケット版(B6判)を新たに発行。

【主要目次】　単位，定数，換算／数学／動力学と静力学／量子力学／熱力学／固体物理学／電磁気学／光学／天体物理学／訳者補遺：非線形物理学／和文索引／欧文索引
■B5判・並製・298頁・定価3,630円(税込)　■B6判・並製・298頁・定価2,860円(税込)

(価格は変更される場合がございます)　**共立出版**　www.kyoritsu-pub.co.jp